"十二五"普通高等教育本科国家级规划教材

波谱原理及解析学习指导

（第二版）

白银娟　张世平　王云侠　王永强　编

科学出版社

北京

内 容 简 介

  本书为"十二五"普通高等教育本科国家级规划教材,是《波谱原理及解析(第四版)》(白银娟等,2021 年)的配套学习指导书。全书共 7 章,各章由内容与要求、重点内容概要、例题分析、综合练习、参考答案五部分组成。本书从基本概念出发,对教学知识点和重点内容进行了归纳,例题选取典型、丰富,分析透彻,由浅入深,并引入了通过应用软件、与标准谱图对比来确定结构的方法。本书结合实际应用,编录了各种类型的例题和习题 450 多个,300 多幅具有较高参考价值的标准谱图。

  本书可作为高等学校化学、化工、生物、制药、材料、环境及相关专业本科生和研究生的教学参考书,也可供相关专业的科研人员和工程技术人员参考使用。

图书在版编目(CIP)数据

波谱原理及解析学习指导 / 白银娟等编. —2 版. —北京:科学出版社,2022.4
  "十二五"普通高等教育本科国家级规划教材
  ISBN 978-7-03-063602-7

  Ⅰ. ①波… Ⅱ. ①白… Ⅲ. ①波谱学-高等学校-教材 Ⅳ. ①O657.61

中国版本图书馆 CIP 数据核字(2019)第 272212 号

责任编辑:丁 里 / 责任校对:杨 赛
责任印制:赵 博 / 封面设计:迷底书装

科学出版社 出版
北京东黄城根北街 16 号
邮政编码:100717
http://www.sciencep.com

保定市中画美凯印刷有限公司印刷
科学出版社发行 各地新华书店经销
*
2011 年 6 月第 一 版 开本:787×1092 1/16
2022 年 4 月第 二 版 印张:16
2025 年 3 月第十一次印刷 字数:420 000
定价:59.00 元
(如有印装质量问题,我社负责调换)

第二版前言

《波谱原理及解析学习指导》从 2011 年出版至今历时十年，其间波谱法不断普及，化学和相关学科工作者对波谱解析和应用的掌握水平持续提高，教学内容也随之更新优化。为此，本次再版编者对内容进行了适当的修订和增补，以便更好地配合教学和自学。

本书是《波谱原理及解析(第四版)》(白银娟等，2021 年)的配套学习指导书，弥补了教材实例讲解、练习较少的不足，使学生能够通过大量典型实例分析，牢固掌握教材的基本内容。本次再版将全书例题和习题进行了筛选修订，并补充了各章重点内容概要，更利于学生对课堂知识的理解和课后的自主学习训练。

本书具体分工为：第 1～3 章由张世平修订和增补，第 4、5 章由白银娟修订和增补，第 6、7 章由王云侠修订和增补，王永强参加了部分习题的收集整理工作。全书由白银娟统稿和定稿。在本次修订过程中得到了常建华教授、杨秉勤教授和董绮功教授的悉心指导，以及孙伟高级工程师和王晓青实验师的大力帮助，在此一并表示感谢。本书参考了大量相关著作和文献，也参考了一些网络资源，在此谨对相关作者表示衷心的感谢。

由于编者水平有限，书中难免有疏漏和不妥之处，敬请读者批评指正。热忱欢迎读者告知对本书的意见和发现的问题(E-mail：baiyinjuan@nwu.edu.cn)。

编　者

2021 年 3 月

第 一 版 序

通过波谱分析方法确定有机化合物结构,已经得到了普遍的推广和应用。但是,解析、鉴定化合物结构并不是一个简单的过程,不但需要掌握波谱技术的原理和适用范围,而且需要了解样品的来源、性质和准备方法,据此才能选择合适的测试策略并进行谱图解析,进而得到化合物的正确结构。

常建华等主编的《波谱原理及解析(第二版)》自出版以来受到各方好评,但由于篇幅限制,只能提供一定数量的典型例题和习题。学生在学习过程中急需相应的学习指导书来配合教材的使用,弥补教材的不足。《波谱原理及解析学习指导》是《波谱原理及解析(第二版)》的配套学习指导书。该书编写了大量例题和习题,还对教学知识点作了归纳。所选实例具有代表性,内容丰富,分析透彻,并引入了通过应用软件以及与标准谱图对比来确定结构的方法。书中例题、习题近 600 个,所选谱图 300 多幅,全部是规范的标准谱图,有很强的参考价值。此外,每章末尾还附有参考答案,并给出了解析思路,有利于读者对波谱知识的掌握,提高解决实际问题的能力。

该书是在西北大学"无机化学和分析化学国家级教学团队"的平台上完成的,参编人员都是多年工作在教学一线的教师。我相信他们做了一件有益的事情,也希望该书能受到广大学生和授课教师的喜爱。

史启祯

2011 年 5 月于西安

第一版前言

波谱法是近十几年来发展很快的学科，已经渗透到化学、化工、生物、制药、材料、环境等各个学科中，并发挥重要作用。现在，物质的结构测定、性能与结构的关系、反应机理研究、定性定量分析、生产中的中间控制及产品质量检验都依靠波谱手段。掌握波谱分析法的基本原理、各类化合物的波谱学特征以及波谱分析法的应用，已成为化学、化工、生物及制药等学科工作者的基本功。波谱课程立足于有机化合物的结构解析，包含内容多，知识更新快，网上资源丰富繁杂，学生在学习过程中普遍感觉掌握这门课程有一定困难，需要适宜的配套辅导。

本书是与《波谱原理及解析(第二版)》(常建华、董绮功，科学出版社，2006 年)配套的学习指导书，弥补了教材实例讲解、练习较少的问题，使学生能够通过大量典型实例分析，牢固掌握教材的基本内容。本书取材新颖，内容深度和广度合适，有利于扩展学生知识面，强化课堂教学效果，帮助学生熟悉谱图，培养学生分析、解决问题的能力，为后续课程、毕业论文以及今后的工作和深造打下良好的基础。

本书共 7 章，包括绪论、紫外可见光谱法、红外光谱和拉曼光谱、^1H 核磁共振、^{13}C 核磁共振与二维核磁共振、质谱法及综合解析。各章由内容与要求、例题分析、综合练习、参考答案四部分组成。本书给出各种类型的例题和习题近 600 个，谱图 300 多幅，全部为标准谱图。例题、习题选取典型、丰富，与实际应用相结合，并引入了通过应用软件、与标准谱图对比来辅助确定结构的方法。

本书参考了大量相关著作和文献，也参考了一些网络资源。在此谨对相关作者表示衷心的感谢。

本书具体分工如下：第 1~3 章由张世平编写，第 4、5 章由白银娟编写，第 6、7 章由王云侠编写，王永强参加了部分习题的收集整理工作。全书由白银娟、杨秉勤统稿和定稿。在本书编写过程中得到了史启祯教授和常建华教授的悉心指导，在此一并表示感谢。

由于编者水平有限，书中难免有疏漏之处，敬请读者批评指正。热忱欢迎读者告知对本书的意见和发现的问题，E-mail：baiyinjuan@nwu.edu.cn。

编　者
2011 年 4 月

目　　录

第1章 绪 论

1.1 内容与要求

1. 波谱法及其应用

    了解波谱法的范畴、发展概况及其发展趋势。

2. 电磁波与波谱

    了解波谱与电磁波的关系,掌握分子能级跃迁与波谱的关系。

3. 分子不饱和度的计算

    掌握有机化合物不饱和度的计算方法。

4. 波谱实验样品的准备

    熟悉各种波谱实验对样品的量和纯度的要求。

    熟悉样品纯度检验的方法。

1.2 重点内容概要

1. 波谱法

物质在光(电磁波)的照射下,引起分子内部某种运动,从而吸收、散射或转动某种波长的光,将入射光在经过样品后强度的变化或散射及转动光的信号记录下来,得到一张信号强度与光的波长或波数(频率)或散射角度及强度的关系图,用于物质结构、组成及化学变化的分析,这就是波谱法。

2. 波谱法的范畴

红外光谱、紫外-可见光谱、核磁共振波谱、质谱、拉曼光谱、荧光光谱、旋光光谱和圆二色光谱、顺磁共振谱及 X 射线衍射法等都属于波谱法的范畴。

3. 波谱法中的四大谱

红外光谱、紫外-可见光谱、核磁共振波谱和质谱四种波谱法简称为四谱。其中,红外光谱、紫外-可见光谱和核磁共振波谱都是吸收光谱,质谱不属于吸收光谱。但是,质谱能把不同质量的离子分开排列,并且它是未知化合物结构解析不可或缺的一环,因此把质谱归在四谱中。

4. 电磁波的性质

光同时具有波动性和粒子性,即光的波粒二象性。

波动观点认为光是电磁波。光的波动性可用经典的正弦波加以描述。振动频率 ν(单位:

赫兹 Hz 或周/秒)、波长 λ(单位: 纳米 nm 和微米 μm)、周期 τ(单位: 秒/周)、波数 $\tilde{\nu}$(单位: cm^{-1}) 以及光速 c(3.0×10^8 m/s)之间的关系式如式(1-1)所示。

$$\nu = \frac{c}{\lambda} = \frac{1}{\tau} = c\tilde{\nu} \tag{1-1}$$

从量子观点看，光具有粒子性。表现为它的能量不是均匀连续分布在它传播的空间，而是集中在辐射产生的粒子上。能量与波长、频率等物理量之间的关系如式(1-2)所示。

$$E = h\nu = \frac{hc}{\lambda} = hc\tilde{\nu} \tag{1-2}$$

式中: E 的常用单位是焦耳(J)或电子伏特(eV)，1 eV=1.6022×10^{-19} J; h 为普朗克常量，等于 6.63×10^{-34} J·s，其他字母含义同式(1-1)。由式(1-2)可以看出，光波的频率(也可用波长 λ、波数 $\tilde{\nu}$ 代表)决定了光波的能量。频率越大，即波数越大，波长越小，光波的能量越大。

5. 构成光谱图的三要素

(1) 谱峰的位置，即谱图的横坐标，一般作为定性分析的指标。

(2) 谱峰的强度，即谱图的纵坐标，一般作为定量分析的指标。

(3) 谱峰的形状。

6. 吸收光谱和发射光谱

物质吸收光子，从低能级跃迁到高能级产生的光谱是吸收光谱。或者说当物质吸收的电磁辐射能等于物质两个能级间跃迁所需的能量时就将产生吸收光谱。处于高能级的原子或分子以光子的形式释放多余的能量回到较低能级产生的辐射所形成的光谱则是发射光谱。室温下，大多数物质都处于基态，所以一般多发生基态到激发态的跃迁得到吸收光谱。

7. 分子能级与吸收光谱

分子内的运动有分子的平动、转动、原子间的相对振动、电子跃迁、核的自旋跃迁等形式。每种运动都有一定的能级。除平动外，其他运动的能级都是量子化的。从基态吸收特定能量的电磁波跃迁到高能级，可得到对应的波谱。

(1) 平动能。平动是分子整体的平移运动。平动能是各种分子运动能中最小的。平动不会产生光谱。

(2) 核的自旋跃迁。磁场中的物质，因其某些元素的电子或原子核受到磁场作用产生附加的量子化能级，即磁性质的简并能级分裂。当辐射能量满足要求时，产生磁场诱导吸收。核的自旋跃迁所需的能量比平动能大，而小于其他分子运动能。核磁共振的研究对象是具有磁矩的原子核($I=1/2$)。

(3) 转动能。分子围绕它的重心转动，其能量称为转动能。纯粹的转动光谱只涉及分子转动能级的改变，不产生振动和电子状态的改变，转动能级间距离很小，吸收光子的波长长，频率低。单纯的转动光谱发生在远红外区和微波区。

(4) 振动能。分子中原子离开其平衡位置作振动，所具有的能量称为振动能。分子吸收光子产生振动能级跃迁时，还伴有转动能级改变，导致谱线密集，吸收峰加宽。振动能级跃迁的光子能量比转动的高，因此产生于波长较短、频率较高的红外区。

(5) 电子能。电子具有动能与势能。分子吸收特定波长的电磁波可以从电子基态跃迁到激发态，产生电子光谱。电子跃迁所需能量高于振动、转动跃迁所需的能量，即 $\Delta E_e > \Delta E_v > \Delta E_j$，见图 1-1。电子能级的变化都伴随有振动能级与转动能级的改变。因此，两个电子能级之间的跃迁不是产生单一吸收谱线，而是由很多相距不远的谱线所组成的吸收带。

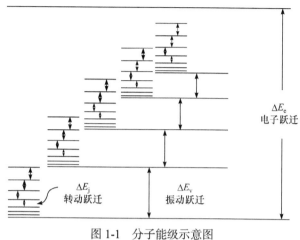

图 1-1　分子能级示意图

8. 吸收光谱的分类及其主要参数

电磁波的能量由式(1-2)决定。按吸收波长或频率的区域不同，吸收光谱的分类及其主要参数见表 1-1。

表 1-1　电磁波与光谱

辐射区域	波长	波数/cm^{-1}	光子能量/eV	跃迁类型	光谱类型
γ射线	5~140 pm	$2×10^{10}$~$7×10^{7}$	$2.5×10^{6}$~$8.3×10^{3}$	核能级跃迁	γ射线谱
X 射线	0.001~10 nm	$1×10^{10}$~$1×10^{6}$	$1.2×10^{6}$~$1.2×10^{2}$	内层电子跃迁	X 射线谱
真空紫外光	10~200 nm	$1×10^{6}$~$5×10^{4}$	125~6		
紫外光	200~400 nm	$5×10^{4}$~$2.5×10^{4}$	6~3.1	外层电子跃迁	电子光谱
可见光	400~800 nm	$2.5×10^{4}$~$1.3×10^{4}$	3.1~1.7		
近红外光	0.8~2.5 μm	$1.3×10^{4}$~$4×10^{3}$	1.7~0.5		
中红外光	2.5~50 μm	4000~200	0.5~0.02	振动与转动跃迁	红外光谱
远红外光	50~1000 μm	200~10	$2×10^{-2}$~$4×10^{-4}$		
微波	0.1~100 cm	10~0.01	$4×10^{-4}$~$4×10^{-7}$	转动跃迁、自旋跃迁	微波谱、顺磁共振
无线电波	1~1000 m	10^{-2}~10^{-5}	$4×10^{-7}$~$4×10^{-10}$	核自旋跃迁	核磁共振

9. 分子不饱和度的计算

分子不饱和度即分子中不饱和的程度。在已知分子式的情况下，结构解析的优先步骤之一就是求出不饱和度。分子的不饱和度计算公式如下：

$$U = 1 + n_4 + \frac{1}{2}(n_3 - n_1) + \frac{3}{2}n_5$$

式中：n_5、n_4、n_3、n_1 分别为 5 价(N、P)、4 价(C)、3 价(N、P)、1 价(H、卤素)原子的个数。

不饱和度的规定如下：

(1) 单键对不饱和度不产生影响。

(2) 碳的同素异形体，可将其视作氢原子数为 0 的烃。

(3) 双键(C═C、C═O、C═N)的不饱和度为 1。

(4) 硝基的不饱和度为 1。

(5) 饱和环的不饱和度为 1。

(6) 三键(C≡C、C≡N)的不饱和度为 2。

(7) 苯环的不饱和度为 4。

(8) 稠环芳烃不饱和度 $U=4r-s$，r 为稠环芳烃的环数，s 为共用边数目。环数等于将环状分子剪成开链分子时，剪开的碳碳键的个数。

(9) 立体封闭有机分子(多面体或笼状结构)不饱和度的计算，其成环的不饱和度比面数少 1。

10. 分子不饱和度的应用

不饱和度在有机化学中主要有以下用途：①书写有机物的分子式；②判断有机物的同分异构体；③推断有机物的结构与性质；④计算有机物分子中的结构单元；⑤检查对应结构的分子式是否正确。在计算化合物不饱和度时应注意：

(1) 不论元素，只按照化合价进行分类计算。

(2) 元素的化合价要按照其在化合物中实际提供的成键电子数计算。

(3) 若化合物结构中含有变价元素，如氮、磷等，在不确定其结构前，要对每种元素进行计算，再结合波谱数据进行确定。

11. 波谱实验样品的准备

在波谱测定前，需要根据样品的来源、性质、用量、纯度、杂质组分及测定目的等选择合适的波谱方法，进行样品的准备。①准备足够的量；②在很多情况下要求样品有足够的纯度，所以要做纯度检验；③上机前进行制样处理。

12. 样品的量

(1) 依据波谱法的检测灵敏度准备样品，即不同波谱法对样品的量要求不同。

紫外光谱：若样品分子有共轭体系，ε 较大时，一般做定性分析，若配制 100 mL 溶液，需要的量为 $M\times10^{-6}\sim M\times10^{-5}$ g(M 为分子量)。

红外光谱：1～5 mg 样品。

核磁共振氢谱：2～5 mg 样品。

核磁共振碳谱：十几毫克到几十毫克样品。分子量越大，需要样品量也越大。样品量大可减少采样时间，节省费用。

质谱：样品用量很少，固体样小于 1 mg，液体纯样几微升即可测定。

(2) 需要样品量的多少与测定的目的有关。一般情况下，定量分析比定性鉴定需要的量多。

(3) 需要样品量的多少还与样品分子结构有关。一般分子量大的样品需要的量多。另外，被检测对象信号的大小也制约着取样量，如 ^1H 在核磁共振中比 ^{13}C 灵敏度大得多，故核磁共振氢谱样品量可少于核磁共振碳谱。

(4) 使用微量测定装置可减少样品量。

13. 纯度检验

用波谱法对某物质进行结构表征，多数情况下要求物质是纯样，允许存在的杂质的量以其谱峰不会对物质谱图解析产生干扰为准。因此，在波谱测试前，应该先对样品做纯度检验。

样品的纯度检验要综合使用物理常数测定和色谱分析两种方法，只有当两种方法都证明是纯的样品，结论才可靠。

1) 物理常数法

(1) 固体纯品一般具有固定的熔点和小的熔程。纯的固体物质的熔程一般小于 0.5℃。某些分子量较大的样品熔程较大。一个纯物质应该有固定的熔点，但是有一些物质有两个熔点，另有一些物质在测定时分解。注意：固定的熔点和小的熔程是样品纯度的标志，但是有些混合物也会有固定的熔点及较小的熔程。因此，一般情况下还应与色谱法对照作出判断。已知物质可对照文献的熔点值以确定纯度。

(2) 液体纯品一般有固定的沸点和折射率，并且有窄的沸程(0.5~1℃)。要注意的是，沸点的测定一般不是在标准大气压下进行的，所以测得的沸点应进行校正。另外，纯液体物质有固定的折射率，折射率可测出五位有效数字，准确度很高。应注意的是测量时的入射光波长和温度。

2) 色谱法

纯物质在气相色谱(GC)和高效液相色谱(HPLC)中应出一个峰，在薄层色谱(TLC)中出一个斑点。用色谱法检验纯度时，应更换两个以上不同的色谱体系，纯样品应仍为一个峰或一个斑点。

14. 混合物各组分的结构分析

可用于混合物各组分结构分析的方法有：

(1) 色谱和波谱联用法，如气相色谱和红外光谱联用(GC-IR)、气相色谱和质谱联用(GC-MS)、高效液相色谱和质谱联用(HPLC-MS)、高效液相色谱和核磁共振联用(HPLC-NMR)等。其中，色谱-质谱联用可在一次测定中对上百种组分进行定性分析。

(2) 粉末 X 射线衍射。该方法可区分化合物的相和相变，当物质成分是两种以上时，可区分是混合物还是固溶体。

(3) 差谱技术。该技术是对存储的谱图进行数据处理的一种计算机软件功能，通过一定的数据处理，可以实现溶剂、基体和干扰组分的扣除，以及进行多组分光谱分离等。

(4) 在进行定量分析时，样品一般也是混合物。

15. 样品的提纯

(1) 根据样品组分理化性质(如沸点、溶解度)的不同进行提纯，常用的方法有蒸馏(包括精馏)、重结晶、升华和萃取等。

(2) 根据样品组分在某种色谱体系中迁移速度的不同进行提纯。薄层色谱和液相色谱是最常用的两种色谱。气相色谱因处理量太小不常用。

另外，考察样品中杂质的混入途径也是很重要的。杂质的混入途径有：①合成中的试剂、反应物、副产物等；②粗产品纯化过程中混入的杂质。

1.3 综 合 练 习

一、判断题

1. 电磁波的二象性是指电磁波的波动性和电磁性。( )
2. 电磁辐射的波长与能量成正比，即波长越长，能量越大。( )
3. 有机波谱法的灵敏度和准确度比化学分析法高得多。( )
4. 电子能级间隔越小，跃迁时吸收光子的频率越大，波长越长。( )
5. 光谱分析法不同于其他分析法主要在于复杂组分的分离与两相分配。( )
6. 分子的不饱和度即分子的不饱和程度，其数值应是零或正整数。( )

二、选择题

1. 光的能量与电磁辐射的( )成正比。
   A. 频率   B. 波长   C. 周期   D. 强度
2. 有机化合物成键电子的能级间隔越小，受激发跃迁时吸收电磁辐射的( )。
   A. 能量越大   B. 频率越高   C. 波长越长   D. 波数越大
3. 光谱分析法通常可获得其他分析方法不能获得的( )。
   A. 化合物的极性大小   B. 原子或分子的结构信息
   C. 化合物的存在状态   D. 组成信息
4. 在测试过程必须破坏样品结构的分析方法是( )。
   A. 红外光谱   B. 核磁共振   C. 有机质谱   D. 紫外光谱
5. 下列简写表示核磁共振的是( )。
   A. UV   B. NMR   C. IR   D. MS

三、简答题

1. 用波谱法做化合物的结构分析时，除了色谱-波谱联用外，一般要求是纯的样品，为什么？有机化合物的纯度检验如何进行？
2. 如何决定波谱实验需要的样品量？
3. 常用于有机化合物结构分析的波谱方法有哪些？各有什么特点？
4. 计算下列分子的不饱和度。
   (1) $C_{10}H_{16}$；(2) $C_8H_{12}O_2$；(3) C_7H_9N；(4) $C_7H_8N_2O_2$

1.4 参 考 答 案

一、判断题

1. F；2. F；3. F；4. F；5. F；6. T

二、选择题

1. A；2. C；3. B；4. C；5. B

三、简答题

1. 用波谱法做结构分析，要求物质是纯样。允许存在的杂质的量以其谱峰不会对物质谱图产生干扰为准。因此，在对某化合物做结构分析时应该先对样品做纯度检验。样品纯度的检验：综合使用物理常数测定和色谱分析两种方法，只有当两种方法都证明样品是纯物质时，结论才可靠。

   (1) 物理常数测定：固体测定熔点，纯物质有固定的熔点，且熔程$<0.5℃$。液体测沸点和折射率。纯物质有固定的沸点，且沸程为 $0.5\sim1℃$。

   (2) 色谱法在样品纯度检验中的应用：纯物质在气相色谱和高效液相色谱中应出一个峰。在薄层色谱中出一个斑点。用色谱做纯度检验时，应更换两个以上不同的色谱体系，纯样品应仍为一个峰或一个斑点。

2. 波谱实验需要的样品量由以下三个因素决定：

   (1) 波谱法的检测灵敏度。UV：若配 100 mL 溶液，需要的量为几毫克；IR：做结构分析需要 $1\sim5$ mg；^1H NMR：一般要 $3\sim5$ mg 样品；^{13}C NMR：十几毫克以上，甚至几十到上百毫克；MS：样品用量很少，固体样<1 mg。

   (2) 测定目的。一般情况下定量分析比定性鉴定需要的量多一些。

   (3) 样品分子结构。一般分子量大的样品需要的量也多。

3. 常用于有机化合物结构分析的波谱方法是紫外-可见光谱(UV-Vis)、红外光谱(IR)、核磁共振(NMR)波谱和质谱(MS)。

   (1) UV-Vis：测量灵敏，准确度高，应用范围广；仪器价格便宜，操作简便快速，易于普及；可用于定性、定量分析；不破坏样品。但其仅限于表征有生色团或共轭体系的化合物；并且即使两化合物的紫外谱图完全一致，也只能说明两化合物具有类似或相同的共轭体系，而无法确定其是否为同种化合物。

   (2) IR：对任何样品的存在状态(固、液、气)都适用，测定方便，制样简单，且不破坏样品。在推测分子中某种官能团的存在与否，推测官能团的邻近基团方面有独到之处。

   (3) NMR：不破坏样品，做定量分析误差较大，不能用于痕量分析。主要分析自旋量子数$I=1/2$的核，如 ^1H、^{13}C、^{15}N、^{19}F 和 ^{31}P。

   (4) MS：应用范围广，无机物、有机物，气体、液体或固体都可以；灵敏度高，样品用量少；分析速度快，并可实现多组分同时检测。但质谱的仪器结构复杂，价格昂贵，使用及维修比较困难，对样品有破坏性。

4. (1) $U = 1 + 10 - 16/2 = 3$ (2) $U = 1 + 8 - 12/2 = 3$
   (3) $U = 1 + 7 + (1-9)/2 = 4$ (4) $U = 1 + 7 + (2-8)/2 = 5$

第 2 章　紫外-可见光谱

2.1　内容与要求

1. 紫外光谱的基本原理

　　了解紫外光谱产生的机理。

　　掌握电子跃迁的类型、谱带强度的表示及其物理意义。

　　掌握朗伯-比尔定律及应用。

　　掌握紫外光谱常见的光谱术语及各谱带的概念及含义。

　　掌握溶剂极性、pH 及氢键对谱带的影响。

2. 紫外光谱仪和实验方面的一些问题

　　了解紫外光谱仪。

　　掌握紫外光谱测定时溶剂、吸收池的选用原则。

　　掌握用紫外光谱进行定性和定量分析时，样品溶液的配制原则。

3. 各类化合物的紫外光谱

　　掌握含共轭体系和芳香族化合物的紫外光谱特征规律。

　　掌握共轭体系最大吸收波长的计算。

　　掌握各类化合物紫外光谱的特征规律。

　　掌握结构与共轭体系最大吸收波长的关系。

4. 紫外光谱的应用

　　掌握紫外光谱在有机化合物共轭体系判断、骨架推定、构型与构象测定中的应用。

　　了解紫外光谱在定量分析中的应用。

2.2　重点内容概要

1. 紫外-可见光谱

　　分子吸收 200～800 nm 的电磁波而产生的吸收光谱即为紫外-可见光谱。紫外-可见光谱可简称为紫外光谱，用 UV-Vis 或 UV 表示。紫外-可见光谱是光照射分子后，分子吸收相应的电磁波能量发生了电子跃迁，因此又称之为电子吸收光谱。

2. 紫外-可见光谱的分区

　　紫外-可见光谱按照波长可分为 3 个区域：远紫外区，波长范围 10～200 nm；紫外区，波长范围 200～400 nm；可见区，波长范围 400～800 nm。其中，远紫外区又称真空紫外区。由于 O_2、N_2、H_2O、CO_2 等物质对这个区域的紫外光有强烈的吸收，化合物在此区域的吸收特征性不强，所以对该区域的光谱研究较少。通常研究集中在紫外-可见区。紫外光谱仪一般都包括紫外区和可见区两部分。

3. 紫外-可见光谱的产生

紫外-可见光谱是由分子的外层电子跃迁产生的。以双原子分子为例,基态时成键电子分布在能量低的 σ 分子轨道,对应能量为 E_0。紫外光照射分子时,若吸收紫外光的能量恰好等于基态与激发态能量的差值,使电子从 E_0 跃迁至 E_1,就会产生紫外光谱。按照富兰克-康顿(Franck-Condon)原理,光照射分子后,分子中除了电子能级的跃迁之外,还存在分子内原子之间的振动能级,以及分子的转动能级之间的跃迁。电子跃迁与转动/振动能级变化叠加使得紫外-可见光谱的吸收曲线呈现宽峰。

4. 紫外-可见光谱的相关参数

在紫外-可见光谱图中,横坐标为波长(λ, nm),峰最高处对应的波长记为 λ_{max},其大小反比于跃迁时的能级差。波长 λ_{max} 处对应的摩尔吸光系数 ε 是该样品的 ε_{max}。ε 值对应于跃迁的概率,跃迁的概率大,ε 值也大。ε 的大小与化合物的分子结构有关,与样品浓度无关。

紫外-可见光谱图的纵坐标可以是吸光度 A(仪器直接测得)、摩尔吸光系数 ε 或 $\lg\varepsilon$(计算求得)。A 与 ε 之间满足朗伯-比尔定律,$A=\varepsilon bc$。当浓度 c 的单位用 mol/L,光程长即比色皿的厚度 b 的单位用 cm 时,ε 的单位为 L/(mol·cm)。

紫外光谱中最有用的是 λ_{max} 和 ε。但是,若两个化合物有相同的 λ_{max} 和 ε,并且紫外光谱图也一样,也只能推测它们有一样或类似的共轭体系,并不能说明就是同一化合物。

5. 紫外-可见光谱电子跃迁的类型

电子的跃迁有:σ→σ*、n→σ*、π→π*、n→π*、电荷转移跃迁及配位体场微扰的跃迁。

(1) σ→σ* 跃迁所需能量较大,相应跃迁谱带的波长小于 200 nm,属远紫外区。

(2) n→σ* 跃迁所需能量较低,相应波长一般在 200 nm 左右。原子半径较大的硫或碘的衍生物的 n→σ* 跃迁谱带勉强可以通过紫外光谱仪看到。

(3) π→π* 跃迁谱带的 ε 都在 10^4 以上。①具有一个孤立双键的乙烯的 π→π* 跃迁的吸收光谱约在 165 nm;②共轭双键,谱带随共轭体系的增大而向长波方向移动,一般大于 200 nm。

(4) n→π* 跃迁所需能量最低,所以 n→π* 跃迁的吸收谱带波长最长,一般大于 270 nm。C=O、C=S、N=O 等基团都可发生这类跃迁。

(5) 电荷转移跃迁的实质是给体最高能级的占有轨道中的电子吸收光跃迁到受体的空轨道,因此电荷转移跃迁也可视为配合物或分子内的氧化-还原过程。其 λ_{max} 取决于电子给体和电子受体相应轨道的能量差。此谱带多出现在可见区,有较深的颜色,强度一般都较大,ε>10 000($\lg\varepsilon$>4),有此类吸收的化合物一般有较深的颜色。

(6) 配位体场微扰的跃迁是指过渡金属水合离子或过渡金属离子与显色剂所形成的配合物吸收了适当波长的紫外光或可见光,从而获得相应的吸收光谱。配位场跃迁包括 d→d* 跃迁(第四、第五周期的过渡金属元素)和 f→f* 跃迁(镧系和锕系元素)。两种跃迁的吸收峰很弱,一般弱到 ε<100;且能级差不大,因此吸收谱带的波长处于较长波长段,甚至常发生在可见区

内。d→d*跃迁峰较宽，而 f→f*跃迁峰较窄。镧系、锕系元素的 UV 谱峰可很好地用于定量分析。

6. 常见光谱术语

生色团：分子中某一基团或体系能在一定的波段范围产生吸收而出现谱带。生色团的结构特征是都含有π电子。典型生色团有 C=C、C=O、—N=O、—N=N—、—NO_2 及芳香体系等。生色团或者只含有π电子，或者同时含有π电子和 n 电子，因此生色团能发生 π→π* 或 n→π* 跃迁。

助色团：分子中某一基团或体系孤立地存在于分子中时，在紫外-可见区内不一定产生吸收，但当它与生色团相连时能使生色团的吸收谱带明显地向长波方向移动，而且吸收强度也相应地增加。助色团的结构特征是都含有 n 电子。常见的助色团有—OH、—Cl、—NH_2、—NO_2、—SH 等。助色团与烷基链相连，能发生 n→σ* 跃迁；与含有π电子的基团连接，发生 n→π* 跃迁。

红移：由于存在取代基作用或溶剂效应，生色团的吸收峰向长波方向移动的现象。

蓝移/紫移：由于存在取代基作用或溶剂效应，生色团的吸收峰向短波方向移动的现象。

增色效应：使吸收带强度增加的作用。

减色效应：使吸收带强度减弱的作用。

强带：$\varepsilon_{max} \geqslant 10\ 000$ L/(mol·cm)的吸收带。

弱带：$\varepsilon_{max} \leqslant 1000$ L/(mol·cm)的吸收带。

7. 谱带的分类

R 带：由 n→π* 跃迁产生的吸收带，产生 R 带的生色团一般含有 p-π 共轭体系。该谱带的特征是 λ_{max} 一般大于 270 nm，但其强度弱（$\varepsilon < 100$）。

K 带：由 π→π* 跃迁产生的吸收带，产生 K 带的化合物的结构特征是分子中含有共轭体系。K 带的特点是吸收峰强度很强，$\varepsilon \geqslant 10^4$。随着共轭体系的延长，谱带红移且强度加强。

B 带：苯型谱带，由苯的 π→π* 跃迁和振动效应的重叠引起，为一宽峰并出现若干小峰，位于 230～270 nm，中心在 254 nm，$\varepsilon_{max} \approx 250$。在气态或非极性溶剂中表现出精细结构。苯环被取代或者选用极性溶剂，精细结构完全消失或部分消失。B 带常用来识别芳香族化合物。

E 带：苯环中的乙烯型谱带，分为 E_1 带和 E_2 带。E_1 带的 $\lambda_{max} \approx 184$ nm，$\varepsilon_{max} > 10\ 000$，没有精细结构。E_2 带是由苯环中共轭二烯的 π→π* 跃迁引起的。有分辨不清的精细结构，$\lambda_{max} \approx 203$ nm，$\varepsilon_{max} \approx 7400$。

上述四种谱带可以通过它们的 ε 值予以区别。

8. 溶剂效应

紫外光谱的测定一般在稀溶液中进行。理想溶剂应能溶解样品的所有组分，不易燃烧且无毒，并在测定波长区透明。蒸馏水是较理想的溶剂，但对多数非极性有机化合物不适用。常用于紫外检测的溶剂有 1,4-二氧六环、95%乙醇、庚烷、环己烷等。溶剂的性质对紫外光谱影响很大，因此在记录紫外光谱数据时，要特别注明所使用的溶剂。

物质的 ε 不同，其溶液的浓度范围有较大差异，必须调整浓度使吸收峰的顶端落在记录纸内，并控制在一定的吸光度范围内。定性测定时控制吸光度 A 为 0.7～1.2,定量测定时控制吸光度为 0.2～0.8。共轭二烯测量浓度应为 10^{-5}～10^{-4} mol/L。羰基类生色团浓度应为 10^{-2} mol/L。

溶剂极性对谱图的影响：溶剂的极性不同可以引起谱带形状、λ_{max} 和强度的改变。就谱带形状来说，一般气态样品的谱图可以显示出较清晰的精细结构。在非极性溶剂中能观察到振动跃迁的精细结构。但在极性溶剂中，由于溶剂和溶质的分子作用力增强，谱带的精细结构变得模糊，以致完全消失变为平滑的吸收谱带。跃迁方式不同，溶剂对其产生谱带的影响也不同。通常随着溶剂极性的增加，n→π^*跃迁谱带蓝移，强度增加；而π→π^*跃迁谱带红移，强度略有降低。

若溶剂和溶质形成氢键，则使其 n→π^*跃迁吸收峰发生蓝移。氢键对π→π^*跃迁吸收峰的影响不明显。

pH 对谱图的影响：①苯胺在酸性溶液中转变为铵正离子，不再与苯环的π电子共轭，谱峰蓝移；②苯酚在碱性溶液中转变为酚氧负离子，增加了一对可以用来形成 p-π共轭的电子对，谱峰红移，强度增加；③羧酸在碱性溶液中转变为羧氧负离子，使π轨道能量降低，而π^*轨道能量升高，因而使 n→π^*跃迁能级差增大，谱带蓝移。

9. 紫外分光光度计

紫外分光光度计的结构大致都由光源(紫外光和可见光)、单色器、吸收池、检测器和记录装置及计算机等几个部分组成。①光源：可见光光源一般选择钨灯或卤钨灯，紫外光源可选择氘灯、氢灯、氙灯及汞灯，近年来也有用激光做光源，其波长范围通常为 350～750 nm；②单色器：把复合光分解为单色光，由入射狭缝、色散(分光)系统和出射狭缝组成；③吸收池(比色皿)：紫外区要用石英比色皿，可见区可用一般光学玻璃；④检测器：将光信号转换为电信号的装置，紫外分光光度计一般使用光电倍增管或光电二极管做检测器。

紫外-可见分光光度计有单光束、双光束、双波长和多通道分光光度计等几种类型。

(1) 单光束分光光度计光路简单，成本较低，操作方便，容易维修。传统的单光束分光光度计空白和样品要依次测量，测量间隔时间较长，光源漂移导致误差较大。

(2) 双光束分光光度计可以消除光源强度漂移引起的误差，还可以方便地在整个波段范围内对被测组分进行连续扫描，获得精细的吸收光谱。

(3) 双波长分光光度计通过斩光器使两束光以一定频率交替照射在同一个样品上，测定两个波长下的吸光度差值($\Delta A = A_{\lambda_1} - A_{\lambda_2}$)，此仪器可测定高浓度、多组分、浑浊试样，也可测得导数光谱。不需使用参比溶液，消除了由于参比池的不同和制备空白溶液等产生的误差。

(4) 多通道分光光度计使用光电二极管阵列检测器，具有多路、信噪比高、测量速度快、可获得全光光谱的优点。特别适合进行快速反应的反应动力学及多组分混合物的分析。

(5) 光导纤维探头式分光光度计的光源发出的光由一根光纤传导至样品溶液，再经镀铝反射镜反射后，由另一根光纤传导，经滤光片，再由光敏器件接收转变为电信号。探头在溶液中的有效路径可在 0.1～10 cm 调节。这种类型的分光光度计不需要吸收池，常用于环境、土壤和过程监测。

10. 各类化合物的紫外光谱

(1) 饱和烃。只发生σ→σ^*跃迁，这类跃迁的发生必须吸收较大的能量，光谱出现在远紫外区。

(2) 含杂原子饱和烃衍生物。发生 n→σ* 跃迁，原子半径较大的 S、I、N 杂原子饱和烃衍生物在紫外区有吸收。

(3) 烯类化合物。①单烯烃的吸收在远紫外区；②烷基取代烯烃的吸收峰红移；③顺反异构体中反式吸收比顺式吸收波长长；④含多个孤立双键的分子的吸收为各独立双键吸收谱带的加和；⑤双键共轭使谱带发生明显红移；⑥双键处于环外、多个双键共轭时吸收峰红移。伍德沃德-菲泽(Woodward-Fieser)规则可用于计算有 2~4 个双键共轭的烯烃及其衍生物 K 带的 λ_{max}。此类化合物的 λ_{max} 以母体的 λ_{max} 为基数，再加上相关的经验参数(表 2-1)，即 $\lambda_{max} = \lambda_{max(基值)} + \lambda_{max(增值)} + \lambda_{max(溶剂)}$。将计算所得的数值与实测的 λ_{max} 比较，可以帮助确定推断的共轭体系骨架结构是否正确。注意：①如果同时有多个母体可供选择时，应优先选择波长长的作母体；②环外双键是指共轭体系中某个双键，其一个烯碳在某个环上，另一个烯碳不在这个环上。

表 2-1　伍德沃德-菲泽规则计算共轭烯烃 K 带的 λ_{max}

母体	λ_{max}/nm	增值项	增值/nm
异环或开环共轭双烯母体	217	增加一个共轭双键	+30
		每一个烷基或环烷基取代	+5
		环外双键	+5
		每一个极性基团	
		—O—CO—R 或—O—CO—Ar	0
		—OR	+6
		—SR	+30
同环双烯母体	253	—Cl、—Br	+5
		—NR₂	+60
		溶剂校正	0

菲泽-库恩(Kuhn)规则适用于四个以上双键的共轭体系 λ_{max} 和 ε_{max} 的计算。

$$\lambda_{max} = 114 + 5M + n(48.0 - 1.7n) - 16.5R_{环内} - 10R_{环外}$$

$$\varepsilon_{max} = 1.74 \times 10^4 \times n$$

式中：M 为共轭体系上取代烷基数；n 为共轭双键数；$R_{环内}$ 为含环内双键的环的个数；$R_{环外}$ 为含环外双键的环的个数。

(4) 羰基化合物。①孤立羰基化合物的 n→π* 跃迁的谱带一般为低强度吸收(ε 为 10~20)的宽谱带，出现在 270~300 nm；②酮比醛多了一个烃基，使其 n→π* 吸收峰蓝移；③羧酸及其衍生物羰基的 n→π* 吸收一般出现在 200~220 nm；④α 取代的环己酮，R 带的 λ_{max} 的规律是 $\lambda_{max(a 键取代的环己酮)} > \lambda_{max(环己酮)} > \lambda_{max(e 键取代的环己酮)}$；⑤不饱和羰基化合物随着共轭数目的增加，π→π* 跃迁的吸收谱带红移，n→π* 跃迁因共轭链增加的影响较小。伍德沃德-菲泽规则计算 α, β-不饱和醛、酮的 λ_{max} 方法与其计算 2~4 个双键共轭的烯烃 λ_{max} 的方法类似，即 $\lambda_{max} = \lambda_{max(基值)} + \lambda_{max(增值)} + \lambda_{max(溶剂)}$。该规则的相关参数见表 2-2。注意：①只有用 95%乙醇作溶剂才能获得与实测值相符合的计算结果，若用其他溶剂，必须用表 2-2 的数值进行校正；②取代基的位置从羰基相连的烯碳数起，依次为 α、β、γ、δ；③环(六元环及六元以上的环)上羰基不能视为环外双键，但五元环上的羰基要加 5 nm。

表 2-2　伍德沃德-菲泽规则计算 α,β-不饱和醛、酮 K 带的 λ_{max}

母体	λ_{max}/nm	增值项	增值/nm		增值项	增值/nm	
大于五元环酮	215	延伸一个共轭双键	+30		氯(—Cl)	α	+15
						β	+12
五元环烯酮	202	烷基或环烷基	α	+10	溴(—Br)	α	+25
α,β-不饱和醛	210		β	+12		β	+30
α,β-不饱和酸和酯	195		γ 及以上	+18	二烷氨基(—NR$_2$)	β	+95
溶剂校正	校正值/nm	羟基(—OH)	α	+35	乙酰氧基(—OAc)	$\alpha、\beta、\gamma$	+6
二氧六环	+5		β	+30			
氯仿	+1		γ 及以上	+50	烷硫基(—SR)	β	+85
乙醚	+7	烷氧基(—OR)	α	+35	环外双键	+5	
水	−8		β	+30			
己烷/环己烷	+11		γ	+17	同环共轭双键	+39	
乙醇/甲醇	0		δ	+31			

聂尔森(Nielsen)规则常用于计算不饱和羧酸及酯类 K 带的 λ_{max}。该规则的相关参数见表 2-3。

表 2-3　聂尔森规则计算不饱和羧酸及酯类 K 带的 λ_{max}

母体	λ_{max}/nm	增值项	增值/nm
α 或 β 一元取代	208	增加一个共轭双键	+30
α,β 或 β,β 二元取代	217	γ 或 δ 烷基	+18
α,β,β 三元取代	225	环外双键	+5
		不饱和双键在五元环或七元环内	+5

(5) 不饱和含氮化合物。即有 π 键与氮相连的有机化合物，它们具有与羰基相似的电子结构。在紫外-可见区：①亚胺基化合物的吸收带出现在 244 nm 左右(n→π*)，ε 约为 100；②偶氮基的吸收谱带出现在 360 nm 左右(n→π*)，强度随着取代基的不同而有较大幅度的变化，特别是顺反异构体间的吸收相差很大，反式异构体 ε 约为 20，顺式异构体 ε 为 100～500；③硝基的饱和衍生物出现两个吸收带，一个高强度的吸收带在 200 nm 附近(π→π*)，另一个低强度吸收带在 275 nm 左右(n→π*)。

(6) 芳香族化合物。①苯及其衍生物：苯环有三个吸收带 E$_1$、E$_2$、B 带，在仪器上能看到的是 E$_2$ 的末端吸收带和 B 带。单取代苯中，烷基取代会使苯环的 E$_2$ 带和 B 带红移，同时降低了 B 带的精细结构特征；有助色团的取代苯，由于助色团的 n 电子与苯环形成 p-π 共轭体系，E$_2$ 带和 B 带发生红移，B 带的强度增大，失去其精细结构的特征，另外也产生新的 R 带(λ_{max} 为 275～330 nm，ε 为 10～100)；有生色团的取代苯，由于延长了 π-π 共轭体系，除 B 带明显红移动且强度增加外，体系中还产生新的 K 带(通常与 E$_2$ 带合并)。多取代苯的紫外光谱与取代基的性质、取代基间的电子效应以及它们在苯环上取代的位置有关。取代基电子效应相同的对位二取代苯的 E$_2$ 带红移，且红移程度由最强的基团决定。取代基电子效应不相同的对位二取代苯的红移程度比两个单取代基各自贡献的加和还要多。邻、间位二取代苯的红移程度近似等于两个单取代基各自贡献的加和。②多核芳香族化合物：多联苯、骈环芳香族化合物的共轭体系长，一般谱带红移，吸收强度大。③杂环芳香族化合物：五元杂环芳香族化合物的紫外光谱不显示 n→π* 跃迁的吸收带。呋喃、吡咯和噻吩的紫外光谱与苯的紫外光谱的相似性以呋喃、吡咯、噻吩的顺序递减；六元杂环芳香族化合物的紫外光谱与相应的芳烃类似，但其 B 带比苯环(ε 为 250)强度强，ε 约为 2000，且精细结构减少甚至消失。另外，六元杂环芳香族化合物比芳烃的光谱增加了一个 n→π* 跃迁的吸收带。

(7) 金属配合物。金属配合物的生色机理可分为三种类型：①配体微扰的金属离子 d→d* 电子跃迁和 f→f* 电子跃迁：大多数 d 轨道或 f 轨道未充满的金属离子与不含共轭体系的无色配体(如 H_2O、NH_3、EDTA、酒石酸等)形成的配合物的光谱属于这种类型。同一金属离子与不同配体结合，配合物的 λ_{max} 不同；不同金属离子与同一配体反应，生成的配合物的颜色也可能不相同。②电荷转移吸收光谱(荷移吸收光谱)：这种电荷转移光谱通常发生在具有 d 电子的过渡金属和有π键共轭体系的有机分子中，金属和配体一个可视为电子给体，另一个可视为电子受体。③金属离子微扰的配体内电子跃迁：金属离子与有色的有机配体生成配合物的颜色主要取决于金属离子与配体之间成键的性质。金属离子与配体分子以静电结合时，则金属离子以类似于配体质子化的方式影响光谱，具体表现为配合物的吸收光谱红移或蓝移，但谱图形状和 ε 变化不显著；金属离子与配体分子以共价键和配位键结合时，配体分子的共轭体系在螯合前后发生显著的变化。多数情况下，螯合物的形成均可使吸收峰显著红移，ε 明显提高。这种螯合物的谱带位置还受到溶液 pH 及螯合物中配体个数的影响。

11. 紫外光谱可以得到的信息

(1) 如果在 200~800 nm 没有吸收带，化合物可能为饱和烃或单烯。

(2) 如果在 200~250 nm 有强吸收带($\varepsilon \geqslant 10\ 000$)，就可能是共轭烯烃或 α,β 不饱和醛、酮或酸。

(3) 如果在 260 nm、300 nm 或 330 nm 附近有强吸收带，就可能有 3、4 或 5 个共轭的不饱和键。

(4) 如果在 260~300 nm 有中等强度的吸收带(ε 为 200~1000)，就很可能有芳香环。

(5) 如果在 290 nm 附近有弱吸收带(ε 为 20~100)，就可能有酮或醛。

(6) 有颜色的化合物，或者含有较长的共轭体系，或者含有硝基、偶氮基、重氮基或亚硝基等基团。α-二酮、乙二醛、金属离子配合物及碘仿等化合物虽不一定含共轭链，但也有颜色。

(7) 紫外光谱只适用于推测有生色团的化合物的结构。

12. 紫外光谱的应用

(1) 判断共轭体系。根据紫外光谱可以判断生色团之间是否有共轭关系。如果有共轭体系，根据 K 带的波长就有可能推断取代基的种类、位置和数目。

(2) 推定分子骨架。未知化合物与已知化合物的紫外光谱(峰的个数、λ_{max} 和 ε)一致时，可以认为两者具有相同或相近的共轭体系。

(3) 测定构型与构象。根据 $\lambda_{max(a\ 键取代的环己酮)} > \lambda_{max(环己酮)} > \lambda_{max(e\ 键取代的环己酮)}$ 推测 α-卤代酮取代基处在直立键还是平伏键；根据 $\lambda_{max(反式)} > \lambda_{max(顺式)}$ 推测烯烃的顺反异构；根据 λ_{max} 大小推测双键的位置及共轭情况。结合 λ_{max} 和 ε 推测不同溶剂中，β-二羰基化合物的存在形式(酮式和烯醇式)及其大致含量。

(4) 测定分子量。如果一个自身无紫外吸收或在某一波长处吸收很小的未知化合物与某一试剂形成衍生物，而在某一波长处试剂本身的摩尔吸光系数与这一衍生物的近似相等，可以用下式求出未知化合物的分子量 M：

$$M = (10 \times \varepsilon / a_{1\,cm}^{1\%}) - M'$$

式中：ε 为摩尔吸光系数；$a_{1\,cm}^{1\%}$ 为百分吸光系数；M' 为试剂的分子量。

(5) 纯度检查。紫外光谱实验中所用溶剂的纯度至关重要。如果某有机化合物在紫外-可见区没有吸收，而其杂质在紫外-可见区有强吸收，则可以利用紫外光谱检验化合物的纯度。另外，如果样品本身有紫外吸收，则可以通过差示法进行纯度检验，即取相同浓度的纯品在同一溶剂中测定其紫外光谱作为空白对照，样品与纯品之间的差示光谱就是样品中杂质的光谱。

(6) 氢键强度的测量。当样品分子与溶剂分子形成氢键时，样品的紫外光谱会发生较大的变化，由此可以测定氢键的强度。

13. 紫外光谱解析的注意事项

(1) 结合元素分析或其他谱图信息确定分子式，并算出不饱和度 U。

(2) 确定样品吸收带 λ_{max} 及相应的 ε_{max}。λ_{max} 可用于判断化合物类型及骨架结构信息。ε_{max} 可用于鉴别谱带是 K 带、R 带、B 带或 E 带。$\varepsilon_{max} < 100$ 表示化合物中含有非共轭的醛、酮羰基。$\varepsilon_{max} > 10\,000$ 表示化合物中含有 α, β-不饱和醛、酮或共轭二烯结构。$10\,000 > \varepsilon_{max} > 200$ 表示化合物中含有苯骨架结构。

(3) 充分利用溶剂效应和介质 pH 对光谱的影响，可有助于谱图解析。酚类物质、不饱和酸、烯醇和苯胺类化合物有一定的酸碱性。改变溶液的 pH，如果光谱发生变化，就表示化合物中有可离子化的基团与共轭体系。溶液从中性变为碱性时，如果吸收带发生红移，就可能有酚类物质、烯醇或不饱和酸。相反，溶液从中性变为酸性时，如果吸收带发生蓝移，就表示有氨基与芳香环相连。

(4) 加和规则(或称叠加规则)：当化合物中有两个以上的生色团，且被饱和原子团隔开时，其紫外光谱近似等于这两个生色团光谱的叠加。

14. 定性分析

紫外-可见光谱一般不能单独用来鉴别未知物，但是可以通过比较参比光谱与被测光谱的方法确定某种物质是否存在。在定性分析时，导数光谱既表明物质的特性又有助于鉴定。当两个样品的谱图十分相似时，可以用导数光谱来判断它们是否为同一种物质。峰的数目随导数阶数的提高而增加。导数分光光度法在一定程度上能解决传统分光光度法难以解决的问题，如分辨重叠的吸收谱带、分析化学性质相似的多组分体系和浑浊样品、消除背景干扰和增强吸收光谱的精细结构、进行复杂光谱的辨认等。两个紫外光谱相近的物质，其导数光谱可能差异较大而易于判断。

15. 定量分析

在波谱分析中，紫外光谱使用方便且准确度高，是最常用的定量分析方法。其定量分析的依据是朗伯-比尔定律。只有在紫外-可见区有吸收的物质才可以用紫外-可见光谱做定量分析，ε 越大越有利于紫外定量分析。

用紫外-可见光谱对单组分样品进行定量分析，可选用绝对法、标准对照法、吸光系数法、标准曲线法等。不经预先分离进行多组分混合物的紫外测定，可采用等吸收点作图法、y-参比法、解联立方程法、多波长作图法等。

2.3　例题分析

【例 2-1】　　计算下列化合物的 $\lambda_{max}(nm)$。

解

(1)

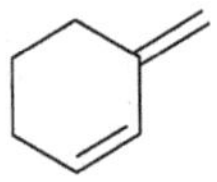

基值	217
两个烷基取代	2×5
一个环外双键	+5
	232(nm)

(2)

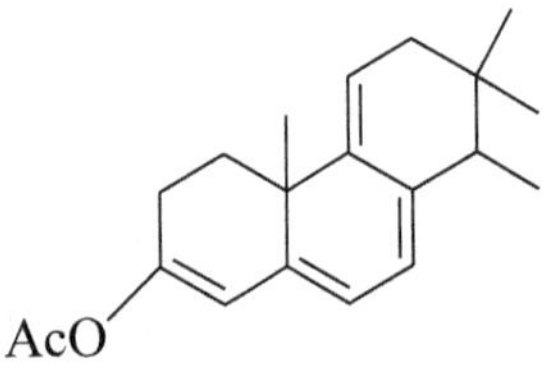

基值	253
两个延伸双键	30×2
三个环外双键	5×3
五个烷基取代	+5×5
	353(nm)

注：同一化合物既可以选择环内双烯为母体，也可以以环外双烯为母体时，选择环内双烯为母体。

(3)

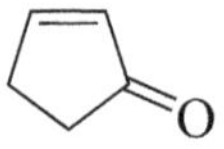

基值	202
一个环外羰基	5
一个 β 位烷基	+12
	219(nm)

注：环上的羰基不能视为环外双键，环外双键是指与环直接相连的碳碳双键。但五元环上的羰基都要加 5 nm。

(4)

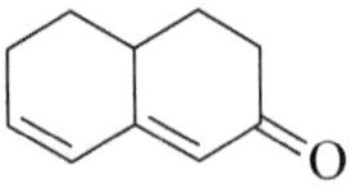

基值	215
一个延伸双键	30
一个 β 位烷基	12
一个环外双键	5
一个 γ 以上烷基	+18
	280(nm)

(5) ◯=CH—COOH

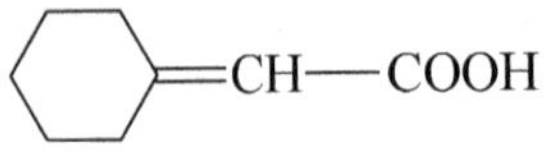

基值	217
一个环外双键	+5
	222(nm)

注：采用伍德沃德-菲泽规则计算不饱和羧酸和酯的结果与聂尔森规则比较有一定出入，使用聂尔森规则较好。

【例 2-2】　比较苯、甲苯和苯胺的 λ_{max}，并说明理由。

A　　　　　B　　　　　C

解　甲苯中甲基与苯环形成σ-π超共轭，而苯胺中氨基则是 n 电子与π电子的 p-π共轭。共轭的存在导致苯环π→π*跃迁的能量降低，红移。p-π共轭的影响大，导致π→π*跃迁的能量降低得多，红移更明显。因此，λ_{max} 由大到小的顺序为 C>B>A。

【例 2-3】　比较下列化合物的 λ_{max}，并说明理由。

解　紫外光谱中，醛、酮类化合物在 270～300 nm 都有弱的吸收。羰基的吸收谱带受取代基的影响非常显著。一般酮羰基的吸收为 270～280 nm。而醛略向长波方向移动，为 290～300 nm。这是因为酮比醛多了一个取代基，由于超共轭效应导致π轨道能量降低，π*轨道能量升高，所以 n→π*跃迁需要较高的能量。3,3-二甲基-2-丁酮只有一边发生超共轭效应，同时叔丁基的空间效应会导致羰基分子轨道扭曲。因此，三种化合物中乙醛的 λ_{max} 最大，其次是 3,3-二甲基-2-丁酮，最小的是丙酮。

【例 2-4】　比较下列化合物的 λ_{max}，并说明理由。

解　结构类似的六元环酮，卤素处于 a 键(直立键)要比处于 e 键(平伏键)的化合物的 λ_{max} 长。原因是卤素处于 e 键时，它与羰基的距离较近，由于两个基团的反极化作用，羰基的 n→π*跃迁能量稍有增加，R 带略向短波方向移动。当卤素处于 a 键时，卤素的 p 轨道与羰基的π轨道发生作用，降低了羰基的反键轨道的能量，使 R 带发生较明显的红移，同时导致羰基的分子轨道变形，增加了 R 带的吸收强度。

【例 2-5】　紫罗兰酮有两种异构体: α-紫罗兰酮及β-紫罗兰酮。α-紫罗兰酮在 228 nm(ε 14 000) 有吸收，β-紫罗兰酮在 296 nm (ε 11 000) 有吸收，下列两个结构式分别属于α还是β异构体?

A　　　　　　　　　B

解　计算 A 的 λ_{max}=215+12 = 227(nm)，B 的 λ_{max} = 215 + 30 + 3 × 18 = 299(nm)，对比实验值可知α-紫罗兰酮具有 A 式结构，而β-紫罗兰酮具有 B 式结构。

【例 2-6】　乙酰乙酸乙酯在极性溶剂中测定时，出现一个弱峰，λ_{max} = 272 nm (ε 16)，在非极性溶剂中测定时，出现一个强峰，λ_{max} = 243 nm (ε 16 000)，为什么?

解　乙酰乙酸乙酯存在下列互变异构现象：

$$H_3C-\overset{O}{\overset{\|}{C}}-\overset{H_2}{\overset{|}{C}}-\overset{O}{\overset{\|}{C}}-OC_2H_5 \ \rightleftharpoons\ H_3C-\overset{OH}{\overset{|}{C}}=\overset{}{\underset{H}{C}}-\overset{O}{\overset{\|}{C}}-OC_2H_5$$

酮式　　　　　　　　　　　烯醇式

在极性溶剂中测定时，出现一个弱峰，$\lambda_{max}=272$ nm (ε 16)，说明该峰由 n→π* 跃迁引起，故可以确定在极性溶剂中该化合物主要以酮式异构体存在。酮式可以与极性溶剂形成氢键而较稳定。在非极性溶剂中测定时，出现一个强峰，$\lambda_{max}=243$ nm (ε 16 000)，是共轭体系 π→π* 跃迁引起，故可以确定在非极性溶剂中该化合物主要以烯醇式异构体存在。烯醇式在非极性溶剂中因形成分子内氢键而稳定。

【例 2-7】　利用紫外光谱数据，推测下列分解反应的产物。

$$\text{环己酮}-CH_2-\overset{+}{N}(C_2H_5)_3\bar{I} \ \xrightarrow[\triangle]{Ag_2O}\ C_7H_{10}O\ +\ AgI\ +\ N(C_2H_5)_3\ +\ \tfrac{1}{2}H_2O$$

提示：反应过程中环骨架不变，紫外光谱测得 $\lambda_{max}=236.5$ nm，$\lg\varepsilon>4$。

解　紫外光谱 $\lg\varepsilon>4$ 为 K 带(π→π* 跃迁)，意味着化合物有共轭结构，可能为 α,β-不饱和酮。结合反应过程中，环骨架不变，其可能结构为

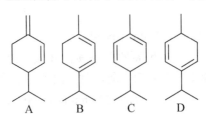

A　　　　　　B

$\lambda_{max}(A)=215+12+10=237(nm)$

$\lambda_{max}(B)=215+10+5=230(nm)$

A 的 λ_{max} 计算值与实测值更接近，产物的可能结构为 A。

【例 2-8】　有一化合物分子式为 $C_{10}H_{16}$，红外光谱证明有双键和异丙基存在，其紫外光谱 $\lambda_{max}=231$ nm(ε 9000)，1 mol 此化合物加氢只能吸收 2 mol H_2，加氢后得到 1-甲基-4-异丙基环己烷，试确定该化合物的可能结构。

解　(1) 计算不饱和度 $U=1+10-16/2=3$。

(2) 红外光谱证明有双键，1 mol 化合物加氢只能吸收 2 mol H_2，推测分子结构中只能含有两个双键。

(3) $\lambda_{max}=231$ nm，可推测两个双键为共轭双键。

(4) 不饱和度为 3，除去两个双键，应还有 1 个环。

(5) 结合(1)～(4)的推测，且已知分子结构中有异丙基，可能的结构为以下四种：

A　　　B　　　C　　　D

(6) 采用伍德沃德-菲泽规则计算四个化合物的 λ_{max}，A、B、C、D 四种化合物的最大吸收波长分别为 232 nm、273 nm、268 nm 和 268 nm，因此该化合物的可能结构为 A。

【例 2-9】　图 2-1 是一化合物在 0.010 mol/L 盐酸溶液(A)和 0.010 mol/L 氢氧化钠溶液(B) 中的紫外吸收光谱，试推测该化合物属于哪一类化合物。

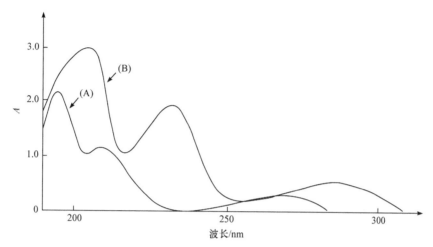

图 2-1　某化合物在 0.010 mol/L 盐酸溶液(A)和 0.010 mol/L 氢氧化钠溶液(B)中的紫外吸收光谱

解　比较图 2-1(A)和(B)可以看出：溶液的 pH 改变，其对应的光谱发生变化，就表示化合物中有可离子化的基团与共轭体系。溶液从酸性变为碱性时，吸收带发生明显的红移，说明该化合物可能是酚类物质、烯醇或不饱和酸。进一步结合谱图的形状、出峰位置推测该化合物为酚类物质。

2.4　综 合 练 习

一、判断题

1. 远紫外区的波长范围是 0～200 nm。(　　)
2. 饱和烃类化合物只含有单键，只能产生σ→σ*跃迁，谱带落在远紫外区。(　　)
3. 两个或多个苯环以单键相连时苯环可以处在同一个平面，电子的离域程度扩大，K 带向长波方向移动且强度增加。(　　)
4. 区分某化合物是酯还是酮最好的方法是紫外光谱。(　　)
5. 紫外光谱中，醛、酮类化合物在 270～300 nm 都有吸收，而羧酸、酯、酰胺的羰基的 n→π* 跃迁的吸收移向长波长。(　　)
6. 紫外光谱中，生色团指的是有颜色并在紫外-可见光谱中有特征吸收的基团。(　　)
7. 紫外光谱是分子中电子能级变化产生的，振动能级和转动能级不变化。(　　)
8. 极性溶剂一般使π→π*吸收带红移，使 n→π*吸收带蓝移。(　　)
9. 溶剂能和溶质形成氢键，使 n→π*吸收带蓝移。(　　)
10. 当改变溶液的 pH 从中性变为碱性时，如果吸收带发生红移，就表示化合物结构中有氨基与芳香环相连。
11. 未知化合物和已知化合物的紫外吸收光谱(峰的个数、λ_{max})一致时，可以认为两者具有相

同或相似的生色团。(　　)
12. 大多数情况下紫外光谱不能单独用来推测化合物的结构。(　　)
13. 紫外光谱比其他仪器的独到之处在于其能够用于确定化合物的共轭体系、生色团和芳香性。(　　)
14. 紫外光谱进行多组分测定的依据就是吸光度具有加和性。(　　)
15. 紫外光谱与分子的电子跃迁有关。(　　)
16. 分子轨道是由原子轨道组成的，其数目是原子轨道数目的二分之一。(　　)
17. 如果化合物的紫外吸收峰发生红移，肯定会伴随有增色效应。(　　)
18. 用作样品池和参比池的一对吸收池必须严格匹配。(　　)

二、选择题

1. 紫外-可见分光光度计合适的检测波长范围是(　　)。
　　A. 400～800 nm　　B. 200～800 nm　　C. 200～400 nm　　D. 10～1000 nm
2. 分析有机物时常用紫外分光光度计，应选用哪种光源和比色皿(　　)?
　　A. 钨灯光源和石英比色皿　　　　　　B. 氢灯光源和玻璃比色皿
　　C. 氢灯光源和石英比色皿　　　　　　D. 钨灯光源和玻璃比色皿
3. 某化合物在 200～800 nm 无紫外吸收，该化合物可能属于以下化合物中的(　　)。
　　A. 芳香族化合物　　B. 亚胺类　　　　C. 酮类　　　　　D. 烷烃
4. 摩尔吸光系数的单位是(　　)。
　　A. mol/(L·cm)　　B. L/(mol·cm)　　C. L/(g·cm)　　D. g/(L·cm)
5. 吸光度(A)与透光率(T)的关系是(　　)。
　　A. $A=1/T$　　B. $A=\lg(1/T)$　　C. $A=\lg T$　　D. $T=\lg(1/A)$
6. A、B 两个不同浓度的同一有色物质的溶液，在同一波长下测其吸光度，A 溶液用 1 cm 比色皿，B 用 2 cm 的比色皿时获得的吸光度值相同，则它们的浓度关系为(　　)。
　　A. 甲是乙的一半　　B. 甲等于乙　　C. 甲是乙的两倍　　D. 都不是
7. 符合朗伯-比尔定律的有色溶液稀释时，其最大吸收峰的波长位置(　　)。
　　A. 向长波方向移动　　　　　　　　　B. 向短波方向移动
　　C. 不移动，但峰高降低　　　　　　　D. 不移动，但峰高增大
8. 某物质的摩尔吸光系数(ε)较大，说明(　　)。
　　A. 光通过该物质溶液的厚度厚　　　　B. 该物质溶液的浓度大
　　C. 该物质对某波长的光吸收能力很强　　D. 测定该物质的灵敏度高
9. 有机化合物成键电子的能级间隔越小，受激发跃迁时吸收的电磁辐射的(　　)。
　　A. 能量越大　　B. 波数越大　　　C. 波长越长　　　D. 频率越高
10. 在化合物的紫外光谱中，K 带是由(　　)电子跃迁产生的。
　　A. $n\rightarrow\sigma^*$　　B. $n\rightarrow\pi^*$　　C. $\sigma\rightarrow\sigma^*$　　D. $\pi\rightarrow\pi^*$
11. 紫外光谱中，R、B、E、K 带可根据它们的(　　)特征予以区别。
　　A. λ_{max}　　B. ε_{max}　　C. 峰的形状　　D. 峰的偶合裂分
12. 用紫外光谱区别共轭双烯和α,β-不饱和醛及酮可根据(　　)吸收带出现与否判断。
　　A. K 带　　　B. R 带　　　C. B 带　　　D. E₂ 带
13. 下列化合物中，在紫外区产生两个吸收带的是(　　)。

　　　A. 丙烯　　　　　　　　B. 丙烯醛　　　　　　　C. 1, 3-丁二烯　　　D. 丁烯

14. 波长为 0.0100 nm 的电磁辐射的能量是(　　　)。(已知 1 eV = 1.602×10^{-19} J)

　　　A. 0.124 eV　　　　　　B. 12.4 eV　　　　　　　C. 124 eV　　　　　D. 1.24×10^5 eV

15. 下列简写可以代表紫外-可见光谱的是(　　　)。

　　　A. ESI　　　　　　　　B. NMR　　　　　　　　C. UV-Vis　　　　　D. FT-IR

16. 下列化合物适合作为紫外光谱的溶剂的是(　　　)。

　　　A. DMF　　　　　　　B. 甲醇　　　　　　　　C. 丙酮　　　　　　D. 甲苯

17. 溶剂若和溶质中的羰基形成氢键，则 n→π* 跃迁引起的吸收峰将(　　　)。

　　　A. 发生蓝移　　　　　B. 发生红移　　　　　　C. 不变　　　　　　D. 数目增多

18. 下列属于紫外光谱中的生色团的是(　　　)。

　　　A. —OH　　　　　　　B. —NH$_2$　　　　　　　C. 羰基　　　　　　D. —Cl

19. 某羰基化合物在近紫外区只产生 λ_{max}= 204 nm(ε 60)的弱谱带，该化合物的类型是(　　　)。

　　　A. 酮　　　　　　　　B. 醛　　　　　　　　　C. 酯　　　　　　　D. 硝基化合物

20. 某化合物的一个吸收带在正己烷中测得 λ_{max} = 327 nm，在水中测得 λ_{max} = 305 nm，该吸收带是(　　　)跃迁引起的。

　　　A. n→σ*　　　　　　B. n→π*　　　　　　　C. σ→σ*　　　　　D. π→π*

21. 紫外光谱是带状光谱的原因是(　　　)。

　　　A. 紫外光能量大　　　　B. 波长短

　　　C. 电子能级差大　　　　D. 电子能级跃迁的同时伴随有振动及转动能级跃迁

22. 以下四种类型的电子跃迁，环戊二烯分子能发生的跃迁类型是(　　　)。

　　　A. σ→σ*　　　　　　B. n→σ*　　　　　　　C. n→π*　　　　　D. π→π*

23. 某芳香族化合物在中性条件测试，其紫外光谱在 λ_{max} = 230 nm (ε 8600)和 280 nm(ε 1450)出现两个吸收谱带，而在酸性条件测试时，两谱带分别蓝移至 λ_{max} = 203 nm(ε 7500)和 254 nm(ε 160)，则该化合物的类型是(　　　)。

　　　A. 芳胺　　　　　　　B. 芳酮　　　　　　　　C. 酚　　　　　　　D. 芳烃

24. 下列化合物中，π→π* 跃迁能量最小的是(　　　)。

A. 　　B. 　　C. 　　D.

三、简答题

1. 紫外光谱又称电子吸收光谱，为什么？

2. 电子由基态跃迁到激发态，分子的构型和键能是否有变化？为什么？

3. 有机化合物的鉴定及结构推测，紫外光谱所提供的信息具有什么特点？

4. 具体说明紫外光谱在分析中的应用。

5. 通常随着溶剂极性的增加，n→σ* 和 n→π* 跃迁谱带向短波方向移动，而 π→π* 跃迁谱带向长波方向移动，试给出可能的解释。

6. 试说明生色团、助色团、红移和蓝移的定义。

7. 如何选择紫外光谱的溶剂？根据不同测定目的以及不同结构的样品，配制溶液时对浓度有什么要求？

8. 化合物 用伍德沃德-菲泽规则计算的 λ_{max} 与实测值相差较大，为什么？

9. 分子的电子光谱通常不是尖锐的吸收峰，而是一些平滑的峰包，为什么？

10. 酚酞在碱性溶液中，吸收带将发生什么变化？为什么？

11. 紫外光谱中，醛、酮在 270～300 nm 都有弱的吸收，而羧酸、酯、酰胺的羰基的 n→π* 跃迁的吸收移向低波长，为什么？

12. 简述如何通过 pH 判断酚类、羧酸类及苯胺类化合物。

13. 试说明如何区别 n→π* 跃迁和 π→π* 跃迁。

14. 朗伯-比尔定律成立的前提是什么？

15. 解释朗伯-比尔定律偏离线性的原因。

16. 某化合物的分子量为 236，称取其纯样 4.72 mg 配成 1000 mL 溶液，在 λ_{max}=355 nm 处用 1 cm 比色皿测得此溶液的 $A = 0.280$，求此化合物的 ε_{max}。

17. 同一物质不同浓度的甲、乙两种溶液，在相同条件下测得 $T_甲 = 0.54$，$T_乙 = 0.32$，若两种溶液均符合朗伯-比尔定律，试求两种溶液的浓度比。

18. 苯丙烯醛能发生几种类型的电子跃迁？在紫外区能出现几个吸收带？

19. 某一化合物在己烷中 λ_{max} 为 305 nm，在乙醇中 λ_{max} 变为 317 nm，试推测该吸收是由哪种跃迁引起的，并说明理由。

20. 化合物在碱性条件下发生消除反应得到烯类化合物，产物紫外光谱检测得 $\lambda_{max} = 228$ nm，预计可能有 A、B、C、D 四种结构，推断产物为哪种结构？

21. 下列四种不饱和酮，已知它们的 n→π* 跃迁的 K 带波长分别为 225 nm、237 nm、384 nm 和 250 nm，试找出它们对应的化合物。

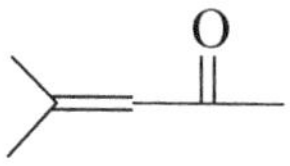

A 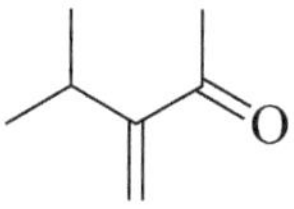　　　　　B 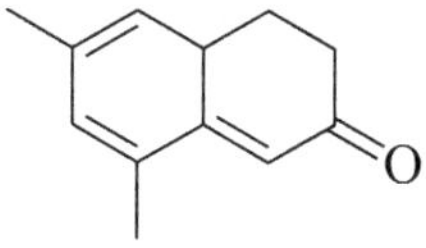　　　　　C 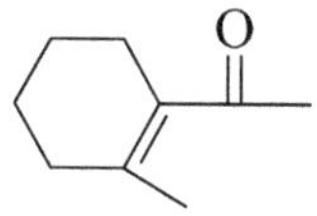　　　　　D

22. 下列化合物的紫外光谱可能出现什么吸收带?

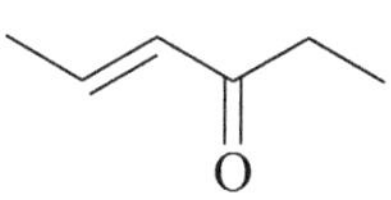

A 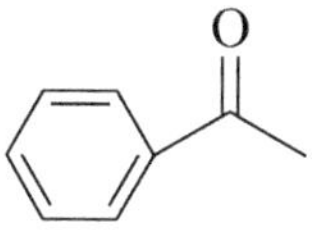　　　　　B 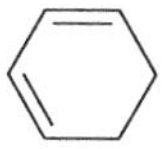　　　　　C 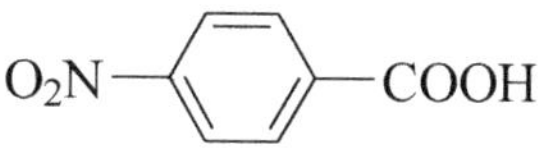　　　　　D

23. 下列化合物哪些有生色团? 它们的生色团各是什么?

A 　　　　B 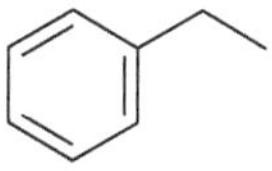　　　　C 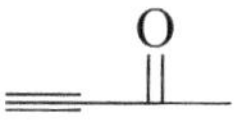　　　　D　　　　E　　　　F　　　　G

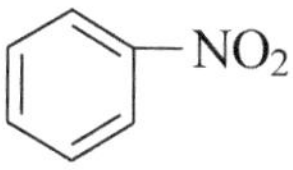

四、计算下列化合物的最大吸收波长λ_{max}。

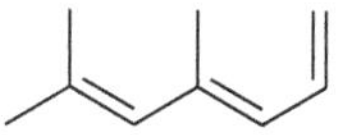

(1) 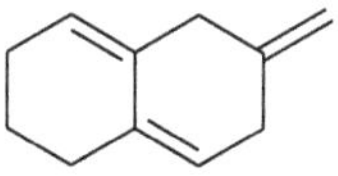　　　　　(2) 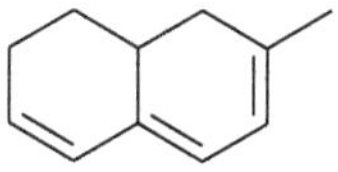　　　　　(3) 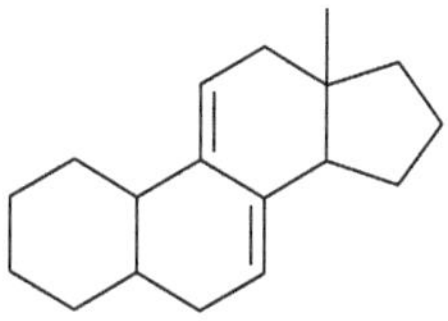　　　　　(4)

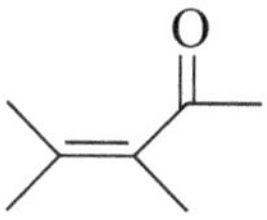

(5) 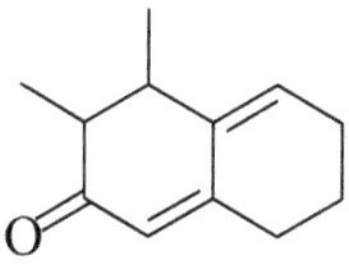　　　　　(6) 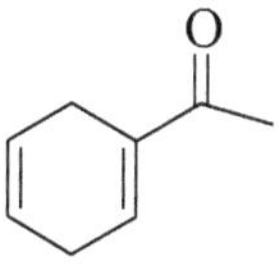　　　　　(7) 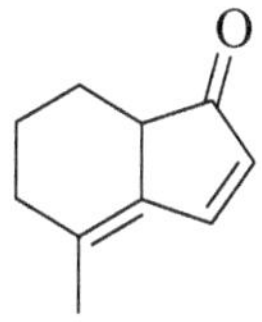　　　　　(8)

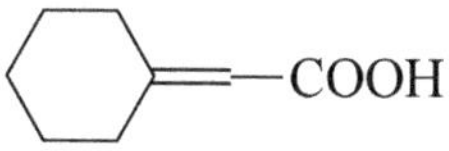

(9) 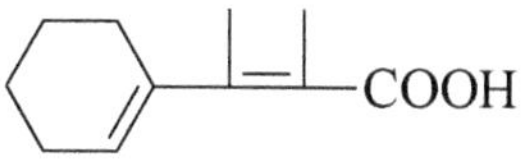　　　　　　　　(10)

五、比较下列各组化合物的λ_{max}，并说明理由。

1.

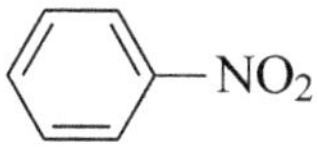

A 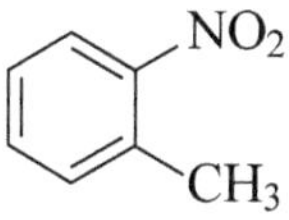　　　　　B 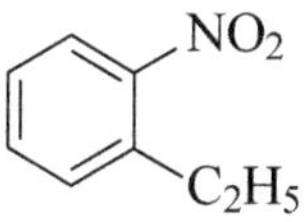　　　　　C 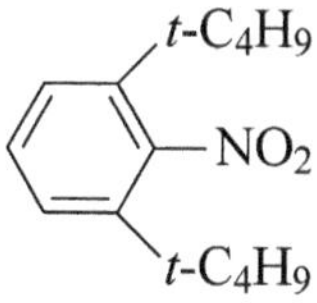　　　　　D

2.

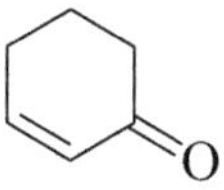

A 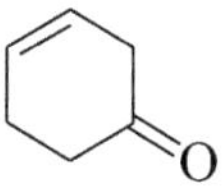　　　　　B 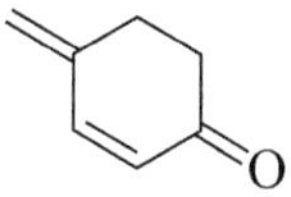　　　　　C

3. 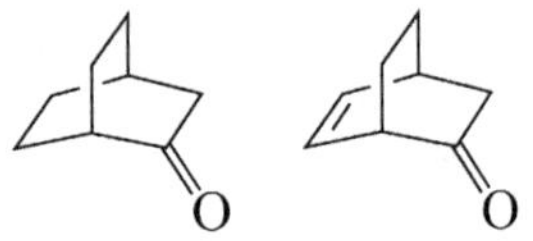
A　　　　　B

4. CH_3NH_2　　$(CH_3)_2NH$　　$(CH_3)_3N$
　　A　　　　　　B　　　　　　C

5. 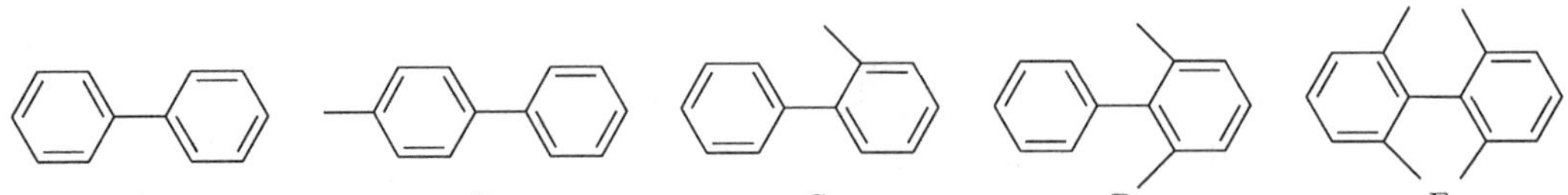
A　　　　　　　　B　　　　　　　C　　　　　　D　　　　　　　E

6. 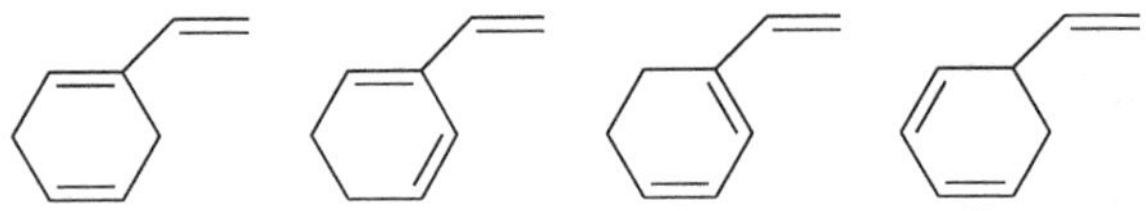
A　　　　B　　　　C　　　　D

7. 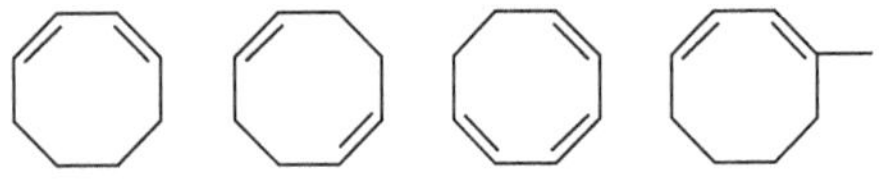
A　　　　B　　　　C　　　　D

2.5　参　考　答　案

一、判断题

1. F；2. T；3. T；4. T；5. F；6. F；7. F；8. T；9. T；10. F；11. T；12. T；13. T；14. T；15. T；16. F；17. F；18. T

二、选择题

1. B；2. C；3. D；4. B；5. B；6. C；7. C；8. C；9. C；10. D；11. B；12. B；13. B；14. D；15. C；16. B；17. A；18. C；19. C；20. B；21. D；22. D；23. A；24. A

三、简答题

1. 紫外-可见光谱的波长范围是 200～800 nm，由此不难算出紫外区光的能量为 609～300 kJ/mol，可见区光的能量为 300～151 kJ/mol。由此可见，紫外光的能量与化学键的能量相仿，故紫外光有足够的能量使分子进行光化学反应，也足以导致分子的价电子由基态跃迁到高能量的激发态，所以紫外-可见光谱也称为电子吸收光谱。

2. 电子由基态跃迁到激发态，分子的构型和键能理应发生相应的改变，但相对于电子跃迁的速度，原子核间的振动是很慢的(相差 10^3 倍)，还来不及发生任何变化，电子跃迁就完成了，这说明一个电子受激发态所包含的振动跃迁的最大概率是在原子核位置不变的情况下确定的。因此，电子由基态跃迁到激发态，分子的构型和键能是不变的。

3. 紫外光谱提供的信息基本上是关于分子中生色团和助色团的信息，而不能提供整个分子的信息，即紫外光谱可以提供一些官能团及共轭体系的重要信息。因此，只凭紫外光谱数据不能完全确定物质的分子结构，必须与其他方法配合使用。

4. (1) 紫外光谱可以用于有机化合物的定性分析。通过测定物质的最大吸收波长和吸光系数，或者将未知化合物的紫外吸收光谱与标准谱图对照，确定化合物共轭基团或芳香体系的存在与否。

(2) 可以用来推断有机化合物的结构，如确定 1, 2-二苯乙烯的顺反异构体(辅助手段)。

(3) 进行化合物纯度的检查，如可利用甲醇溶液吸收光谱中在 256 nm 处是否存在苯的 B 吸收带来确定是否含有微量杂质苯。

(4) 进行有机化合物、配位化合物或部分无机化合物的定量测定，这是紫外光谱最重要的用途之一。其原理是利用物质的吸光度与浓度之间的线性关系进行定量测定。

5. 发生 $n \rightarrow \sigma^*$ 和 $n \rightarrow \pi^*$ 跃迁的分子都含有非键的 n 电子，基态极性比激发态大，因此基态能够与溶剂之间形成较强的氢键，能量下降较大，而激发态能量下降较小，故跃迁能量增加，吸收波长向短波方向移动，即发生蓝移。而 $\pi \rightarrow \pi^*$ 跃迁中，激发态极性比基态大，溶剂使激发态能量下降比基态大，跃迁所需的能量变小，吸收带红移。

6. 生色团：有机化合物分子结构中含有 $\pi \rightarrow \pi^*$ 跃迁和 $n \rightarrow \pi^*$ 跃迁的基团，能在紫外区或可见区产生吸收，如苯环、C=C、C=O、N=N 等称为生色团。

助色团：若化合物中引进 O、N、S、X 等杂原子基团，能使吸收波长向长波方向移动，并使吸收强度增加，这种基团称为助色团。常见助色团有—NH₂、—OH、—OR、—SH、—SR、—Cl、—Br、—I 等。

红移：由于共轭作用、引入助色团以及溶剂改变等，吸收峰向长波方向移动。

蓝移：由于取代基、溶剂的影响，吸收峰向短波方向移动。

7. 一般紫外光谱的测定是在稀溶液中进行的，制备样品溶液的理想溶剂应能溶解所有类型的化合物，且与溶质不发生任何反应，不易燃烧且无毒，并在全波长区透明。不同的化合物所需浓度不同，有共轭体系的样品，浓度应为 $10^{-5} \sim 10^{-4}$ mol/L。吸光度：定性测定 0.7~1.2，定量测定 0.2~0.8。

8. 该化合物存在环张力，使两个烯键不处于同一平面而影响共轭体系的形成，因此计算值(232 nm)偏离实测值(245.5 nm)。

9. 由于分子中价电子能级跃迁的同时伴随有振动能级和转动能级的跃迁，因此分子的电子光谱通常不是尖锐的吸收峰，而是一些平滑的峰包。

10. 酚酞在酸性介质中，分子中只有一个苯环和羰基形成共轭体系，吸收峰位于紫外区，为无色；在碱性介质中，整个酚酞阴离子构成一个大的共轭体系，其吸收峰红移到可见区，为红色。

11. 羧酸、酯、酰胺等化合物的羰基与杂原子上的未共用电子共轭，使 π 轨道能量降低，π^* 轨道能量升高，因此能级差增大，谱带蓝移。

12. 苯酚在碱性溶液中转变成酚氧负离子，增加了一对可以用来共轭的电子对，使吸收波长红移，强度增加，再加入盐酸，吸收峰又回到原处。

羧酸：羧酸在碱性溶液中转变成羧酸负离子，共轭加强，使 π 轨道能量降低，而 π^* 轨道能量升高，因此 $n \rightarrow \pi^*$ 跃迁能量增大，谱带蓝移。

苯胺：苯胺在酸性溶液中转变成苯铵正离子，由于质子与氨基的 n 电子结合，而不再与苯环的 π 电子共轭，吸收带蓝移。

13. $\pi \rightarrow \pi^*$ 跃迁吸收带的特点是强度很强，$\varepsilon \geqslant 10\ 000\ (\lg \varepsilon \geqslant 4)$；而 $n \rightarrow \pi^*$ 跃迁吸收带的特点是强度弱，$\varepsilon < 100\ (\lg \varepsilon < 2)$。

14. 朗伯-比尔定律成立的前提: ①入射光为单色光; ②吸收光发生在均匀的介质中; ③在吸收过程中, 吸收物质互相不发生作用。

15. 朗伯-比尔定律中吸光度与浓度呈线性关系, 但在实际工作中常发现朗伯-比尔定律偏离线性的现象, 这是吸收定律本身的局限性、溶液的化学因素和仪器因素等引起的, 如样品浓度过高(大于 0.01 mol/L)、溶液中粒子的散射和入射光的非单色性等。

16. 朗伯-比尔定律 $A = \varepsilon_{max} cb$, $\varepsilon_{max} = A/(cb)$, 公式中 c 为物质的量浓度, 单位为 mol/L, 故

$$c = n/V = m/(MV) = 4.72/(236 \times 1000) = 2.0 \times 10^{-5}(mol/L)$$

代入公式得

$$\varepsilon_{max} = A/(cb) = 0.280/(2.0 \times 10^{-5} \times 1) = 1.4 \times 10^4 [L/(mol \cdot cm)]$$

17. 朗伯-比尔定律 $A = \lg(1/T) = \varepsilon_{max} cb$, 同一物质 ε 是相同的, 假定 b 也相同, 则 $c_{甲}/c_{乙} = \lg(1/T_{甲})/\lg(1/T_{乙}) = 0.54$。

18. 根据苯丙烯醛的结构特征, 该化合物应该有 n→π* 跃迁和 π→π* 跃迁。在紫外区有苯环的 B、E 带; 还有 n→π* 跃迁引起的 R 带和 π→π* 跃迁引起的 K 带。

19. 该吸收是由 π→π* 跃迁引起的。乙醇比己烷有更大的极性和更强的氢键, 在乙醇中跃迁比在己烷中跃迁需要较低的能量, 因此用乙醇作溶剂时, 激发态必然比己烷稳定。在极性大的溶剂中, 吸收红移是 π→π* 跃迁的特征。

20. 紫外光谱检测得 $\lambda_{max} = 228$ nm, 说明分子中含有两个双键以上的共轭体系。

　(1) A 没有共轭体系, 在紫外-可见区应该没有吸收, 可以排除。

　(2) B 的 $\lambda_{max} = 253 + 3 \times 5 = 268(nm)$, 与实测值差别较大, 可以排除。

　(3) C 的 $\lambda_{max} = 217 + 2 \times 5 = 227(nm)$, 与实测值接近。

　(4) D 的 $\lambda_{max} = 253 + 3 \times 5 = 268(nm)$, 与实测值差别较大, 可以排除。

　通过以上分析, 结构 C 最符合光谱检测结果, 但还需 NMR、MS 等方法进一步确定化合物结构。

21. 通过伍德沃德-菲泽规则, 计算各化合物的 λ_{max}, 确定其结构。

　A: λ_{max} =无环烯酮母体+β 位两个烷基取代=215 + 2 × 12 = 239(nm)。因此, 所测波长为 237 nm 的化合物为 A。

　B: λ_{max} =无环烯酮母体+α 位一个烷基取代= 215 + 10 = 225(nm)。因此, 所测波长为 225 nm 的化合物为 B。

　C: λ_{max} =无环烯酮母体+两个延伸双键+β 位一个烷基取代+γ 和 γ 以远三个烷基取代+一个环外双键+同环共轭双键= 215 + 2 × 30 + 12 + 3 × 18 + 5 + 39 = 385(nm)。因此, 所测波长为 384 nm 的化合物为 C。

　D: λ_{max} =无环烯酮母体+α 位一个烷基取代+β 位两个烷基取代= 215 + 10 + 2 × 12 = 249(nm)。因此, 所测波长为 250 nm 的化合物为 D。

22. A. K 带、R 带; B. K 带、B 带、R 带; C. K 带; D. K 带、B 带、R 带。

23. A 和 E 无生色团; B 的生色团为羰基(C=O); C 的生色团为苯环; D 的生色团为 HC≡C—C—(其中 C 上连有 =O); F 的生色团为酯羰基; G 的生色团为苯环和硝基。

四、计算下列化合物的最大吸收波长 λ_{max}。

(1) $\lambda_{max} = 217 + 30 + 3 \times 5 = 262(nm)$

(2) $\lambda_{max} = 217 + 4 \times 5 + 3 \times 5 = 252(nm)$

(3) $\lambda_{max} = 253 + 30 + 4 \times 5 + 5 = 308(nm)$

(4) $\lambda_{max} = 217 + 4 \times 5 + 2 \times 5 = 247(nm)$

(5) $\lambda_{max} = 215 + 10 + 2 \times 12 = 249(nm)$

(6) $\lambda_{max} = 215 + 30 + 12 + 2 \times 18 + 2 \times 5 = 303(nm)$

(7) $\lambda_{max} = 215 + 10 + 12 = 237(nm)$

(8) $\lambda_{max} = 202 + 30 + 3 \times 18 + 2 \times 5 = 296(nm)$

(9) $\lambda_{max} = 217 + 5 = 222(nm)$

(10) $\lambda_{max} = 225 + 30 + 2 \times 18 = 291(nm)$

五、比较下列各组化合物的 λ_{max}，并说明理由。

1. 取代基的空间位阻削弱了生色团或助色团与苯环间的有效共轭，导致化合物的吸收峰蓝移，吸收强度降低。位阻越大，共轭越差，蓝移越多，故 λ_{max} 由大到小的顺序为 A>B>C>D。

2. 三种化合物均为酮类化合物，A 有一个 C=C 键与羰基共轭，B 没有任何共轭，C 有两个 C=C 键与羰基共轭。随着共轭体系的延长，化合物的最大吸收波长红移。因此，λ_{max} 由大到小的顺序为 C>A>B。

3. B 的两个双键虽然不共轭，但 C=C 键处在环状结构中，使得 C=C 键的π电子与羰基的π电子有部分重叠，羰基的 n→π* 跃迁吸收发生红移，吸收强度增加。因此，B 的 λ_{max} 大。

4. 氮上取代基增加，超共轭效应，吸收峰红移，强度增加，故 λ_{max} 由大到小的顺序为 C>B>A。

5. 与 A 相比，B 多了一个甲基，对位甲基与苯环形成σ-π超共轭，红移；C、D、E 结构中甲基的存在破坏了两苯环的共轭，蓝移。因此，λ_{max} 由大到小的顺序为 B>A>C>D>E。

6. B、C、D 属于环内烯，基值较大，故 A 的吸收波长最小；C 中的同环双烯有一个延伸双键；B、D 没有延伸双键，但 B 有三个取代基，而 D 有两个。因此，λ_{max} 由大到小的顺序为 C>B>D>A。

7. B 无共轭体系，λ_{max} 最小；C 的共轭体系最长，A 和 D 共轭体系一样，但 D 多一个甲基取代，红移。因此，λ_{max} 由大到小的顺序为 C>D>A>B。

第 3 章　红外光谱和拉曼光谱

3.1　内容与要求

1. 引言

了解红外光谱发展概况。

掌握红外光谱的特点。

掌握红外光谱图的表达方式及物理含义。

2. 红外光谱的基本原理

掌握化学键伸缩振动基频的吸收频率计算。

掌握基频、倍频、组合频、费米共振的含义。

了解分子振动与红外光谱的关系。

掌握影响谱带强度的因素。

掌握化学键的振动形式并会判断其是否为红外活性振动。

3. 红外光谱仪

了解双光束红外分光光度计的工作原理。

了解红外光谱仪的主要部件。

了解傅里叶变换红外分光光度计的简要工作原理及其特点。

4. 试样的调制

了解固体、液体、气体的制样方法及各自的应用。

掌握制样应注意的问题，能根据分析目的选择合适的制样方法。

5. 有机化合物基团的特征吸收

掌握指纹区与官能团区的划分。

掌握各类化合物红外吸收谱带的特征。

6. 无机化合物及配位化合物的红外光谱

了解无机盐中各基团的红外光谱特征。

了解配体在配位前后红外光谱的变化。

7. 影响基团吸收频率的因素

了解基团吸收带位置与键力常数和原子质量的关系。

了解测试条件(如物态、晶形、溶剂)对吸收带的影响。

掌握分子结构对谱带的影响。

掌握诱导效应、共轭效应、偶极场效应、张力效应、氢键的形成、位阻效应、偶合效应和互变异构对红外吸收的影响。

8. 红外定量分析

了解红外定量分析的依据，分析峰的选择标准，定量分析的方法。

9. 红外光谱图的解析

　　掌握红外光谱解析的一般步骤。

　　能够结合元素分析或分子式推测分子结构，确定谱带归属。

　　能够应用标准谱图验证结构解析的结果。

10. 拉曼光谱简介

　　了解瑞利散射与拉曼散射的原理。

　　了解斯托克斯线与反斯托克斯线的产生及其与拉曼光谱的关系。

　　掌握拉曼活性和红外活性振动的条件。

　　了解拉曼光谱的特点及其在结构分析中的应用。

3.2　重点内容概要

1. 红外光谱法的特点

　　化合物分子中的基团吸收特定波长的电磁波引起分子内部的某种振动，用仪器记录相应的入射光和出射光强度的变化而得到的光谱图即为红外光谱图。红外光谱属于吸收光谱，其特点如下：①不破坏样品，且适合任何存在状态的样品；②特征性强，因此也常称为分子指纹光谱；③分析时间短；④所需样品用量少，且可以回收；⑤可与分离设备联用；⑥仪器构造简单，操作方便，价格较低，易于普及。

2. 红外光谱图

　　红外光谱图的纵坐标是透射率 $T(\%)$。$T(\%) = I/I_0 \times 100\%$，$I$ 和 I_0 分别为辐射光和入射光的透过强度。红外光谱图的纵坐标也可以用摩尔吸光系数 ε 表示，当 $\varepsilon > 100$ 时，峰很强，用 vs 表示；ε 为 20～100 时，强峰，用 s 表示；ε 为 10～20 时，中强峰，用 m 表示；ε 为 1～10 时，弱峰，用 w 表示。另外，用 b 表示宽峰，用 sh 表示大峰边的小肩峰。

　　红外光谱图的横坐标一般有波长(λ，μm)和波数($\tilde{\nu}$，cm^{-1})两种表示方法。λ 和 $\tilde{\nu}$ 可以按下式互换：

$$\tilde{\nu}(cm^{-1}) = 1/\lambda(cm) = 10^4/\lambda(\mu m)$$

3. 红外光区的划分

　　红外光区的波长范围为 0.75～1000 μm。红外光区按波长分为三个区。远红外区：λ 为 25～100 μm；中红外区：λ 为 2.5～25 μm；近红外区：λ 为 0.75～2.5 μm。红外光谱研究的是中红外区，若以波数作横坐标，一般扫描范围为 4000～400 cm^{-1}。

4. 化学键的振动与频率

　　红外光谱是分子中基团原子振动跃迁时吸收红外光所产生的。可用修正后的胡克定律表示振动频率、原子质量和键力常数之间的关系：

$$\tilde{\nu} \approx 1307\sqrt{\frac{K}{\mu}}\,(cm^{-1}) \qquad \mu = \frac{A_1 A_2}{A_1 + A_2}$$

式中：K 为键力常数；μ 为折合原子量；A_1、A_2 为化学键两端原子的原子量。

注意：①K 取键力常数表中去掉 10^5 剩下的前面系数部分；②修正后的胡克定律可用于计算振动光谱的基频吸收，但是无法解释一些弱的吸收带。

5. 分子振动及振动分类

由 N 个原子组成的分子有 $3N$ 个运动自由度，$3N-6$ 个分子振动自由度，线形分子的振动自由度为 $3N-5$ 个。理论上，每一个振动都对应一个能级的变化，但是只有那些可以产生瞬间偶极矩变化的振动才能产生红外吸收。

一般来说，红外光谱的基频峰个数小于振动自由度，可能的原因是：①光谱图上能量相同的峰发生简并，使谱带重合；②能量太小的振动，仪器检测不出来；③有些吸收非红外活性。

分子的振动分为伸缩振动和变形振动两类。伸缩振动：键长有变化而键角不变的振动，用字母 ν 表示，分为不对称伸缩振动 ν^{as} 和对称伸缩振动 ν^s。变形振动：键长不变而键角改变的振动，用字母 δ 表示，分为面内变形振动和面外变形振动。

6. 红外光谱中几种常见的振动吸收

(1) 基频：分子吸收一定波长的红外光后，从基态 V_0 跃迁到第一激发态 V_1 产生的吸收带。例如，羰基在 $1715\ cm^{-1}$ 处的吸收即为羰基的基频峰。

(2) 倍频：分子吸收比原有能量大一倍或两倍的光子后，从基态 V_0 跃迁到第二激发态 V_2 甚至第三激发态 V_3 产生的吸收带。倍频带强度很弱，一般只考虑第一倍频。

(3) 组合频：分子吸收光子同时激发了两种频率的振动，在两个基频峰波数之和($\nu_1+\nu_2$)或倍频与基频之和($2\nu_1+\nu_2$ 等)处产生的吸收称为合频吸收；在两个频率之差($\nu_1-\nu_2$)处产生的吸收称为差频吸收。合频吸收和差频吸收统称组合频吸收，组合频吸收很弱。

(4) 振动偶合：当两个相邻基团振动的基频相同或相近时，它们之间发生较强的相互作用，引起吸收频率偏离单个振动基频，一个移向高频方向，另一个移向低频方向的现象。

(5) 费米共振：当一个振动的倍频或组合频与某一个强的基频有相近的频率时，这两个振动相互作用发生偶合，弱的倍频或组合频被强化，这两个偶合的振动频率常在比基频高一点和低一点的地方出现两个谱带。两谱带中均含有基频和倍频的成分，这种现象称为费米共振。

7. 谱带强度的影响因素

影响红外光谱谱带强度的因素有振动中瞬间偶极矩变化的程度和能级跃迁的概率。瞬间偶极矩变化越大，吸收峰越强；跃迁的概率大，吸收峰也就强。另外，氢键的形成、与极性基团共轭、费米共振等都会使相关吸收峰强度增加。

8. 偶极矩变化的影响因素

偶极矩变化的大小与以下因素有关：

(1) 原子的电负性。化学键两端的原子之间电负性差别越大，偶极矩变化越大，其伸缩振动引起的红外吸收越强。

(2) 振动方式。相同基团的振动方式不同，偶极矩变化也不同。

(3) 分子的对称性。对称性差的振动偶极矩变化大，吸收峰强。结构为中心对称的分子，若其振动也以中心对称，则此振动的偶极矩变化为零，无红外活性。

(4) 其他因素。氢键的形成使有关的吸收峰变宽变强；与极性基团共轭使吸收峰增强；倍频或组合频与基频的偶合振动(费米共振)使弱的倍频或组合频被强化。

9. 谱带出峰位置的影响因素

红外光谱谱带的出峰位置由基团振动时能级变化的大小决定。能级变化大的振动需要吸收的光波能量大，出峰在高频区，即波数值大；反之，能级变化小的振动出峰在低频区，即波数值小。

10. 红外分光光度计

红外分光光度计可分为色散型和干涉型两大类。色散型是以棱镜或光栅为色散元件的红外光谱仪；干涉型是由迈克尔逊干涉仪和数据处理系统组成，没有色散元件和狭缝的红外光谱仪。红外分光光度计从单光束手动式红外分光光度计发展到双光束红外分光光度计(色散型)、傅里叶变换红外分光光度计(干涉型)和激光红外分光光度计。目前的主导仪器是傅里叶变换红外分光光度计。

11. 傅里叶变换红外分光光度计

傅里叶变换红外分光光度计属于干涉型仪器，利用迈克尔逊干涉仪获得入射光的干涉图，然后通过数学运算(傅里叶变换)把干涉图变成红外光谱图。傅里叶变换红外分光光度计的特点是：①分辨率高，可达 $0.1\ \mathrm{cm}^{-1}$；②扫描时间短，在几十分之一秒内可扫描一次；③灵敏度极高；④光谱测量范围宽，精密度高，重现性好；⑤具有极低的杂散光，且样品不受红外聚焦而产生的热效应的影响；⑥价格贵，操作较复杂，环境要求高；⑦适合与各种仪器联用；⑧可用于痕量分析，样品量可以少到 $10^{-11}\sim10^{-9}\mathrm{g}$。

12. 红外显微镜

红外显微镜由显微镜观察系统、光学系统和 MCT 检测器组成。红外显微镜可以对样品的局部进行分析。使用红外显微镜进行分析有以下优点：

(1) 测量灵敏度高。一般检测限为 $10^{-9}\mathrm{g}(\mathrm{ng})$，有时能达到皮克(pg)级。

(2) 可用于样品的微区(10 μm×10 μm)分析，对非均相的混合物样品无需分离，可通过红外显微镜选择混合物中各单一组分直接测定。

(3) 红外显微镜分析前不用制样，测试后样品没有受到破坏或污染。

红外显微镜也有不方便的地方。MCT 检测器要用液氮，装一次液氮 MCT 检测器可工作 18 h 左右。在分析气体和微量液体时也有一些困难。

13. 红外制样的注意事项

了解样品纯度，一般要求样品纯度大于 99%，用红外光谱做定量分析不要求纯度。对含水分和溶剂的样品要进行干燥处理。根据样品的物态和理化性质选择制样方法。如果样品不稳定，则应避免使用压片法。制样过程要注意避免空气中水分、CO_2 及其他污染物混入样品。

14. 红外制样方法

(1) 固体样品可根据样品的理化性质等选择压片法、糊状法或溶液法等。

压片法：样品与光学纯的 KBr 或 KCl 的质量比约为 1 : 100，粒度小于 2.5 μm，薄片的厚度一般小于 0.5 mm。由于 KBr 或 KCl 易吸收水分，因此制样过程要尽量避免水分的影响。

糊状法：选用与样品折射率相近、出峰少且不干扰样品吸收谱带的液体与样品混合后研磨成糊状，测试样品的红外光谱。常用的液体有液体石蜡、六氯丁二烯及氟化煤油等。这些液体在某些区有红外吸收，要根据样品出峰选择使用。

溶液法：将样品溶解在溶剂中测试其红外吸收。溶液法使用的溶剂都有红外吸收，所以要在参比光路中用相同厚度的池子装上溶剂进行补偿，以消除溶剂吸收。在选择溶剂时不要让待观察的吸收峰落入溶剂吸收特别强的区域（"死区"）。另外，要注意溶剂的其他影响，如氢键的形成、样品与溶剂的化学反应等。

(2) 液体样品常用溶液法或液膜法进行红外光谱分析。测试方法与固体样品类似。

(3) 气体样品一般使用气体池进行红外光谱测定。

15. 有机化合物基团的特征吸收

(1) 烷烃：① ν_{CH}，2975～2845 cm^{-1}；② δ_{CH}^{as}，～1460 cm^{-1}；③ δ_{CH}^{s}，～1380 cm^{-1}。

偕二甲基的 δ_{CH}^{s} 分裂成两个强度大体相等的吸收，一个在～1385 cm^{-1}，另一个在～1375 cm^{-1}；叔丁基的 δ_{CH}^{s} 分裂成两个强度不等的峰，一个在～1395 cm^{-1}(m)，另一个在～1365 cm^{-1}(s)。另外，在具有—$(CH_2)_n$—结构的碳链中，CH_2 的面内摇摆吸收在 720～810 cm^{-1}，n 值越大，吸收峰越接近 720 cm^{-1}。

(2) 烯烃：① $\nu_{=CH}$，3100～3000 cm^{-1}；② $\nu_{C=C}$，1680～1620 cm^{-1}(有对称中心时无此吸收)；③ $\omega_{=CH}$，1000～650 cm^{-1}，该区域的吸收对判别烯碳的取代情况及顺反异构有很大帮助(表 3-1)。

表 3-1 不同类型烯烃在 1000～650 cm^{-1} 的特征吸收频率

取代烯烃	$\omega_{=CH_2}/cm^{-1}$	$\omega_{=CH}/cm^{-1}$	取代烯烃	$\omega_{=CH_2}/cm^{-1}$	$\omega_{=CH}/cm^{-1}$
$RCH=CH_2$	915～905(s)	995～985	$R_1HC=CHR_2$(顺式)	—	730～665(s)
$R_1R_2C=CH_2$	895～885(s)	—	$R_1HC=CHR_2$(反式)	—	980～960(s)
$R_1R_2C=CHR_3$	—	830～810(s)	$R_1R_2C=CR_3R_4$	—	—

环状烯烃中，当环变小时，$\nu_{C=C}$ 由高频向低频移动，而烯碳上质子的 $\nu_{=CH}$ 则由低频向高频移动，三元环烯的 $\nu_{C=C}$ 例外。环外双键，当环变小张力增大时，$\nu_{C=C}$ 移向高频。

(3) 炔烃：① $\nu_{=CH}$，3340～3260 cm^{-1}(s，尖)；② $\nu_{C=C}$，2260～2100 cm^{-1}(m～w，有对称中心时无此吸收)；③ $\delta_{CH}^{面外}$，700～610 cm^{-1}(s，宽)。$\nu_{=CH}$ 与 ν_{OH} 及 ν_{NH} 有重叠，$\nu_{=CH}$ 比后两者尖，容易辨认。另外，X=Y，X=Y=Z 类化合物与 $\nu_{C=C}$ 有重叠的吸收。

(4) 芳香烃：①苯环的 $\nu_{=CH}$，3100～3000 cm^{-1}(w)，一般有 1～2 个吸收带。②苯环的骨架振动在 1625～1450 cm^{-1}，最多有 4 个吸收峰，其中以～1600 cm^{-1} 和～1500 cm^{-1} 两个吸收

峰为主。当苯环与其他基团共轭时，~1600 cm^{-1}峰分裂为二，在~1580 cm^{-1}处又出现一个吸收峰。当分子有对称中心时，1600 cm^{-1}谱带很弱或看不到。③芳环质子的面外变形振动$\delta_{=CH}$在 900~650 cm^{-1}。根据此区间吸收峰的位置、个数及强度可以判断苯环上取代基个数及取代模式。另外，随着苯环上取代基增多，苯环上氢个数减少，导致谱图简单化，特征性降低。

(5) 醇和酚：①ν_{OH}，3670~3230 cm^{-1}(s)。游离羟基的ν_{OH}尖，且大于 3600 cm^{-1}，缔合羟基的ν_{OH}移向低波数，峰变宽变弱。②$\delta_{OH}^{面内}$，1420~1260 cm^{-1}。③ν_{C-O}，1250~1000 cm^{-1}。一般不用红外光谱区分伯、仲、叔醇及酚类化合物。

(6) 醚：①ν_{C-O-C}^{as}，1310~1020 cm^{-1}(s)；②ν_{C-O-C}^{s}，1075~1020 cm^{-1}(w)。只用红外光谱判别醚是困难的，因为醇、羧酸、酯等含氧化合物都会在 1100~1250 cm^{-1}有强的ν_{C-O}吸收。

(7) 酮：①$\nu_{C=O}$，第一强峰。饱和脂肪酮的$\nu_{C=O}$在 1725~1705 cm^{-1}。②羰基α-C 上有吸电子基团时，$\nu_{C=O}$移向高波数，且吸电子作用越强，$\nu_{C=O}$升高得越多。而当羰基与苯环、烯键或炔键共轭后，$\nu_{C=O}$移向低波数，且随着共轭程度的增加，$\nu_{C=O}$向低波数移动越多。③环酮随环减小，$\nu_{C=O}$移向高波数。④α-二酮在 1730~1710 cm^{-1}有一个强吸收。β-二酮因酮式和烯醇式的互变异构出现三个$\nu_{C=O}$吸收。酮式在 1730~1690 cm^{-1}有两个强$\nu_{C=O}$吸收；烯醇式在 1640~1540 cm^{-1}出现一个宽而强的$\nu_{C=O}$吸收。

酮式　　　　　　　　　　　　　烯醇式

(8) 醛：①$\nu_{C=O}$，第一强峰，醛的$\nu_{C=O}$高于酮。饱和脂肪醛，1740~1715 cm^{-1}；α,β-不饱和脂肪醛，1705~1685 cm^{-1}；芳香醛，1710~1695 cm^{-1}。②ν_{CH}，2880~2650 cm^{-1}出现两个强度相近的中强吸收峰，一个在~2820 cm^{-1}，另一个在 2740~2720 cm^{-1}，后者较尖，是区别醛和酮的特征谱带。

(9) 羧酸：①在气态和极稀的非极性溶液中，羧酸以单体为主，在液体和固体状态一般以二聚体形式存在。②$\nu_{C=O}$，第一强峰，羧酸的$\nu_{C=O}$高于酮，单体脂肪酸的$\nu_{C=O}$在~1760 cm^{-1}；单体芳香酸的$\nu_{C=O}$在~1745 cm^{-1}；二聚脂肪酸的$\nu_{C=O}$在 1725~1700 cm^{-1}；二聚芳香酸的$\nu_{C=O}$在 1705~1685 cm^{-1}。③ν_{OH}，很稀的溶液中在 3550 cm^{-1}有一个尖峰；二聚体则在 3200~2500 cm^{-1}这个较大的范围内以 3000 cm^{-1}为中心有一个宽而散的峰。④955~915 cm^{-1}的宽峰是酸的二聚体中—OH…O=的面外变形振动引起的，可用于确认羧基的存在。

(10) 羧酸盐：①无$\nu_{C=O}$吸收。② —COO$^-$是一个多电子的共轭体系：$\left[-C\begin{smallmatrix}O\\\\O\end{smallmatrix}\right]^-$，两个C=O的振动偶合，在 1610~1560 cm^{-1}和 1440~1360 cm^{-1}出现C=O 的不对称伸缩振动和对称伸缩振动。

(11) 酯：①很强的$\nu_{C=O}$吸收。R—CO—OR′(R、R′为烷基)，1750~1735 cm^{-1}(s)；Ph—CO—OR、C=C—CO—OR，1730~1717 cm^{-1}(s)；R—CO—O—C=C、R—CO—OPh，1800~1770 cm^{-1}(s)。②ν_{C-O-C}，在 1330~1050 cm^{-1}有两个吸收带，ν_{C-O-C}^{as}在 1330~1150 cm^{-1}，峰宽且强度大，在酯的红外光谱中常为第一强峰。

(12) 酸酐：①两个 $\nu_{C=O}$ 吸收，分别在 1860~1800 cm^{-1} 和 1800~1750 cm^{-1}。②开链酸酐高波数的 $\nu_{C=O}$ 强，且峰间距较大，约为 60 cm^{-1}。环状酸酐低波数的 $\nu_{C=O}$ 强；峰间距随环的张力的增大而变大。③ν_{C-O}，饱和的脂肪酸酐在 1180~1045 cm^{-1} 有一强吸收，环状酸酐在 1300~1200 cm^{-1} 有一强吸收。各类酸酐在 1250 cm^{-1} 都有一中强吸收。

(13) 酰卤：①$\nu_{C=O}$，脂肪族酰卤 1810~1795 cm^{-1}(s)；芳香族或不饱和酰卤 1780~1750 cm^{-1}(s)。酰卤非常活泼，容易水解成酸，其红外光谱可能出现羧酸的吸收峰。酰卤 $\nu_{C=O}$ 常有分叉或是肩峰，但峰间距很小，同时不存在酸酐 ν_{C-O-C} 峰，这是区别酰卤和酸酐的重要依据。②$\nu_{C-C(O)}$，脂肪族酰卤在 965~920 cm^{-1}，芳香族酰卤在 890~850 cm^{-1}。

(14) 酰胺：①ν_{NH}，伯酰胺在 3540~3180 cm^{-1} 有两个尖的吸收带，峰间距一般大于 120 cm^{-1}；仲酰胺在 3460~3400 cm^{-1} 有一个很尖的吸收峰，当仲酰胺有顺反异构时，也会有两个 ν_{NH} 吸收峰，但峰间距仅有 40~50 cm^{-1}；叔酰胺无 ν_{NH} 吸收。②$\nu_{C=O}$，即酰胺 I 带，出现在 1690~1630 cm^{-1}。③伯酰胺的酰胺 II 带 δ_{NH_2}，在 1655~1590 cm^{-1}(w)；ν_{C-N} 在 1420~1400 cm^{-1}。④仲酰胺的 δ_{NH} 和 ν_{C-N} 偶合形成酰胺 II 带和酰胺 III 带。酰胺 II 带在 1570~1510 cm^{-1}，酰胺 III 带在 1335~1200 cm^{-1}。

(15) 胺：①ν_{NH}，伯胺在 3500~3250cm^{-1}(m)有两个吸收带，仲胺只有一个 ν_{NH} 吸收带。②ν_{C-N}，脂肪族胺在 1250~1020 cm^{-1}(m~w)，芳香族胺在 1360~1250 cm^{-1}(s)。③ν_{NH} 和 ν_{OH} 的区别在于 ν_{OH} 峰的波数比 ν_{NH} 峰的波数高。随着羟基的缔合，ν_{OH} 移向低波数，易与 ν_{NH} 峰重合，不过缔合的 ν_{OH} 峰变宽，而 ν_{NH} 峰形尖。

(16) 硝基化合物：①$\nu_{NO_2}^{as}$，脂肪族硝基化合物在 1565~1545 cm^{-1}；芳香族硝基化合物在 1550~1500 cm^{-1}。②$\nu_{NO_2}^{s}$，脂肪族硝基化合物在 1385~1350 cm^{-1}；芳香族硝基化合物在 1365~1290 cm^{-1}。

16. 无机化合物及配位化合物的红外光谱

无机盐中基团的红外光谱：无机盐的红外光谱图出峰简单，主要是由其阴离子的晶格振动引起的，与阳离子的关系不大。

金属配合物的红外光谱：配体在形成配位化合物以后，其振动光谱会发生变化。

(1) 谱带数增加：配体的对称性在配位后有所下降，某些简并模式解除，使谱带数增加。

(2) 谱带位移：配位原子参与配位，导致化学键伸缩振动频率发生变化。

(3) 键合异构的影响：一个配体有几种不同的配位原子，它与金属离子配位时可能得到不同的异构体，称为键合异构体，可以利用红外光谱区分或确定配合物的键合异构。

(4) 顺反异构的影响：配体的顺反异构体的红外光谱不相同。

(5) 配位键的伸缩振动(ν_{M-X})：一般在低频区出现，这主要是因为金属离子的质量大以及配位键比较弱。

17. 影响基团吸收频率的因素

同一种基团，由于其周围的化学环境和测试条件不同，其特征吸收频率可以在一个范围内波动。可见，有机化合物基团的特征吸收频率同时受外界条件和分子结构因素的影响。

(1) 外部条件对吸收位置的影响。

红外测试时化合物的存在形式(固态、液态、气态)、晶体状态及溶剂等都会改变基团的特征吸收频率。必须在外部条件严格一致的条件下才能与标准谱图进行比较。

(2) 分子结构对基团吸收谱带位置的影响。

诱导效应(I 效应)：诱导效应会引起分子中电子云分布的变化，从而引起键力常数的改变，使基团吸收频率变化。通常情况下，吸电子诱导使邻近基团吸收频率升高，吸电子越强，向高波数移动越多。

共轭效应(C 效应)：与吸电子基团共轭使基团吸收频率升高；与给电子基团共轭使基团吸收频率降低。共轭的结果总是使吸收强度增加。

注意：诱导效应和共轭效应共存时，若两种作用一致，则两个作用互相加强；若两个作用不一致，则总的影响取决于作用强的基团。因此，结构类似的酯、酰胺和酮的 $\nu_{C=O}$ 有如下规律：$\nu_{C=O}(\text{酯}) > \nu_{C=O}(\text{酮}) > \nu_{C=O}(\text{酰胺})$。

(3) 偶极场效应：空间上互相靠近的基团通过静电作用使化学键的振动频率发生变化的现象。

(4) 张力效应：环越小，环外双键(烯键、羰基)的伸缩振动频率越高，环内双键的伸缩振动频率越低，但环丙烯例外。

(5) 位阻效应：空间位阻的存在不同程度地影响双键的共平面，使共轭受到限制，导致基团的振动频率发生位移。

(6) 氢键的影响：氢键的形成使基团的伸缩振动频率移向低波数，同时吸收峰变强变宽。峰移动的幅度顺序：$\nu_{O-H} > \nu_{N-H} > \nu_{S-H} > \nu_{P-H}$。另外，氢键的形成会使变形振动频率移向高波数，但变化不如伸缩振动显著。形成分子间氢键的化合物谱图会随测试条件的变化而改变，而形成分子内氢键的化合物谱图不随测试条件变化。

(7) 互变异构的影响：有互变异构现象存在时，在红外光谱上能够看到各种异构体的吸收峰。吸收峰的相对强度与基团种类及异构体的相对含量有关。

18. 红外光谱定量分析

红外光谱可以用于定量分析，且定量分析时样品不用分离，也不受样品状态的限制。但红外光谱定量分析灵敏度低，不适合微量成分的分析，准确性也较差。红外光谱定量分析的依据是朗伯-比尔定律，以测定样品的特征官能团的吸收峰("分析峰")强度为基础。

19. 红外光谱一般解析步骤

红外光谱解析化合物结构，一般要求样品是纯品。红外光谱的解析大体按以下步骤进行：

(1) 检查谱图是否符合要求。基线的透射率在 90%左右；最大的吸收峰不应成平头峰。没有因样品用量不合适或者压片时颗粒未研细而引起谱图不正常的情况。

(2) 尽可能多地了解样品，包括样品来源、理化性质、样品重结晶溶剂及纯度等。

(3) 排除"假谱带"。水、CO_2、重结晶的溶剂、未反应完的反应物或副产物等的吸收都属于样品的"假谱带"。

(4) 根据元素分析、质谱等分析手段推测化合物分子式，继而计算分子的不饱和度 U。

(5) 根据红外谱图的特征吸收峰确定分子所含基团及化学键的类型。分析谱图常按"先官能团区后指纹区，先强峰后次强峰和弱峰，先否定后肯定"的原则进行，并指配峰的归属。

(6) 结合其他分析数据，确定化合物的结构单元，提出可能的结构式。

(7) 若该化合物为已知化合物，查找该化合物的标准谱图进行验证。另外，比对已知化合物的物理常数(如熔点和沸点等)常有助于判断。

20. 红外光谱解析注意事项

(1) 在分析谱图时先否定后肯定。只要在该出现的区域没有出现某基团的吸收，就可以否定此基团的存在，按此否定是可靠的(注意：结构对称的化合物的双键、三键不出峰)。若出现了某基团的吸收，应该查看该基团的相关峰是否也存在。确定基团的存在要综合考虑谱带位置、强度、形状和相关峰的个数。

(2) 红外谱图上的吸收峰并非要全部解释清楚，一般只要解释较强的峰，但是对一些特征性的弱峰也不可忽视。

(3) 对于新化合物，一般情况下只靠红外光谱是难以确定结构的。应该综合应用质谱、核磁共振、紫外光谱、元素分析等手段进行结构分析。

(4) 新化合物最后结构的确定，应合成出一个相同的化合物，再做其谱图，并与原样品谱图一致才算完成。

21. 标准红外光谱图集和红外光谱图的在线检索

对已知化合物的结构确定，往往要用标准谱图进行对照。对照时，应注意制样方法、单色器类型和重结晶溶剂。应尽可能使测试条件与标准谱图的条件一致。标准谱图分谱图集、穿孔卡片和电子资料(网上资料和计算机内谱图)。

(1) 萨特勒(Sadtler)红外谱图集：一套收集谱图最多，比较实用的红外谱图集。这套谱图的索引方式有：化合物名称索引、化合物种类索引、官能团索引、分子式索引、商品名索引、谱带索引等。

(2) Wyandotte-ASTM 穿孔卡片：目前已出版 14 万多张。卡片给出的是光谱峰值的数据信息，不能给出光谱强度和光谱。

(3) 网上标准谱图的查对：通过网络查询标准谱图，包括谱图及测试条件、数据、分子结构式，并且可以下载，使用很方便。常用的免费网站如下：http://webbook.nist.gov/chemistry/，http://sdbs.db.aist.go.jp/sdbs/cgi-bin/cre_index.cgi 等。

22. 拉曼光谱

拉曼光谱也是测定分子振动和转动的光谱，但拉曼光谱属于散射光谱。拉曼散射发生时，光子与分子之间有能量交换，光子频率和方向均发生变化。一般拉曼光谱图中只有拉曼散射中的斯托克斯线。

拉曼光谱与红外光谱在化合物结构分析上各有所长，相辅相成。红外光谱适用于分子中基团的测定，拉曼光谱更适用于分子骨架的测定。

拉曼光谱图的纵坐标为谱带强度，横坐标为拉曼位移频率，用波数表示。拉曼位移取决于分子中基团的振动形式及结构，与激发光波长无关。

23. 红外活性振动和拉曼活性振动

红外活性取决于振动是否伴随瞬间偶极矩变化。拉曼活性取决于振动中极化度是否变化。拉曼活性和红外活性可用以下规则判别：

(1) 相互排斥规则：凡有对称中心的分子，若红外是活性，则拉曼是非活性的；反之，若红外为非活性，则拉曼是活性的。

(2) 相互允许规则：一般来说，没有对称中心的分子，其红外和拉曼可以都是活性的。

(3) 相互禁阻规则：相互排斥规则和相互允许规则可以概括大多数分子的振动行为。但有少数分子的振动可能在红外和拉曼中都是非活性的。

24. 拉曼光谱的特点

(1) 拉曼光谱的常规扫描范围为 4000～40 cm^{-1}。

(2) 固体粉末样品、高聚物、纤维、单晶、溶液等各种样品均可以做拉曼光谱。溶液样品可以装在玻璃瓶及玻璃毛细管中。

(3) 水的拉曼光谱很弱，所以水是优良的溶剂。

(4) 固体粉末样品可直接进行测定，但样品可能被高强度激光束烧焦。

(5) 拉曼光谱谱峰尖锐，灵敏度高，检出限可达 10^{-8}～10^{-6} mol/L。

(6) 有色物质和有荧光的物质难以进行拉曼光谱测定。

(7) 红外光谱和拉曼光谱均反映了分子振动的变化，红外光谱适用于分子中基团的测定，拉曼光谱更适用于分子骨架的测定。

(8) 拉曼光谱所需试样少，微克级即可。

(9) 对称取代的 S—S、C=C、N=N、C≡C 振动，C≡N、C=S、S—H 的振动，产生强拉曼谱带。

(10) X=Y=Z、C=N=C 和 O=C=O 这类键的对称伸缩振动在拉曼光谱中为强谱带，在红外光谱中弱；相反，不对称伸缩振动在拉曼光谱中弱，在红外光谱中强。

3.3 例 题 分 析

【例 3-1】 试推测图 3-1 和图 3-2 哪个是 2, 2-二甲基戊烷的 IR 谱图，哪个是 2-甲基丁烷的 IR 谱图。

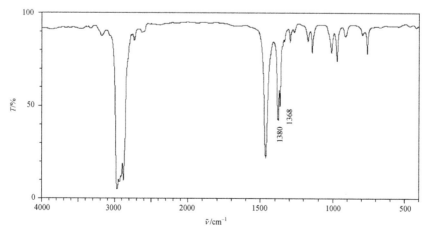

图 3-1

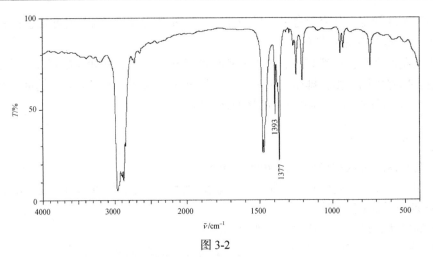

图 3-2

解 (1) 图 3-1 在 1380 cm⁻¹ 附近的吸收分裂成两个强度大体相等的峰，一个在 1380 cm⁻¹ (m)，另一个在 1368 cm⁻¹ (m)，这是偕二甲基的特征吸收，因此图 3-1 是 2-甲基丁烷的 IR 谱图。

(2) 图 3-2 在 1380 cm⁻¹ 附近的吸收分裂成强度不等的两个峰，一个在 1393 cm⁻¹ (m)，另一个在 1377 cm⁻¹ (s)，这是叔丁基的特征吸收，因此图 3-2 是 2,2-二甲基戊烷的 IR 谱图。

【例 3-2】 图 3-3 和图 3-4 是 2-辛烯的 IR 谱图，试推测哪个是顺-2-辛烯，哪个是反-2-辛烯。

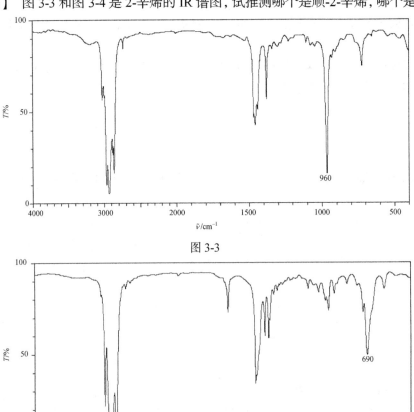

图 3-3

图 3-4

解　(1) 图 3-3 和图 3-4 在 3100～3000 cm^{-1} 的吸收对应结构中的 $\nu_{=CH}$，2960～2850 cm^{-1} 的吸收是结构中甲基、亚甲基的 ν_{C-H}。

(2) 两谱图差别大的是指纹区，图 3-3 在 960 cm^{-1} 出现了强吸收，而图 3-4 在 690 cm^{-1} 出现了强吸收。由指纹区的吸收可推测图 3-3 是反-2-辛烯，图 3-4 是顺-2-辛烯。

【例 3-3】　1-戊烯、1-戊炔各自有哪些红外吸收？区别是什么？

解　(1) 1-戊烯在 3100 cm^{-1} 的吸收对应 $\nu_{=CH}$；2960～2850 cm^{-1} 的吸收对应 ν_{C-H}；1640 cm^{-1} 的吸收对应 $\nu_{C=C}$；约 1381 cm^{-1} 的吸收对应 $\delta_{CH_3}^{s}$；指纹区 990 cm^{-1} 和 910 cm^{-1} 分别对应 $\omega_{=CH}$ 和 $\omega_{=CH_2}$，1820 cm^{-1} 的吸收对应 $\omega_{=CH_2}$ 的倍频。

(2) 1-戊炔在 3307 cm^{-1} 的吸收对应 $\nu_{=CH}$；2960～2850 cm^{-1} 的吸收对应 ν_{C-H}；2120 cm^{-1} 的吸收对应 $\nu_{C\equiv C}$；1381 cm^{-1} 的吸收对应 $\delta_{CH_3}^{s}$；指纹区 630 cm^{-1} 的强吸收对应 $\delta_{CH}^{面外}$。

(3) 区别：①大于 3000 cm^{-1} 的吸收，末端烯的吸收在 3100～3000 cm^{-1}，而末端炔的吸收在 3340～3260 cm^{-1}；②官能团的吸收，烯的 C=C 的吸收在 1680～1620 cm^{-1}，炔的 C≡C 的吸收在 2120 cm^{-1} 附近；③指纹区，1-戊烯在 1000～900 cm^{-1} 有强吸收，而 1-戊炔在 700～610 cm^{-1} 有强吸收。

图 3-5 是 1-戊烯的 IR 谱图，图 3-6 是 1-戊炔的 IR 谱图。

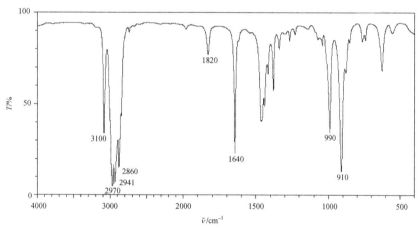

图 3-5

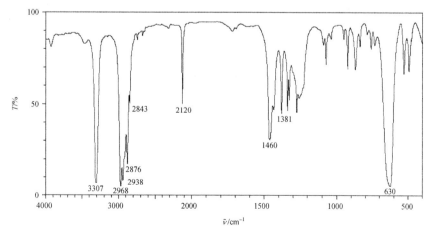

图 3-6

【例 3-4】 醇羟基、羧酸羟基在 IR 谱图中可以区分吗?

解 (1) 醇羟基的伸缩振动 ν_{OH} 在 3670~3230 cm^{-1}(s)。游离羟基 ν_{OH} 峰尖，且大于 3600 cm^{-1}；缔合羟基移向低波数，峰加宽，小于 3600 cm^{-1}。缔合程度越大，峰越宽，越移向低波数处。

(2) 羧酸在液体和固体状态一般以二聚体形式存在。二聚体 ν_{OH} 在 3200~2500 cm^{-1} 这个较大的范围内以 3000 cm^{-1} 为中心有一个宽而散的峰。此吸收在 2700~2500 cm^{-1} 常有几个小峰。

【例 3-5】 图 3-7 是乙酰乙酸乙酯的 IR 谱图，谱图在 1738 cm^{-1}、1717 cm^{-1}、1650 cm^{-1} 出现了三个羰基吸收峰，为什么?

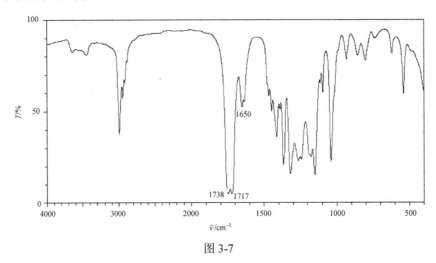

图 3-7

解 有互变异构的现象存在时，在 IR 谱图上能够看到各种异构体的吸收带。乙酰乙酸乙酯为 β-二羰基化合物，有酮式和烯醇式两种互变异构。在酮式中，因为两个羰基的偶合，在 1738 cm^{-1}、1717 cm^{-1} 有两个强吸收；烯醇式在 1650 cm^{-1} 出现一个宽而强的吸收。乙酰乙酸乙酯在测定其 IR 谱图时，酮式和烯醇式共存，因此其 IR 谱图在 1738 cm^{-1}、1717 cm^{-1}、1650 cm^{-1} 出现了三个羰基吸收峰。

$$\text{H}_3\text{C}-\overset{\text{O}}{\overset{\|}{\text{C}}}-\text{CH}_2-\overset{\text{O}}{\overset{\|}{\text{C}}}-\text{OC}_2\text{H}_5 \rightleftharpoons \text{H}_3\text{C}-\overset{\text{OH}}{\overset{|}{\text{C}}}=\overset{}{\underset{\text{H}}{\text{C}}}-\overset{\text{O}}{\overset{\|}{\text{C}}}-\text{OC}_2\text{H}_5$$

【例 3-6】 试解释为什么 A 的 $\nu_{C=O}$ 频率大于 B。

A   B

解 在上述两个化合物中，A 的两个羰基处于五元环上，环张力较大；而 B 的两个羰基处于六元环上，环张力相对较小，A 的羰基伸缩振动吸收峰出现在高波数。因此，A 的 $\nu_{C=O}$ 频率大于 B。

【例 3-7】 按 $\nu_{C=O}$ 频率增加的顺序排列下列化合物，并说明理由。

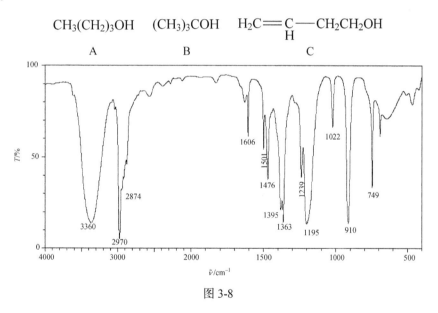

解 $\nu_{C=O}$ 频率增加的顺序为 D＜C＜A＜B。

B 由于—OCH₃ 的吸电子诱导效应，酯羰基的伸缩振动频率向高波数移动；与 A 相比，C 由于与苯环的共轭，羰基的伸缩振动频率向低波数移动；D 由于与两个苯环共轭，羰基的伸缩振动频率向低波数移动更多。

【**例 3-8**】 已知苯甲酰氯羰基的伸缩振动频率是 1774 cm⁻¹，弯曲振动频率是 880～860 cm⁻¹，为什么在 IR 谱图中却出现了 1773 cm⁻¹ 和 1736 cm⁻¹ 两个羰基的吸收峰？

解 苯甲酰氯的 IR 谱图中 1773 cm⁻¹ 和 1736 cm⁻¹ 两个羰基的吸收峰是由羰基的伸缩振动频率 $\nu_{C=O}$ 与碳氢键弯曲振动 δ_{C-H} 的倍频峰的费米共振产生的。

【**例 3-9**】 某化合物的 IR 谱图如图 3-8 所示，判断该化合物是下列结构中的哪一个，并说明理由。

$$CH_3(CH_2)_3OH \qquad (CH_3)_3COH \qquad H_2C=\underset{H}{C}-CH_2CH_2OH$$

A B C

图 3-8

解 (1) 三个化合物都含有羟基，除此之外，A 含有直链烃基，B 含有叔丁基，C 含有单取代烯基。

(2) 图 3-8 在 3100～3000 cm⁻¹ 无吸收，1640 cm⁻¹ 左右也未出现 $\nu_{C=C}$ 吸收，结合指纹区 1000～900 cm⁻¹ 的吸收，可推测分子结构中不存在烯，排除 C 的可能。

(3) 用 IR 谱图区别甲基和取代甲基的依据是：1380 cm⁻¹ 左右的峰没有裂分，则分子中含单纯甲基；1380 cm⁻¹ 左右的峰裂分成两个强度近似相等的峰对应的是异丙基；裂分成两个强度不等(低波数峰强)的为叔丁基。由 1363 cm⁻¹ 和 1395 cm⁻¹ 的吸收可判断分子结构中应含有叔丁基。

因此，该谱图应是叔丁醇(B)的 IR 谱图。

【**例 3-10**】 某化合物分子式为 C₃H₃N，试根据 IR 谱图(图 3-9)推测化合物的可能结构。

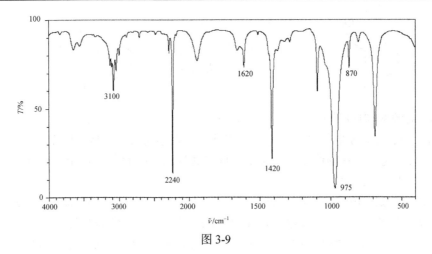

图 3-9

解　(1) 不饱和度 $U = 1 + 3 + (1-3)/2 = 3$。

(2) 3100 cm^{-1} 的尖峰结合 1620 cm^{-1}、975 cm^{-1} 的吸收峰可推测分子中有烯键，且为末端烯。

(3) 2240 cm^{-1} 的尖峰证实分子中含有三键，结合分子式可推测该三键为 C≡N。由此可推测该化合物应该是丙烯腈 CH$_2$=CHCN。

【**例 3-11**】　图 3-10、图 3-11 和图 3-12 分别对应于苯乙酮、对甲基苯甲醛和苯乙醛的哪一种，为什么？

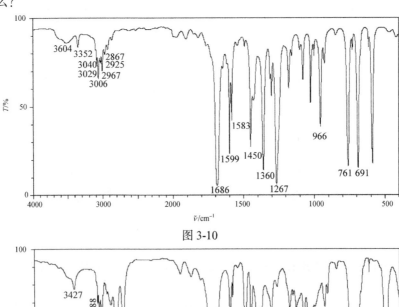

图 3-10

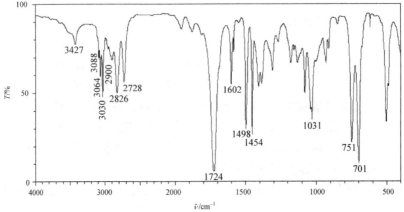

图 3-11

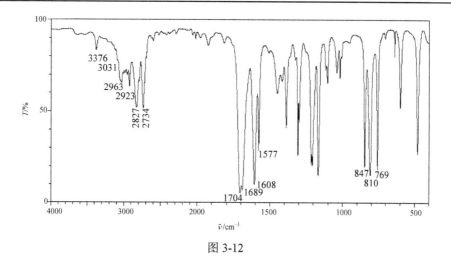

图 3-12

解　(1) 图 3-11 和图 3-12 都在 2880～2650 cm^{-1} 出现两个强度相近的中强吸收峰,该吸收为醛基的 ν_{CH}。图 3-10 无此吸收峰,推测图 3-10 应该对应苯乙酮的 IR 谱图。另外,图 3-10 中 1686 cm^{-1} 的吸收为苯乙酮的 $\nu_{C=O}$(与苯环共轭后移向低波数),指纹区在 761 cm^{-1} 和 691 cm^{-1} 出现的两个强吸收也可说明其为单取代苯环。

(2) 图 3-11 在 751 cm^{-1} 和 701 cm^{-1} 的强吸收说明苯环单取代,结合其在 2880～2650 cm^{-1} 的 ν_{CH} 吸收,1724 cm^{-1} 的 $\nu_{C=O}$ 吸收(未与苯环共轭),推测该谱图为苯乙醛的 IR 谱图。

(3) 图 3-12 在 810 cm^{-1} 出现强吸收,说明苯环为对位取代,结合 1608 cm^{-1}、1577 cm^{-1} 的吸收,说明图 3-12 为对甲基苯甲醛的 IR 谱图。

【例 3-12】　某化合物分子式为 $C_3H_6O_2$,试根据 IR 谱图(图 3-13)推测化合物的可能结构。

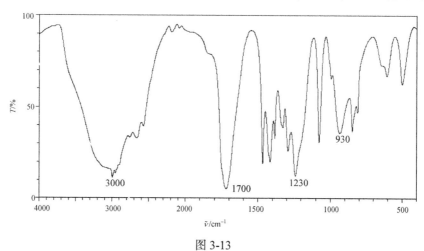

图 3-13

解　(1) 不饱和度 $U = 1 + 3 + (0 - 6)/2 = 1$。

(2) 1700 cm^{-1} 的强吸收说明分子中有羰基,以 3000 cm^{-1} 为中心的强而宽的峰证实分子结构中含有羟基,且为缔合羟基。结合 930 cm^{-1} 的吸收可推测分子结构中含有羧基—COOH。

(3) 分子式中扣除—COOH 后,就是 C_2H_5,对应乙基。由此可推测该化合物应该是丙酸 CH_3CH_2COOH。

【例 3-13】　某化合物分子式为 $C_7H_7NO_2$,试根据 IR 谱图(图 3-14)推测化合物的可能结构。

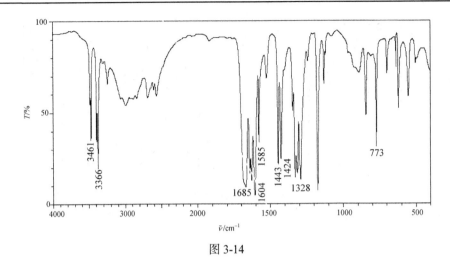

图 3-14

解　(1) 不饱和度 $U = 1 + 7 + (1 - 7)/2 = 5 > 4$，分子中可能有苯环。

(2) 1604 cm^{-1}、1585 cm^{-1}、1443 cm^{-1}、1424 cm^{-1} 的吸收说明分子中有苯环，1604 cm^{-1} 峰的裂分证实苯环与其他基团共轭；773 cm^{-1} 的吸收证实苯环为对位取代。

(3) 谱图中以 3000 cm^{-1} 为中心的强而宽的峰证实分子结构中含有羟基，且为缔合羟基。结合 1685 cm^{-1}($\nu_{C=O}$)、910 cm^{-1} 左右的宽峰可推测分子结构中含有羧基——COOH。羧酸羰基与苯环共轭后，伸缩振动频率移向低波数。

(4) 分子式中扣除羧基、苯环后，就是 NH$_2$。3461 cm^{-1}、3366 cm^{-1} 的两个强的尖峰证实氨基的存在。

由此可推测该化合物应该是对氨基苯甲酸 p-NH$_2$C$_6$H$_4$COOH。

3.4　综合练习

一、判断题

1. 同核双原子分子如 H$_2$、Cl$_2$ 等无红外活性。(　　)

2. 中红外区是红外光谱研究的重点。(　　)

3. 红外光谱是外层电子的跃迁产生的。(　　)

4. 在红外光谱中，官能团的吸收往往出现在高波数区。(　　)

5. 红外光谱的吸收强度取决于基团振动时偶极矩变化的大小，基团的极性越大，吸收峰越强。(　　)

6. 同一化合物在不同状态下测得的红外光谱应该是完全一样的。(　　)

7. 红外光谱的两个横坐标波数和波长的分布是均匀的。(　　)

8. 在红外光谱中，随着氢键的形成，基团的伸缩振动频率增大，吸收带变宽。(　　)

9. 红外光谱中，基团的频率特征包括它的位置、峰形和强度。(　　)

10. 化学键两端原子的电负性差越大，其伸缩振动引起的红外吸收越强。(　　)

11. 若两张红外光谱图的官能团区的峰形一致，可推测这两张红外光谱图为同一化合物的红外光谱图。(　　)

12. 红外吸收峰的数目一般比理论振动数目少，原因之一是有些振动是非红外活性的。(　　)

13. 醛、酮、羧酸、羧酸酯等羰基化合物的羰基的伸缩振动频率相同。( )

14. 只有非红外活性的振动才可能是拉曼活性振动。( )

15. 红外光谱和拉曼光谱都是由于偶极矩变化而产生的。( )

16. 红外光谱和拉曼光谱都可以选择水做溶剂。( )

17. 红外光谱和拉曼光谱是两种互相补充而不可互相代替的光谱方法。( )

二、选择题

1. 红外光可引起物质的能级跃迁是( )。
   A. 分子外层电子能级跃迁
   B. 分子内层电子能级跃迁
   C. 分子振动能级和转动能级跃迁
   D. 分子振动能级跃迁

2. 红外光谱给出分子结构的信息是( )。
   A. 分子量　　　　　B. 骨架结构　　　　　C. 官能团　　　　　D. 连接方式

3. 线形分子和非线形分子的振动自由度分别为( )。
   A. $3N-5$、$3N-6$　　B. $3N-6$、$3N-5$　　C. 都是 $3N-5$　　D. 都是 $3N-6$

4. 在下列分子中，能产生红外吸收的是( )。
   A. N_2　　　　　B. H_2O　　　　　C. O_2　　　　　D. H_2

5. CO_2 分子基本振动数目和红外基频谱带数目分别为( )。
   A. 3 和 2　　　　　B. 4 和 2　　　　　C. 3 和 3　　　　　D. 4 和 4

6. 常用( )表示红外光谱法。
   A. HW　　　　　B. MS　　　　　C. IR　　　　　D. TLC

7. 红外光谱解析分子的主要参数是( )。
   A. 透射率　　　　　B. 波数　　　　　C. 偶合常数　　　　　D. 吸光度

8. 在红外光谱中，C≡C 的伸缩振动吸收峰出现的波数范围是( )。
   A. 1680～1620 cm^{-1}
   B. 2400～2100 cm^{-1}
   C. 1600～1500 cm^{-1}
   D. 1000～650 cm^{-1}

9. 苯环取代类型的判断依据是( )。
   A. 苯环质子的伸缩振动
   B. 苯环骨架振动
   C. 取代基的伸缩振动
   D. 苯环质子的面外变形振动及其倍频、组合频

10. 在红外光谱图上 1500 cm^{-1} 和 1600 cm^{-1} 两个吸收峰是否存在是鉴别( )基团存在的主要依据。
    A. 甲基　　　　　B. 苯环　　　　　C. 羟基　　　　　D. 炔基

11. 某一化合物在紫外光区未见吸收带，在红外光谱的官能团区有如下的吸收峰：3000 cm^{-1}、1650 cm^{-1}，则该化合物可能是( )。
    A. 芳香族化合物　　B. 烯烃　　　　　C. 醇　　　　　D. 酮

12. 醇羟基的伸缩振动和变形振动的吸收带在稀释时将( )。
    A. 分别移向高波数和低波数
    B. 都移向低波数
    C. 分别移向低波数和高波数
    D. 都移向高波数

13. 下列化合物中，羰基伸缩振动频率最高的是( )。
    A. 酯　　　　　B. 酮　　　　　C. 醛　　　　　D. 二聚体羧酸

14. 气体状态、液体状态下丙酮的 IR 谱图中，$\nu_{C=O}$ 的出峰位置为( )。

　　A. 1742 cm^{-1}、1718 cm^{-1} 　　　　　　　　　　　B. 1718 cm^{-1}、1742 cm^{-1}

　　C. 都在 1725 cm^{-1} 　　　　　　　　　　　　　　　D. 1785 cm^{-1}、1725 cm^{-1}

15. 乙酰乙酸乙酯有酮式和烯醇式两种互变异构体,与酮式结构相对应的一组特征红外吸收峰是(　　)。

　　A. 1738 cm^{-1}、1717 cm^{-1} 　　　　　　　　　　　B. 3000 cm^{-1}、1650 cm^{-1}

　　C. 3000 cm^{-1}、1738 cm^{-1} 　　　　　　　　　　　D. 1717 cm^{-1}、1650 cm^{-1}

16. 脂肪族硝基化合物中,硝基的对称伸缩振动和不对称伸缩振动的特征吸收峰是(　　)。

　　A. 1900~1650 cm^{-1}、1385~1350 cm^{-1} 　　　　B. 1385~1350 cm^{-1}、1565~1545 cm^{-1}

　　C. 1900~1650 cm^{-1}、1565~1545 cm^{-1} 　　　　D. 2000~1650 cm^{-1}、1625~1450 cm^{-1}

17. 有一含氧化合物,如用红外光谱判断是否为羰基化合物,主要依据的谱带范围为(　　)。

　　A. 3500~3200 cm^{-1} 　　　　　　　　　　　　　　B. 1500~1300 cm^{-1}

　　C. 1000~650 cm^{-1} 　　　　　　　　　　　　　　　D. 1950~1650 cm^{-1}

18. 吸电子基团使羰基的伸缩振动频率移向高波数的原因是(　　)。

　　A. 共轭效应　　　　　　B. 氢键效应　　　　　C. 诱导效应　　　　　　D. 空间效应

19. 在透射法红外光谱中,固体样品一般采用的制样方法是(　　)。

　　A. 直接研磨压片 　　　　　　　　　　　　　　　B. 与 KBr 混合研磨压片

　　C. 配成有机溶液测定 　　　　　　　　　　　　　D. 配成水溶液测定

20. 下列叙述错误的是(　　)。

　　A. 红外光谱和拉曼光谱产生的机理相同 　　　　B. 红外光谱的入射光及检测光均为红外光

　　C. 红外光谱不能用水作溶剂 　　　　　　　　　D. 拉曼光谱可分析固体、液体和气体样品

21. 下列结构中能够产生强的拉曼谱带的是(　　)。

　　A. ν_{OH} 　　　　　　　　B. $\nu_{=C-H}$ 　　　　　　C. ν_{C-O-C}^{as} 　　　　　D. $\nu_{C\equiv C}$

22. 同时具有红外活性和拉曼活性的是(　　)。

　　A. O_2 的对称伸缩振动 　　　　　　　　　　　　B. CO_2 的不对称伸缩振动

　　C. H_2O 的弯曲振动 　　　　　　　　　　　　　D. CS_2 的弯曲振动

三、简答题

1. 红外光谱又称分子振动光谱,为什么?

2. 简正运动的特点是什么?

3. 什么是基团频率?它有什么重要用途?

4. 什么是指纹区?它有什么特点和用途?

5. 如何用红外光谱区分醛和酮?

6. 二元羧酸的两个羧基之间只有一两个碳原子时,会出现两个 $\nu_{C=O}$,相隔三个或三个以上碳原子时只出现一个吸收(如下面的例子),为什么?

　　　　　　　　　　HOOCCH$_2$COOH　　　HOOC(CH$_2$)$_2$COOH　　　HOOC(CH$_2$)$_n$COOH

　　$\nu_{C=O}$/cm^{-1} 　　　　1740,1710　　　　　　1780,1700　　　　　$n \geqslant 3$ 时,一个 $\nu_{C=O}$

7. 用红外光谱进行定量分析时,如何进行分析峰的选择?

8. 红外光谱定性分析的基本依据是什么?简要叙述红外光谱定性分析的过程。

9. 什么是费米共振?举例说明。

10. 试述红外吸收峰的数目比一般的振动数目少的原因。

11. 试述产生频率位移的因素。

12. 说出红外光谱产生需要的两个基本条件。

13. 预测对羟基苯甲醛在红外光谱中的哪一区段有吸收，各因什么振动类型引起。

14. 为什么醇和烷烃的拉曼光谱是相似的？

15. 如何对分子的红外活性和拉曼活性进行判别？

16. 氢键的形成如何影响化合物的 IR 谱图？氢键的强弱能否用 ν_{O-H} 来检测？

17. 简述酸酐 IR 谱图的特征。

18. 羧酸变成羧酸盐后，IR 谱图将发生什么变化？

19. 酰胺中 ν_{N-H} 的红外吸收是怎样的？

20. 说明样品的制样方法和注意事项。

四、结构与谱图对应

1. 图 3-15～图 3-17 分别对应于以下三种物质的哪一种？为什么？

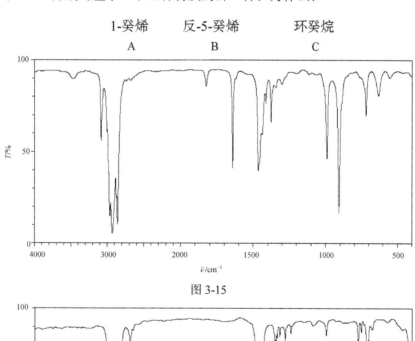

图 3-15

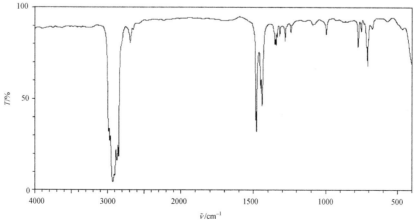

图 3-16

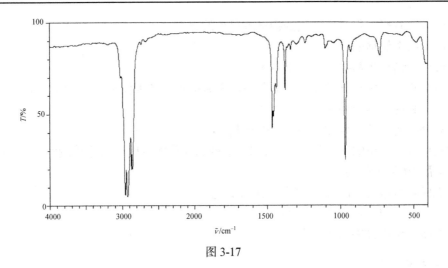

图 3-17

2. 图 3-18～图 3-20 分别对应于以下三种物质的哪一种？为什么？

邻二甲苯　　　间二甲苯　　　对二甲苯
　A　　　　　　　B　　　　　　　C

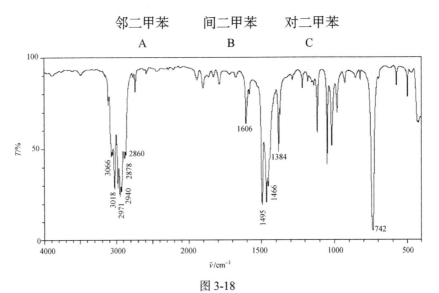

图 3-18

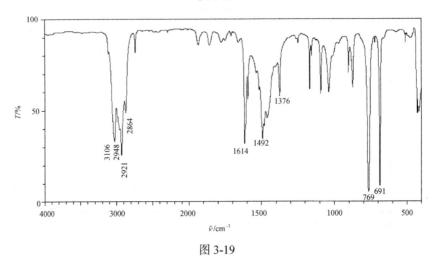

图 3-19

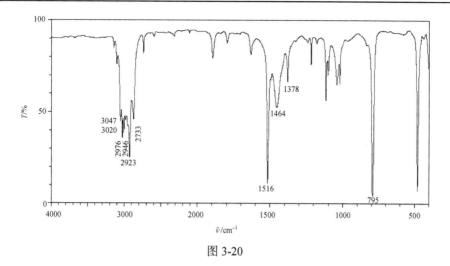

图 3-20

3. 图 3-21、图 3-22 分别对应于 A、B 两种物质的哪一种？为什么？

A

B

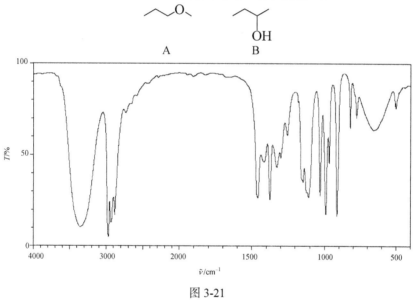

图 3-21

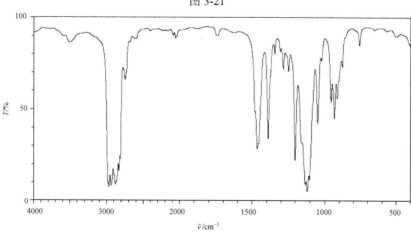

图 3-22

4. 图 3-23、图 3-24 分别对应于 A、B 两种物质的哪一种？为什么？

苯甲醚　　苯甲醇

A　　　　B

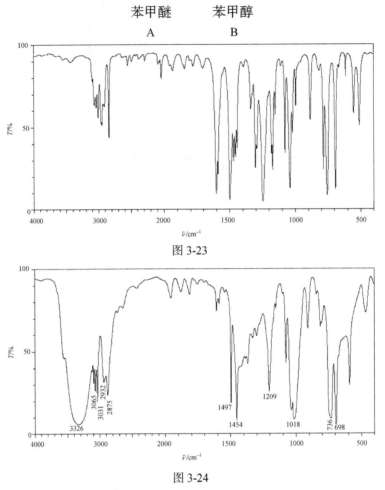

图 3-23

图 3-24

5. 图 3-25、图 3-26 分别对应于 A、B 两种物质的哪一种？为什么？

A　　　　　　B

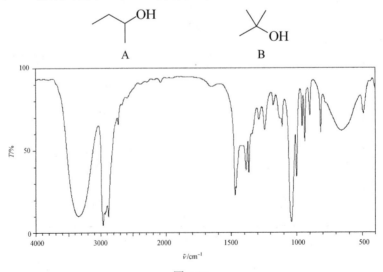

图 3-25

IR 谱图出峰位置和透射率：

$\tilde{\nu}/cm^{-1}$	$T/\%$	$\tilde{\nu}/cm^{-1}$	$T/\%$	$\tilde{\nu}/cm^{-1}$	$T/\%$	$\tilde{\nu}/cm^{-1}$	$T/\%$
3337	10	1646	86	1293	65	1042	6
2968	4	1471	22	1248	60	961	62
2931	10	1463	26	1182	74	941	63
2874	9	1389	36	1128	66	819	58
2724	64	1367	35	1114	82	681	60

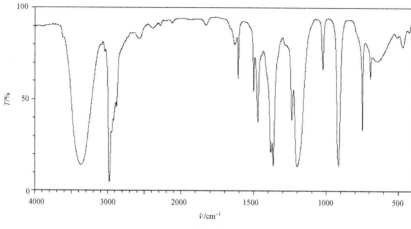

图 3-26

IR 谱图出峰位置和透射率：

$\tilde{\nu}/cm^{-1}$	$T/\%$	$\tilde{\nu}/cm^{-1}$	$T/\%$	$\tilde{\nu}/cm^{-1}$	$T/\%$	$\tilde{\nu}/cm^{-1}$	$T/\%$
3366	13	2564	79	1471	36	1022	64
3038	72	2385	86	1381	20	913	13
2974	4	1630	77	1365	15	749	32
2940	31	1606	58	1239	37	693	58
2875	44	1501	52	1202	12	648	88

6. 图 3-27、图 3-28 分别对应于 A、B 两种物质的哪一种？为什么？

丙酮　　　　　乙酸甲酯

A　　　　　　B

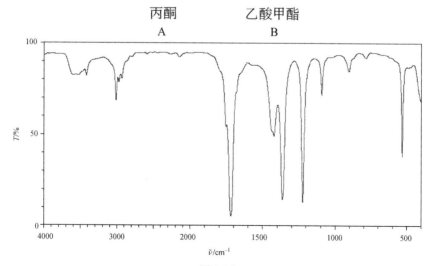

图 3-27

IR 谱图出峰位置和透射率：

$\tilde{v}/\text{cm}^{-1}$	$T/\%$	$\tilde{v}/\text{cm}^{-1}$	$T/\%$	$\tilde{v}/\text{cm}^{-1}$	$T/\%$	$\tilde{v}/\text{cm}^{-1}$	$T/\%$
3414	79	2925	77	1434	49	1223	12
3005	66	1749	52	1421	47	1093	68
2966	74	1715	4	1363	13	903	81

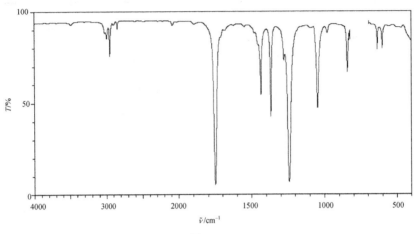

图 3-28

IR 谱图出峰位置和透射率：

$\tilde{v}/\text{cm}^{-1}$	$T/\%$	$\tilde{v}/\text{cm}^{-1}$	$T/\%$	$\tilde{v}/\text{cm}^{-1}$	$T/\%$	$\tilde{v}/\text{cm}^{-1}$	$T/\%$
3026	84	2963	72	1369	41	1048	44
3015	84	1748	4	1279	70	981	84
2997	81	1437	52	1245	6	844	64

7. 图 3-29、图 3-30 分别对应于 A、B 两种物质的哪一种？为什么？

苯甲酸甲酯 　　　 乙酸苯酯

A 　　　　　 B

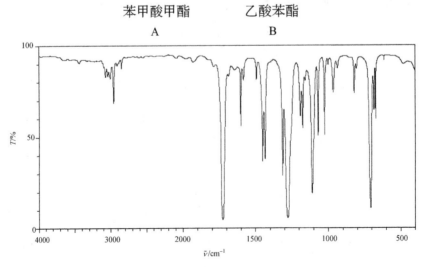

图 3-29

IR 谱图出峰位置和透射率：

$\tilde{\nu}/\mathrm{cm}^{-1}$	$T/\%$	$\tilde{\nu}/\mathrm{cm}^{-1}$	$T/\%$	$\tilde{\nu}/\mathrm{cm}^{-1}$	$T/\%$	$\tilde{\nu}/\mathrm{cm}^{-1}$	$T/\%$	$\tilde{\nu}/\mathrm{cm}^{-1}$	$T/\%$
3066	79	1784	84	1453	35	1160	77	937	84
3034	79	1724	4	1436	36	1112	18	823	70
2999	79	1644	84	1316	27	1072	49	808	84
2963	66	1602	55	1279	5	1028	49	710	10
2907	86	1582	79	1193	58	1003	86		
2845	84	1493	79	1177	62	966	72		

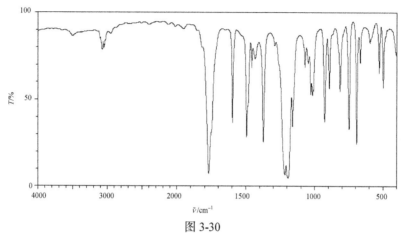

图 3-30

IR 谱图出峰位置和透射率：

$\tilde{\nu}/\mathrm{cm}^{-1}$	$T/\%$	$\tilde{\nu}/\mathrm{cm}^{-1}$	$T/\%$	$\tilde{\nu}/\mathrm{cm}^{-1}$	$T/\%$	$\tilde{\nu}/\mathrm{cm}^{-1}$	$T/\%$	$\tilde{\nu}/\mathrm{cm}^{-1}$	$T/\%$
3497	84	1694	36	1291	77	1027	50	749	31
3068	77	1493	26	1216	6	1014	50	692	23
3044	77	1484	44	1194	4	1007	62	654	68
3034	79	1458	65	1163	33	926	36	695	79
2943	84	1433	70	1070	86	892	53		
1765	7	1371	24	1046	68	815	52		

8. 图 3-31、图 3-32 分别对应于 A、B 两种物质的哪一种？为什么？

环己醇　　苯酚

A　　　　B

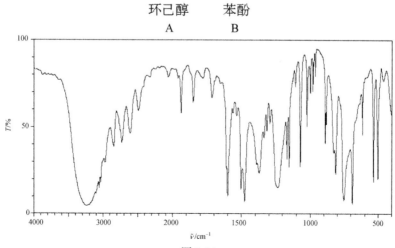

图 3-31

IR 谱图出峰位置和透射率：

$\tilde{\nu}/cm^{-1}$	$T/\%$	$\tilde{\nu}/cm^{-1}$	$T/\%$	$\tilde{\nu}/cm^{-1}$	$T/\%$	$\tilde{\nu}/cm^{-1}$	$T/\%$	$\tilde{\nu}/cm^{-1}$	$T/\%$
3229	4	2484	68	1474	7	1153	26	754	8
3048	15	1933	57	1372	23	1072	27	691	5
3023	18	1847	62	1336	43	1024	49	617	44
2962	29	1711	64	1315	47	883	41	535	18
2837	38	1606	26	1293	60	881	50		
2723	41	1598	10	1234	16	826	36		
2699	46	1501	14	1169	31	812	23		

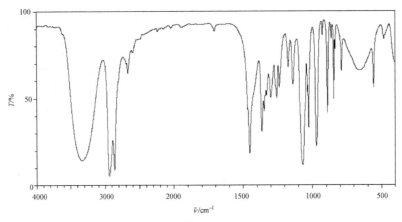

图 3-32

IR 谱图出峰位置和透射率：

$\tilde{\nu}/cm^{-1}$	$T/\%$	$\tilde{\nu}/cm^{-1}$	$T/\%$	$\tilde{\nu}/cm^{-1}$	$T/\%$	$\tilde{\nu}/cm^{-1}$	$T/\%$	$\tilde{\nu}/cm^{-1}$	$T/\%$
3331	13	2233	84	1329	50	1068	11	863	81
2932	4	1704	86	1298	49	1034	52	845	47
2855	8	1467	42	1266	47	1026	32	835	74
2686	68	1452	17	1238	53	970	21	798	64
2666	62	1363	29	1174	86	928	84		
2588	74	1346	41	1140	66	890	39		

五、结构推导

1. 图 3-33 是分子式为 C_9H_{12} 的化合物的 IR 谱图，试推测其可能的结构。

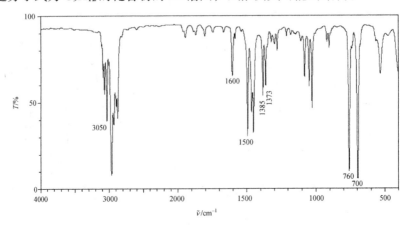

图 3-33

2. 图 3-34 是分子式为 C_3H_4O 的化合物的 IR 谱图，试推测其可能的结构。

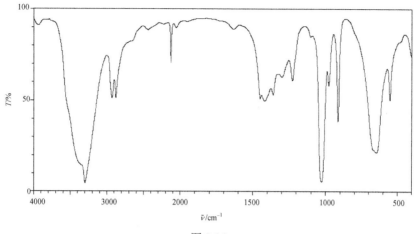

图 3-34

3. 图 3-35 是分子式为 $C_9H_{10}O$ 的化合物的 IR 谱图，试推测其可能的结构。

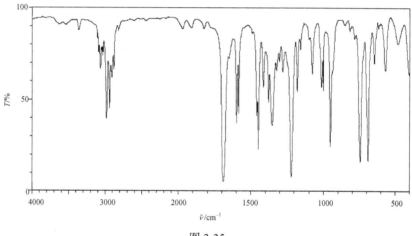

图 3-35

4. 某化合物分子式为 $C_5H_8O_2$，试根据图 3-36 推测化合物可能的结构。

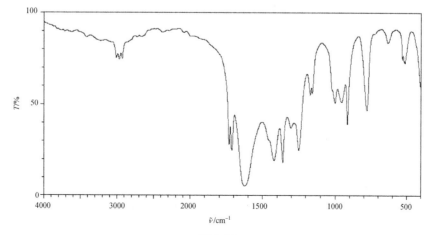

图 3-36

IR 谱图出峰位置和透射率：

$\tilde{\nu}/cm^{-1}$	$T/\%$	$\tilde{\nu}/cm^{-1}$	$T/\%$	$\tilde{\nu}/cm^{-1}$	$T/\%$	$\tilde{\nu}/cm^{-1}$	$T/\%$
3006	72	1710	23	1249	23	915	37
2964	72	1622	4	1172	53	780	44
2924	72	1422	18	1157	53	634	81
2367	86	1361	17	1001	49	531	72
1729	26	1304	35	966	49	519	70

5. 某化合物分子式为 $C_8H_8O_3$，试根据图 3-37 推测化合物可能的结构。

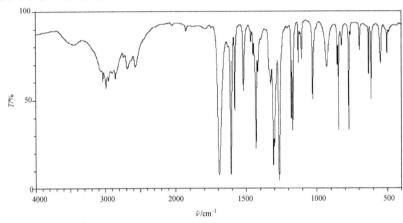

图 3-37

IR 谱图出峰位置和透射率：

$\tilde{\nu}/cm^{-1}$	$T/\%$	$\tilde{\nu}/cm^{-1}$	$T/\%$	$\tilde{\nu}/cm^{-1}$	$T/\%$	$\tilde{\nu}/cm^{-1}$	$T/\%$	$\tilde{\nu}/cm^{-1}$	$T/\%$
3029	68	2664	66	1429	22	1172	32	826	77
2984	55	1688	7	1416	64	1131	68	774	32
2956	80	1608	8	1324	57	1107	70	698	74
2941	68	1580	42	1307	13	1028	49	634	62
2845	60	1518	53	1301	23	929	66	617	49
2729	72	1478	79	1267	4	854	68	550	58
2676	66	1461	72	1181	38	846	32	506	74

6. 某化合物分子式为 $C_8H_8O_2$，试根据图 3-38 推测化合物的可能结构。

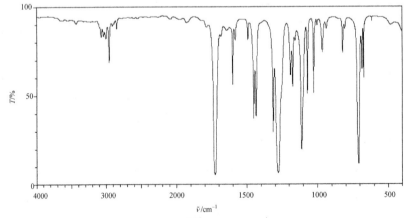

图 3-38

IR 谱图出峰位置和透射率：

$\tilde{\nu}/cm^{-1}$	$T/\%$	$\tilde{\nu}/cm^{-1}$	$T/\%$	$\tilde{\nu}/cm^{-1}$	$T/\%$	$\tilde{\nu}/cm^{-1}$	$T/\%$	$\tilde{\nu}/cm^{-1}$	$T/\%$
3066	79	1784	84	1453	35	1160	77	937	72
3034	79	1724	4	1436	36	1112	18	823	70
2999	79	1644	84	1316	27	1072	49	808	84
2963	66	1602	55	1279	5	1028	49	710	10
2907	86	1582	79	1193	58	1003	86		
2845	84	1493	79	1177	62	966	72		

7. 某化合物分子式为 $C_7H_7NO_2$，试根据图 3-39 推测化合物的可能结构。

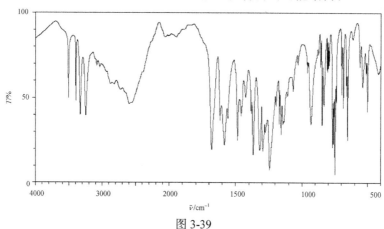

图 3-39

IR 谱图出峰位置和透射率：

$\tilde{\nu}/cm^{-1}$	$T/\%$	$\tilde{\nu}/cm^{-1}$	$T/\%$	$\tilde{\nu}/cm^{-1}$	$T/\%$	$\tilde{\nu}/cm^{-1}$	$T/\%$	$\tilde{\nu}/cm^{-1}$	$T/\%$
3602	47	1616	36	1371	16	1161	26	766	21
3390	46	1583	21	1321	18	1149	33	755	4
3324	38	1557	36	1298	17	1140	34	744	44
3240	37	1486	23	1279	20	936	33	692	42
2586	44	1460	37	1248	7	851	32	667	39
2565	44	1454	42	1199	43	837	49	660	23
1679	18	1386	38	1176	33	772	20	607	41

8. 某化合物分子式为 C_8H_8O，试根据图 3-40 推测化合物的可能结构。

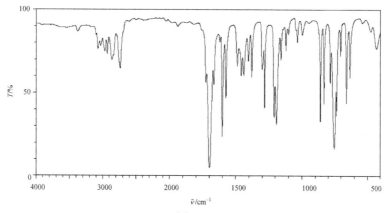

图 3-40

IR 谱图出峰位置和透射率：

$\tilde{\nu}/cm^{-1}$	$T/\%$	$\tilde{\nu}/cm^{-1}$	$T/\%$	$\tilde{\nu}/cm^{-1}$	$T/\%$	$\tilde{\nu}/cm^{-1}$	$T/\%$	$\tilde{\nu}/cm^{-1}$	$T/\%$
3068	74	1724	63	1468	68	1211	34	786	63
3041	77	1697	4	1438	58	1194	29	754	15
3029	74	1664	52	1405	86	1160	68	738	35
2963	72	1619	77	1381	67	1122	72	708	70
2926	70	1601	23	1304	62	1037	77	663	43
2856	86	1573	44	1298	84	862	31	637	57
2733	62	1487	64	1283	39	834	42	434	74

9. 某化合物分子式为 $C_4H_6O_2$，试根据图 3-41 推测化合物的可能结构。

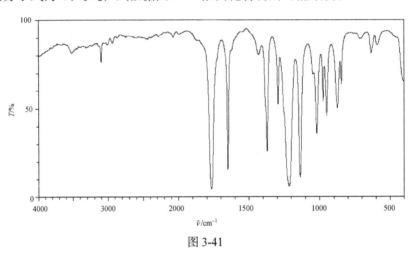

图 3-41

10. 某化合物分子式为 $C_4H_8O_2$，试根据图 3-42 推测化合物的可能结构。

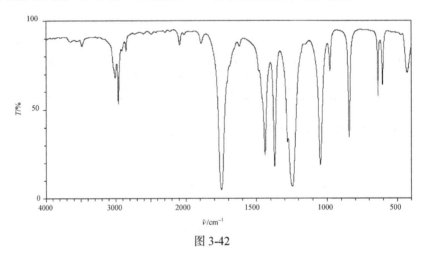

图 3-42

3.5 参考答案

一、判断题

1. T；2. T；3. F；4. T；5. T；6. F；7. F；8. F；9. T；10. T；11. F；12. T；13. F；14. F；15. F；

16. F；17. T

二、选择题

1. C；　2. C；　3. A；　4. B；　5. B；　6. C；　7. B；　8. A；　9. D；　10. B；　11. B；　12. A；　13. A；
14. A；　15. A；　16. B；　17. D；　18. C；　19. B；　20. A；　21. D；　22. C

三、简答题

1. 红外光谱是研究分子运动的吸收光谱,也称分子光谱。通常红外光谱是指波长为 2.5～25 μm 的吸收光谱, 这段波长范围反映分子中原子间的振动和变角运动。分子在振动运动的同时还存在转动运动, 虽然转动运动所涉及的能量变化很小, 处在远红外区, 但转动运动影响振动运动所产生的偶极矩变化, 红外光谱实际测得的谱图是分子的振动和转动运动的加和表现,因此红外光谱又称分子振动光谱。

2. 分子的 $3N-6$ 个基本振动运动称为分子的简正运动。简正运动的特点是分子的质心在振动过程中保持不变, 所有原子在同一瞬间通过各自的平衡位置, 每一简正运动代表一种运动方式, 有特定的振动频率。每一简正运动都在一定程度上反映了分子整体结构的特点, 但分子的各部分的贡献各不相同。对于某一特定的简正运动, 往往反映某一化学键的键长和键角变化, 其吸收频率即为该化学键的特征吸收频率。也有一些简正运动反映的是整个分子的结构特点, 这样的振动吸收频率往往很难找到明确的归属。

3. 与一定结构单元相联系的振动频率称为基团频率, 基团频率大多集中在 4000～1350 cm^{-1}, 称为基团频率区, 基团频率可用于鉴定官能团。

4. 在 IR 谱图中, 频率位于 1350～650 cm^{-1} 的低频区称为指纹区。指纹区的主要价值在于表示整个分子的特征, 因而适用于与标准谱图或已知物谱图对照, 以得出未知物与已知物是否相同的准确结论, 任何两个化合物的指纹区特征都是不相同的。

5. 醛羰基伸缩振动吸收位置比相应的酮高 10～15 cm^{-1}, 单是这一区别不足以区分两类化合物。醛基的 C—H 伸缩振动位于 2820～2720 cm^{-1}, 酮没有这种吸收。结合 C＝O 伸缩振动和 2820～2720 cm^{-1} 峰可判断醛基的存在。依此可区分醛和酮。

6. 二元羧酸的两个羧基之间只有一个或两个碳原子时,两个羧基之间相互偶合,出现两个 $\nu_{C=O}$ 的吸收峰; 当两个羧基之间相隔三个或三个以上碳原子时, 两个羧基之间的偶合消失, 因此只出现一个 $\nu_{C=O}$ 吸收峰。

7. 红外光谱的定量分析是以测定某特征官能团的吸收峰强度为基础的, 此吸收峰称为分析峰。分析峰应选择在待测组分的特征吸收带处, 强度应尽可能大, 与邻近谱带及杂质谱带的分离好, 以防杂质和其他组分的干扰。

8. 基本依据: 红外光谱对有机化合物的定性具有鲜明的特征性, 因为每一化合物都有特征的红外光谱, 光谱带的数目、位置、形状、强度均随化合物及其聚集态的不同而不同。定性分析的过程如下: ①试样的分离和精制; ②了解试样有关的资料; ③测定 IR 谱图; ④谱图解析; ⑤与标准谱图对照; ⑥联机检索。

9. 当一个振动的倍频或组合频与某一个强的基频有接近的频率时, 这两个振动相互作用发生偶合, 弱的倍频或组合频被强化, 这两个偶合的振动频率常在比基频高一点和低一点的地方出现两个谱带。两谱带中均含有基频和倍频的成分, 这种现象称为费米共振。醛基的 ν_{CH} 在 2880～2650 cm^{-1} 出现的两个强度相近的中强吸收峰就是醛基质子的 ν_{CH} 与 δ_{CH} 的倍频的费米共振产生的。

10. 红外吸收峰的数目比一般的振动数目少的可能原因是：①光谱图上能量相同的峰因发生简并，谱带重合；②仪器分辨率的限制，能量接近的振动峰区分不开；③能量太小的振动，仪器检测不出来；④有些吸收非红外活性。

11. 影响基团频率位移的因素有外部因素和内部因素两种。外部因素主要是物态效应和溶剂效应。内部因素主要是分子结构，主要包括：诱导效应、共轭效应、偶极场效应、张力效应、氢键、位阻效应等。

12. 红外光谱产生需要两个基本条件：①能量条件，电磁波具有刚好能够满足分子振动、转动能级跃迁所需的能量，这个条件可以用频率表达，红外光的频率等于分子中某基团的振动频率；②光(电磁波)与分子之间必须有相互的偶合作用，要满足这个条件，分子或分子中某基团必须有不为零的固有偶极矩。

13. 对羟基苯甲醛的分子结构中有醛基、羟基和苯环，因此红外光谱中应出现各官能团的特征吸收。

(1) 醛有 $\nu_{C=O}$ 和醛基质子的 ν_{CH} 两个特征吸收带。饱和脂肪醛的 $\nu_{C=O}$ 为 1740～1715 cm^{-1}，一旦与烯键或苯环共轭，$\nu_{C=O}$ 会移向低波数，一般为 1705～1685 cm^{-1}。醛基的 ν_{CH} 在 2880～2650 cm^{-1} 出现两个强度相近的中强吸收峰，一般在～2820 cm^{-1} 和 2740～2720 cm^{-1} 出现，后者较尖，是区别醛和酮的特征谱带。这两个吸收是醛基质子的 ν_{CH} 与 δ_{CH} 的倍频的费米共振产生的。

(2) 苯环特征吸收：苯环上质子的伸缩振动 ν_{Ph-H} 出现在 3100～3000 cm^{-1}，通常出现在 3030 cm^{-1} 附近。苯环的骨架振动在 1625～1450 cm^{-1}，可能有几个吸收，其中以～1600 cm^{-1} 和～1500 cm^{-1} 两个吸收为主。当苯环与其他基团共轭时，～1600 cm^{-1} 峰分裂为二，在～1580 cm^{-1} 处又出现一个吸收。～1450 cm^{-1} 也会有一吸收。对羟基苯甲醛中醛羰基与苯环共轭，因此～1600 cm^{-1} 峰会裂分。芳环质子的面外变形振动 δ_{CH} 在 900～650 cm^{-1}，按其位置、吸收峰个数及强度可以判断苯环上取代基个数及取代模式。对羟基苯甲醛为对位取代，在 860～800 cm^{-1} 有强吸收。

(3) 羟基的伸缩振动 ν_{OH} 在 3670～3230 cm^{-1} (s)。游离羟基 ν_{OH} 尖，且大于 3600 cm^{-1}；缔合羟基移向低波数，峰加宽。

图 3-43 是对羟基苯甲醛的 IR 谱图。

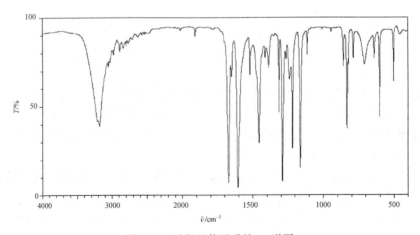

图 3-43　对羟基苯甲醛的 IR 谱图

14. 因为羟基的拉曼谱带弱，而 C—O 和 C—C 键力常数及键强度无很大差别，羟基与甲基质量仅相差两个质量单位，所以醇和烷烃的拉曼光谱相似。

15. 在拉曼光谱中，官能团谱带的频率与其在红外光谱中出现的频率基本一致。不同的是两者选律不同，所以在红外光谱中甚至不出现的振动在拉曼光谱中可能是强谱带。利用以下规则对分子的红外活性和拉曼活性进行判别：

    (1) 相互排斥规则：凡有对称中心的分子，若红外是活性，则拉曼是非活性的；反之，若红外是非活性，则拉曼是活性的。例如，O_2 只有一个对称伸缩振动，它在红外光谱中很弱或不可见，而在拉曼光谱中较强。

    (2) 相互允许规则：一般来说，没有对称中心的分子，其红外和拉曼可以都是活性的。例如，水的三个振动 ν^{as}、ν^s 和 δ 均是红外和拉曼活性的。

    (3) 相互禁阻规则：相互排斥规则和相互允许规则可以概括大多数分子的振动行为。但有少数分子的振动可能在红外和拉曼中都是非活性的。

16. 当一个系统内的质子给体的 s 轨道与质子受体的 p 轨道发生有效重叠时，能形成氢键。一般用 X—H⋯Y 表示，氢键中的 X、Y 原子通常是 N、O 或 F 等。由于氢键改变了原来化学键的力常数，因而吸收峰的位置和强度发生变化。通常孤立的 X—H 的伸缩振动位于高波数，峰形尖锐；而形成氢键以后峰形变宽，强度增加，并移向较低的波数。ν_{O-H} 可用来检测氢键的强度。氢键越强，则 O—H 键越长，振动频率越低，谱带更宽更强。在气相、稀溶液或分子中存在一些因素(如立体障碍)阻碍氢键的形成时，在 3650～3590 cm^{-1} 有尖锐的自由单体的吸收带。纯液体、固体和许多溶液只在 3600～3200 cm^{-1} 出现宽的、多聚体的吸收带。

17. 酸酐有两个连在同一个氧原子上的羰基，它们振动偶合的结果产生两个吸收，相差约 60 cm^{-1}，分别在 1860～1800 cm^{-1} 和 1800～1750 cm^{-1}。开链酸酐的 $\nu_{C=O}$ 中高波数吸收带强，而环状酸酐中低波数的 $\nu_{C=O}$ 强。各类酸酐在 1250 cm^{-1} 左右都有一中强吸收。图 3-44 是乙酸酐的 IR 谱图。

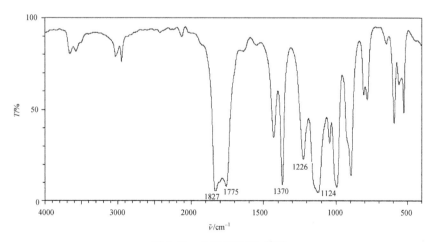

图 3-44　乙酸酐的 IR 谱图

18. 在很稀的溶液中，酸以单体形式存在，ν_{OH} 在 3550 cm^{-1} 有一个尖峰。因为羧酸一般情况下以二聚体的形式存在，故 ν_{OH} 是在 3200～2500 cm^{-1} 这个较大的范围内以 3000 cm^{-1} 为中心有一个宽而散的峰。此吸收在 2700～2500 cm^{-1} 常有几个小峰，对判断羧酸很有用，它是 C—O 伸缩振动和变形振动的倍频及组合频引起的。在 955～915 cm^{-1} 有一特征性宽峰，是酸的二聚体中 OH…O 的面外变形振动引起，也可用于确认羧基的存在。羧酸变成羧酸盐后，羧酸盐中的羧酸根—COO$^-$无 $\nu_{C=O}$ 吸收。羧酸根是一个多电子的共轭体系：

，两个 C=O 振动偶合，故在两个地方出现其强吸收，其中不对称伸缩振动在 1610～1560 cm^{-1}，对称伸缩振动在 1440～1360 cm^{-1}，强度弱于不对称伸缩振动吸收，并且常是两个或三个较宽的峰。图 3-45 是三水合乙酸钠的 IR 谱图。

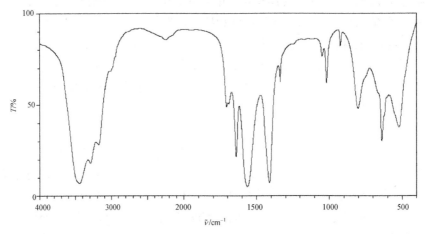

图 3-45　三水合乙酸钠的 IR 谱图

19. 伯酰胺的氨基的伸缩振动吸收在 3540～3180 cm^{-1} 有两个尖的吸收带，这是伯酰胺的特征吸收带；在稀溶液中仲酰胺在 3460～3400 cm^{-1} 有一个很尖的吸收峰。在压片法或浓溶液中，仲酰胺的 ν_{NH} 可能出现几个吸收带。这是顺反异构体产生的以氢键连接的多种聚合物所致。叔酰胺唯一的特征谱带是 1680～1630 cm^{-1} 的 $\nu_{C=O}$。图 3-46 是丙酰胺的 IR 谱图。图 3-47 和图 3-48 分别是 N-甲基乙酰胺和 N,N-二乙基十二酰胺的 IR 谱图。

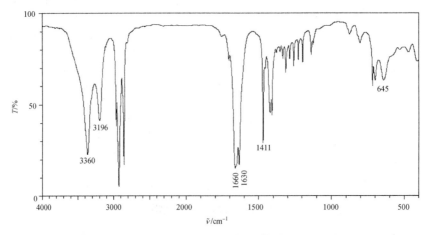

图 3-46　丙酰胺的 IR 谱图

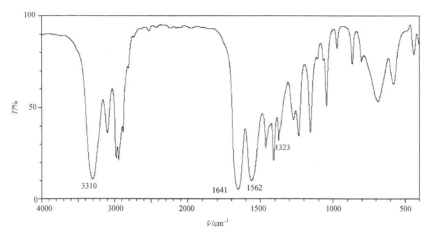

图 3-47 *N*-甲基乙酰胺的 IR 谱图

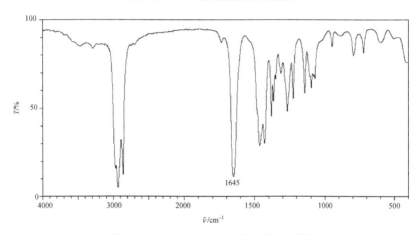

图 3-48 *N*, *N*-二乙基十二酰胺的 IR 谱图

20. 固体样品的制样方法有压片法、糊状法、溶液法、薄膜法、衰减全反射光谱测定法；液体样品的制样方法有溶液法、液膜法；气体样品一般使用气体池进行红外光谱测定。

注意事项：

(1) 首先了解样品纯度。一般要求样品纯度大于 99%，否则要提纯。对含水分和溶剂的样品要进行干燥处理。

(2) 根据样品的物态和理化性质选择制样方法。如果样品不稳定，则应避免使用压片法。制样过程中要注意避免空气中水分、CO_2 及其他污染物混入样品。

四、结构与谱图对应

1. 比较三个化合物的 IR 谱图，2980～2850 cm^{-1} 的强吸收和 1460 cm^{-1} 左右的吸收对应分子结构中饱和 C—H 键的伸缩振动和变形振动。除此之外，图 3-15 在 3100 cm^{-1}(ν_{C-H})、1640 cm^{-1}($\nu_{C=C}$)、995 cm^{-1}($\omega_{=CH}$)和 905 cm^{-1}($\omega_{=CH_2}$)左右吸收可证实该谱图为化合物 A 的 IR 谱图。图 3-16 和图 3-17 在大于 3000 cm^{-1} 无吸收，但图 3-17 在 960 cm^{-1}($\omega_{=CH}$)的强吸收可推测该谱图为 B 的 IR 谱图，由于 B 结构对称，故在 1640 cm^{-1} 左右没有出现 $\nu_{C=C}$。图 3-16 为 C 的 IR 谱图。

2. 红外光谱中苯环取代情况需依据芳环质子面外变形振动判断。邻二甲苯(A)苯环上有四个邻接氢，在 770～735 cm^{-1} 有很强吸收；间二甲苯(B)苯环上有三个邻接氢，在 810～750 cm^{-1}

有很强吸收，孤立的氢在 900～860 cm^{-1} 出强峰，并且在 725～680 cm^{-1} 有强吸收。若苯环上有两个邻接氢，则在 860～800 cm^{-1} 有很强吸收。图 3-18 指纹区在 742 cm^{-1} 有很强吸收峰出现，应是邻二甲苯的 IR 谱图；图 3-19 指纹区在 769 cm^{-1} 和 691 cm^{-1} 有两个很强吸收峰出现，应是间二甲苯的 IR 谱图；图 3-20 指纹区在 795 cm^{-1} 有强吸收峰出现，应是对二甲苯的 IR 谱图。

3. 图 3-21 在大于 3000 cm^{-1} 出现一个宽、强峰，根据其出峰位置及峰形，推测该化合物结构有活泼氢，应为 B(2-丁醇)。图 3-22 在 1120 cm^{-1}(C—O—C 的不对称伸缩振动)出现醚的特征吸收，为 A(甲丙醚)的 IR 谱图。

4. 图 3-23 应是苯甲醚的 IR 谱图。因为谱图在大于 3000 cm^{-1} 区间没有出现强且宽的羟基的特征吸收峰。3060 cm^{-1}、3030 cm^{-1}、3000 cm^{-1} 是苯环上 C—H 伸缩振动吸收峰；2950 cm^{-1}、2835 cm^{-1} 是甲基 C—H 伸缩振动吸收峰；1590 cm^{-1}、1480 cm^{-1} 是典型的苯环伸缩振动吸收峰；1240 cm^{-1} 和 1030 cm^{-1} 是 C—O—C 伸缩振动吸收峰；800～740 cm^{-1} 是苯环上 C—H 面外弯曲振动吸收峰；2000～1650 cm^{-1} 是倍频或组合频区。图 3-24 除了苯环的特征吸收外，在大于 3000 cm^{-1} 的区域出现了强且宽的羟基的特征吸收峰，因此图 3-24 为苯甲醇的 IR 谱图。

5. A、B 两化合物均为醇，其 IR 谱图在大于 3000 cm^{-1} 都出现了 ν_{O-H} 的吸收峰。A、B 在结构上的区别就是烷基链，B 有叔丁基。IR 谱图中叔丁基的甲基在 1380 cm^{-1} 附近的吸收会裂分成强度不等的两个峰，一个在 1395 cm^{-1}(m)附近，一个在 1365 cm^{-1}(s)附近，峰间距约为 30 cm^{-1}。由此可推测图 3-25 为 A 的 IR 谱图，图 3-26 为 B 的 IR 谱图。

6. 丙酮和乙酸甲酯分别属于饱和脂肪酮和羧酸酯，这两类化合物都属于羰基化合物，饱和脂肪酮的 $\nu_{C=O}$ 在 1725～1705 cm^{-1}。而羧酸羰基由于受到氧的吸电子作用，$\nu_{C=O}$ 增大。图 3-27 在 1715 cm^{-1}、图 3-28 在 1748 cm^{-1} 出现了各自的 $\nu_{C=O}$ 的吸收峰。故图 3-27 是丙酮的 IR 图，而图 3-28 是乙酸甲酯的 IR 谱图。另外，图 3-28 在 1369 cm^{-1} 及 1245 cm^{-1} 出现的 C—O—C 的不对称伸缩振动及对称伸缩振动也可说明图 3-28 是乙酸甲酯的 IR 谱图。

7. 图 3-29 和图 3-30 分别在 1724 cm^{-1} 和 1765 cm^{-1} 出现了酯羰基的伸缩振动，虽然都是酯羰基，但其吸收峰的位置差别约 40 cm^{-1}，主要原因是苯环连在杂原子氧上，故氧的吸电子作用更强，$\nu_{C=O}$ 增大。由此可初步推测图 3-29 为 A 的 IR 谱图，图 3-30 为 B 的 IR 谱图。另外，图 3-29 在 1600 cm^{-1} 吸收峰的裂分也可推测该图为 A 的 IR 谱图。

8. 图 3-31 和图 3-32 分别在 3229 cm^{-1} 和 3331 cm^{-1} 出现了羟基的伸缩振动。除此之外，图 3-31 在 3048 cm^{-1}、3023 cm^{-1}、2000～1700 cm^{-1}、1600 cm^{-1} 及 1501 cm^{-1} 等出现了苯环的特征吸收，由此可推测图 3-31 是苯酚的 IR 谱图，图 3-32 是环己醇的 IR 谱图。

五、结构推导

1. (1) 不饱和度 $U = 1 + 9 - 12/2 = 4$。

(2) 结合 IR 谱图中 3050 cm^{-1}、1600 cm^{-1}、1500 cm^{-1} 的吸收，可证实分子中有苯环。760 cm^{-1}、700 cm^{-1} 的吸收证实该分子为单取代苯。

(3) 1380 cm^{-1} 附近的两个强度近似相等的峰证实分子结构中有异丙基。

(4) 综合分子式为 C$_9$H$_{12}$，分子中单取代苯、异丙基，可知此化合物为异丙苯。

2. (1) 不饱和度 $U = 1 + 3 - 4/2 = 2$，可能为烯、炔及含有羰基的化合物。

(2) 3300 cm^{-1} 的宽吸收峰，结合 1040 cm^{-1} 的吸收，可推测分子中含有—OH，由此可排除含有羰基的可能性。结合分子式和 2110 cm^{-1} 的吸收，可证实此化合物有碳碳三键。

(3) 综上可知该化合物为 2-丙炔醇。

3. (1) 不饱和度 $U = 1 + 9 - 10/2 = 5 > 4$，分子中可能含有苯环。

(2) 3060 cm^{-1}、3030 cm^{-1}、3000 cm^{-1} 是苯环上 C—H 伸缩振动吸收峰；1590 cm^{-1}、1480 cm^{-1} 是典型的苯环伸缩振动吸收峰；800~600 cm^{-1} 是苯环上 C—H 面外弯曲振动吸收峰，可说明该化合物为单取代苯。

(3) 扣除苯环后还有三个碳原子、一个不饱和度。IR 谱图上 1680 cm^{-1} 的强吸收带可以说明分子中含有羰基，且羰基与苯环直接相连形成共轭体系，~1600 cm^{-1} 吸收峰的裂分是羰基与苯环共轭的又一证据。综上可知该谱图对应的化合物为苯丙酮。

4. (1) 不饱和度 $U = 1 + 5 - 8/2 = 2$。

(2) 大于 3000 cm^{-1} 没有吸收，说明分子结构中无活泼氢、苯氢、炔氢或烯氢。1729 cm^{-1}、1710 cm^{-1}、1622 cm^{-1} 的强吸收证实分子结构中有两种羰基，且为 β-二羰基；2880~2650 cm^{-1} 没有吸收，证实羰基不是醛羰基。

(3) 2964 cm^{-1}、2924 cm^{-1} 的吸收说明分子结构中有烷基。

(4) 综上可知该 IR 谱图对应的可能化合物为 2,4-戊二酮。

5. (1) 不饱和度 $U = 1 + 8 - 8/2 = 5 > 4$，可能有苯环。

(2) 3029 cm^{-1}、1608 cm^{-1}、1580 cm^{-1}、1518 cm^{-1}、1478 cm^{-1} 等的吸收证实分子结构中确实有苯环。846 cm^{-1} 的吸收证实分子为对位取代苯，~1600 cm^{-1} 吸收峰的裂分推测苯环与其他基团共轭。

(3) 结合 3600~2300 cm^{-1}、1688 cm^{-1} 和 929 cm^{-1} 的宽峰，可推测分子中含有羧基—COOH。综上可知，该化合物为对位有取代基的苯甲酸。

(4) 扣除 $C_7H_5O_2$，分子中还可能有—OCH$_3$ 或—CH$_2$OH，IR 谱图中没有出现—OH 的特征吸收(>3000 cm^{-1}，宽峰)，故羧基的对位为—OCH$_3$。

(5) 该 IR 谱图对应的可能化合物为对甲氧基苯甲酸。

6. (1) 不饱和度 $U = 1 + 8 - 8/2 = 5 > 4$，可能有苯环。

(2) 3066 cm^{-1}、3034 cm^{-1}、1602 cm^{-1}、1582 cm^{-1}、1493 cm^{-1} 等的吸收证实分子结构中确实有苯环。710 cm^{-1} 的强吸收证实分子为单取代苯，1600 cm^{-1} 吸收峰的裂分推测苯环与其他基团共轭。

(3) 1724 cm^{-1} 的强吸收证实分子结构中有羰基，苯环与羰基直接相连，即分子结构中有苯甲酰基(C_6H_5CO)。

(4) 扣除 C_7H_5O，分子中还可能有—OCH$_3$ 或—CH$_2$OH，IR 谱图中没有出现—OH 的特征吸收(>3000 cm^{-1}，宽峰)，故除了苯甲酰基，分子结构中还有—OCH$_3$。

(5) 综上可知该 IR 谱图对应的可能化合物为苯甲酸甲酯。

7. (1) 不饱和度 $U = 1 + 7 + (1-7)/2 = 5 > 4$，可能有苯环。

(2) 1616 cm^{-1}、1583 cm^{-1}、1486 cm^{-1} 等的吸收证实分子结构中确实有苯环；755 cm^{-1} 的强吸收证实分子为邻位取代苯；1600 cm^{-1} 吸收峰的裂分推测苯环与其他基团共轭。

(3) 1679 cm^{-1} 的强吸收证实分子结构中有羰基，结合 3700~2000 cm^{-1} 的宽峰，可推测分子中含有羧基。

(4) 扣除苯环、羧基，分子中还有 NH$_2$，IR 谱图中 3602 cm^{-1}、3390 cm^{-1}、3324 cm^{-1}、3240 cm^{-1} 的吸收说明分子中有 NH$_2$。

(5) 综上可知该 IR 谱图对应的可能是化合物邻氨基苯甲酸。

8. (1) 不饱和度 $U = 1 + 8 - 8/2 = 5 > 4$，可能有苯环。

(2) 3068 cm^{-1}、3041 cm^{-1}、3029 cm^{-1} 的吸收为不饱和 C—H 伸缩振动，可能为烯、炔、芳香族化合物；1601 cm^{-1}、1573 cm^{-1}、1487 cm^{-1} 的吸收可进一步证实分子结构中含有苯环，且苯环与其他基团共轭。

(3) 指纹区 754 cm^{-1} 的吸收说明为邻位取代苯。结合 2856 cm^{-1}、2733 cm^{-1} 强度近似相等的中强峰和 1697 cm^{-1} 的强峰可以证实分子中含有醛基。2963 cm^{-1} 和 1381 cm^{-1} 的吸收证明有甲基存在。

(4) 综合推测分子结构为邻甲基苯甲醛。

9. (1) 不饱和度 $U = 1 + 4 - 6/2 = 2$。

(2) 3070 cm^{-1}(w) 为 ν_{CH}，结合 1659 cm^{-1}(s) 的 $\nu_{C=C}$ 吸收，可初步推测化合物存在烯键。

(3) 该化合物 $\nu_{C=C}$ 吸收带强度比正常 $\nu_{C=C}$ 强度(w 或 m)大，说明该双键与极性基团相连。1760 cm^{-1}(s) 的 $\nu_{C=O}$、1230 cm^{-1}(s, b) 的 ν_{C-O-C} 及 1140 cm^{-1}(s) 的 ν_{C-O-C} 说明分子中有酯基(—COO—)存在。$\nu_{C=O}$(1760 cm^{-1}) 比一般酯(1740~1730 cm^{-1})向高波数位移，表明诱导效应或环张力存在，此处氧原子与 C=C 相连，p-π 共轭分散，诱导效应突出。

根据分子式和以上分析，提出化合物的两种可能结构如下：

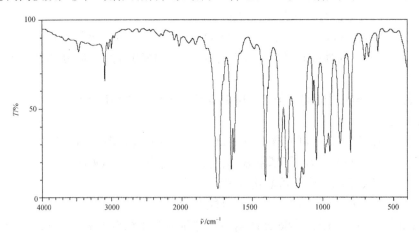

(4) 结构 A 中 C=C 与 C=O 共轭，$\nu_{C=O}$ 向低波数位移(1730~1710 cm^{-1})，与谱图不符，排除。结构 B 中 C=C 与极性氧原子相连，$\nu_{C=C}$ 吸收强度增大。同时，氧原子对 C=O 的诱导效应增强，$\nu_{C=O}$ 向高波数位移，与谱图相符，故结构 B 合理。A 的 IR 谱图如图 3-49 所示。

图 3-49　丙烯酸甲酯(A)的 IR 谱图

10. (1) 不饱和度 $U = 1 + 4 - 8/2 = 1$，分子结构中可能有 C=C、C=O 或单环。

(2) 1745 cm^{-1} 的强吸收，可推测分子结构中含有 C=O，并且 C=O 与其他吸电子基团共轭。结合其分子式和不饱和度，可推测分子结构中含有酯基—COO—。

(3) 根据分子式和以上分析，提出化合物的两种可能结构为乙酸乙酯、丙酸甲酯，进一步确定化合物结构需结合 ^{1}H NMR 和 ^{13}C NMR 等测试手段。

第4章 ^{1}H核磁共振

4.1 内容与要求

1. NMR 的基本原理

了解原子核的自旋。

掌握核磁共振产生的原理。

了解饱和与弛豫的概念。

2. 核磁共振仪简介

了解核磁共振仪的结构及各大部件的功能。

3. 化学位移

了解化学位移的起源。

掌握不同磁场强度下化学位移 ppm 与 Hz 的换算。

掌握核磁共振内标物与溶剂的选择。

熟悉化学位移的影响因素,掌握结构因素对化学位移值的影响。

4. 各类质子的化学位移

掌握各类质子化学位移的范围及顺序。

熟悉甲基、亚甲基、次甲基、烯、苯环、醛基上质子的化学位移。

了解炔氢、脂环氢、杂芳环氢的化学位移。

熟悉取代基对甲基、亚甲基、烯及苯环上质子化学位移的影响。

掌握活泼氢在核磁共振氢谱中的特点和识别方法。

5. 自旋耦合

掌握自旋耦合与裂分现象产生的原因及表现。

掌握 $n+1$ 规律以及多重峰的表达。

掌握典型结构中耦合常数与分子结构的关系。

了解其他核与质子的耦合。

6. 核磁共振谱图的类型

掌握核的等价性概念,并能够区别化学等价、磁等价及不等价核。

掌握自旋体系的表示法,并能够由自旋体系推测可能的谱图。

了解一级谱与二级谱的产生条件。

掌握一级谱的规律。

掌握主要一级谱(AX、AX_2、AX_3、AMX、A_2X_2、A_2X_3)的解析。

了解二级谱。

7. ^{1}H NMR 若干实验技术问题

掌握重氢交换法确认活泼氢。

了解位移试剂对谱图的影响及其应用。

熟悉不同磁场强度对谱图的影响。

了解自旋去耦、NOE 在谱图解析中的应用。

8. ^{1}H NMR 谱图解析步骤及应用实例

掌握 ^{1}H NMR 谱图解析的一般步骤。

掌握应用 ^{1}H NMR 谱图推测简单化合物的结构。

9. ^{1}H NMR 的应用

了解 ^{1}H NMR 在配合物研究、聚合物研究、超分子化学研究、定量分析、分子量测定及手性化合物对映体的测定中的应用。

了解固体核磁共振、磁共振成像和高效液相色谱-核磁共振联用。

4.2   重点内容概要

1. 核磁共振波谱

核磁共振的理论基础是量子光学和核磁感应理论。从吸收光谱的角度分析，在外加磁场作用下，具有磁矩的原子核存在不同的能级。此时，样品如吸收某一特定频率的电磁波，将引起核自旋能级的跃迁，产生核磁共振波谱。

2. 原子核的自旋与核磁共振

原子核的自旋用自旋量子数 I 表述。$I=0$ 的核，无自旋，为非磁性核，没有核磁共振现象；$I \neq 0$ 的核，有自旋，为磁性核，有核磁共振现象。其中，$I=1/2$ 的核电荷分布呈球形对称，无电四极矩，核磁共振现象简单，是核磁共振研究的主要对象；其余 $I>0$ 的核电荷分布非球形对称，有电四极矩，核磁共振现象复杂。

3. 原子核的分类

原子核由质子和中子组成，质子和中子的组成数确定了原子核的自旋量子数。中子数和质子数均为偶数的原子核 $I=0$，如 ^{12}C、^{16}O、^{28}Si、^{32}S 等。中子数和质子数均为奇数的原子核，自旋量子数为整数，如 ^{2}H、^{14}N 的自旋量子数 $I=1$。中子数和质子数奇偶性相反，即质量数为奇数的原子核，自旋量子数为半整数，其中自旋量子数 $I=1/2$ 的核有 ^{1}H、^{13}C、^{15}N、^{19}F、^{29}Si、^{31}P 等。

4. 核磁共振的产生

自旋量子数 $I \neq 0$ 的原子核存在自旋现象和自旋角动量。在外加磁场作用下，这些核的磁量子数 m 从 $-I$ 到 $+I$，总数为 $2I+1$，即有 $2I+1$ 个自旋取向，每一个取向对应一个能级。根据量子力学的选律，满足 $\Delta m = \pm 1$ 才可发生能级跃迁。

自旋量子数 $I=1/2$ 的原子核，如 ^{1}H，在外加磁场 B_0 中有两个自旋取向，$m=+1/2$、$m=-1/2$，对应两个能级，两能级之间能量差为 $\gamma \hbar B_0$。在磁场中的 ^{1}H 绕自旋轴自旋，同时由于自旋轴与外加磁场成一定的角度 θ，因此自旋的核受到一个外力矩的作用，使 ^{1}H 核在自旋的同时产生旋进运动，即拉莫尔(Larmor)进动。回旋频率 $\nu_1 = \dfrac{\gamma}{2\pi} B_0$。若在 B_0 的垂直方向用射频(ν_2)照射这个自旋核使其发生核磁共振，可以推导出 $\nu_2 = \frac{\gamma}{2\pi}B_0$。因此，核磁共振的基本关系式为

$$\nu = \frac{\gamma}{2\pi}B_0$$

式中：γ 为磁旋比；B_0 为外加磁场强度。

外加磁场强度越大，则能级差越大，共振频率 ν 也越大。

不同的自旋核，由于磁旋比不同，在相同的磁场强度下，共振频率不同，故不会同时观察到不同核的核磁共振。

5. 宏观磁化强度矢量

样品处于外加磁场 B_0 中，各个原子核的磁矩会绕 B_0 做拉莫尔进动。回旋进动将沿着以 B_0 为轴、顶点为坐标原点的圆锥面进行。各个原子的核磁矩 μ_i 的矢量和即宏观磁化强度矢量 M，$M = \sum \mu_i$。在热平衡的情况下，宏观磁化强度矢量 M 是沿着 B_0 方向的。

6. 饱和与弛豫

^{1}H 核的两种能级状态之间能量差很小，低能级核的总数仅比高能级核的总数稍微多一点。在外加磁场中，当通过适当的射频照射时，产生净的吸收现象而检测到 NMR 信号。由于两种核的总数相差不大，若高能级的核没有其他途径回到低能级，也就是说没有过剩的低能级核可以跃迁，就不会有净的吸收，NMR 信号将消失，这个现象称为饱和。

在正常情况下，为了维持 NMR 信号的检测，必须要有某种过程使高能级的核可以不用辐射的方式回到低能级，这个过程称为弛豫。弛豫分为自旋-晶格弛豫(纵向弛豫)和自旋-自旋弛豫(横向弛豫)两种方式。自旋-晶格弛豫是核(自旋体系)与环境(晶格)进行能量交换；自旋-自旋弛豫是高能级核把能量传递给邻近的低能级核。弛豫过程需要一定的时间，其半衰期分别用 T_1 和 T_2 表示，T_1 和 T_2 中的较小者确定每一种核在某一较高能级的平均停留时间。谱线宽度与弛豫时间成反比(由 T_1 和 T_2 中的较小者决定)。

7. 核磁共振谱图提供的信息

核磁共振谱图可解析性强，能够提供的结构信息有：出峰位置、耦合关系和各种核的信号强度比等。通过分析这些信息，可以了解特定原子(如 ^{1}H、^{13}C、^{19}F 和 ^{31}P 等)的类型、数目、所处化学环境、邻接基团等信息，还可得知原子的连接顺序和空间关系等，进而可推断分子骨架、结构式及分子的空间构型等。

核磁共振谱图有一维谱、二维谱和多维谱等；按原子核分类有氢谱、碳谱、氟谱和磷谱等。谱图之间可以互相参考、印证。

8. 核磁共振仪

核磁共振波谱仪按照工作原理可分为连续波核磁共振仪和脉冲傅里叶变换核磁共振仪。连续波核磁共振仪发展较早，仪器由磁铁、射频发生器、射频接收器、记录仪、探头和样品管座、电子计算机(工作站)等组成。连续波核磁共振仪的磁铁是永久磁铁或电磁铁，灵敏度和分辨率低，通常只能进行 ^{1}H NMR 的测定，已逐步被脉冲傅里叶变换核磁共振仪取代。脉冲傅里叶变换核磁共振仪是用一个强的射频以脉冲方式激发样品中所有同种自旋核。经多次重复

照射、接收来累加信号以提高信噪比。接收机同时接收检查所有激发核的信息,得到随时间逐步衰减的信号 $f(t)$,即自由感应衰减(FID)信号,它是这种核的 FID 信号的叠加。通过傅里叶变换将 $f(t)$ 转变成频率的函数 $f(\omega)$ 或 $f(\nu)$,得到普通的 NMR 谱图。

目前主流仪器是超导脉冲傅里叶变换核磁共振仪,采用超导磁铁,通过液氦、液氮和真空来维持超导需要的低温,磁场强度可达 1000 MHz。磁场强度越大,谱图越简单,越易解析。可测定氢谱、碳谱及一些杂核(如 F、P 等)谱、各种二维核磁共振谱,甚至多维核磁共振谱。

9. 屏蔽与屏蔽常数

在外加磁场 B_0 作用下,原子核外电子在与 B_0 相垂直的平面上绕核旋转的同时,将产生一个与外加磁场相对抗的附加磁场,附加磁场使外加磁场对核的作用减弱。这种核外电子削弱外加磁场对核的影响的作用称为屏蔽。影响大小用屏蔽常数 σ 表示。σ 是核的化学环境的函数,处于不同化学环境中的原子核 σ 值也不同,其电子云分布和感应磁场的不同将导致原子核实受磁场的差异。因此,外加磁场应修正为核的实受磁场 $B = B_0(1-\sigma)$。

10. 化学位移

不同的质子(或其他种类的核),由于在分子中所处的化学环境不同,所受到的屏蔽作用不同,而在不同的磁场强度下共振的现象称为化学位移。因此,核磁共振的条件应表达为

$$\nu = \frac{\gamma}{2\pi}B = \frac{\gamma}{2\pi}B_0(1-\sigma)$$

以 ^1H 为例,由于各核化学位移的差别在 10^{-6} 范围内,无法靠测定磁场的绝对强度来加以辨别。另外,屏蔽作用所引起的化学位移的变化与外加磁场强度成正比,这将造成用磁场强度或频率表示化学位移值时,不同磁场强度的仪器测定的数值不同。为此,在样品中加入标准物,并规定其化学位移为原点;为消除仪器影响,将其无量纲化,则化学位移 δ 为

$$\delta = \frac{\nu_样 - \nu_标}{\nu_标} \times 10^6 = \frac{B_标 - B_样}{B_标} \times 10^6$$

化学位移以 Hz 作单位,其数值与仪器磁场强度(MHz)有关。1 ppm 的化学位移差包含的共振频率为仪器对应于该类核的磁场强度(MHz)。一般仪器用质子的共振频率作为仪器的型号,如 400 MHz 仪器,测定质子时 1 ppm 包含了 400 Hz。Hz 与 ppm 两者的换算可用公式 $\delta(Hz)=\delta(ppm)\times$仪器磁场强度(MHz)计算。

11. 理想内标物的条件

(1) 有高度的化学惰性,不与样品缔合。
(2) 它是磁各向同性的或者接近磁各向同性。
(3) 信号为单峰,这个峰出在高场,使一般有机物的峰出在其左边。
(4) 易溶于有机溶剂。
(5) 易挥发,使样品可以回收。

12. 常用内标物

最适宜的内标物为四甲基硅烷 $Si(CH_3)_4$(TMS)。TMS 的优点是:化学惰性;全部质子磁各

向同性，共振频率相同，只有一个单峰；其峰与一般有机物比较在高场，易辨认；沸点低，利于样品回收；易溶于有机溶剂。

适于极性大的溶剂(如重水)的标准物为 4,4-二甲基-4-硅代戊磺酸钠(CH₃)₃Si(CH₂)₃SO₃Na (DSS)和3-三甲基硅烷基-2,2,3,3-四氘代丙酸钠(CH₃)₃Si(CD₂)₂CO₂Na(TSP)。它们的甲基的化学位移也规定为 0。DSS 的三个亚甲基在不同地方有信号，用量大时会干扰测试。TSP 中亚甲基质子被氘代，不会有吸收信号。

13. 氘代溶剂的选择及残留峰

通常使用氘代溶剂溶解样品进行 NMR 测定，可以避免普通溶剂中质子的干扰，同时氘信号可用于仪器锁场。某些情况下也会使用不含质子的溶剂或只有一种已知化学位移值的质子的溶剂。氘代试剂氘代度一般为99.0%～99.9%，少量未被氘代的质子会出现残存质子峰(详见表 5-1)。除残存质子峰外，有时也会有水峰出现，水峰的位置随溶剂发生变化。

14. 影响化学位移的因素

分子结构因素和测试条件都会对化学位移造成影响。分子结构中，原子核外电子云密度分布和电子运动感应磁场的不同是造成化学位移变化的原因。分子结构因素有相连碳原子的杂化状态、诱导效应、共轭效应、各向异性效应、范德华效应、氢键等；测试条件有溶剂、位移试剂、温度等。分子结构因素是影响化学位移的主要因素，外部因素对非极性碳上的质子影响较小，主要影响 OH、NH、SH 及某些带电荷的极性基团。

(1) 电子云密度：若某种影响使质子周围电子云密度降低，则屏蔽效应也降低，去屏蔽增加，化学位移值增大，移向低场(向左)；相反，若某种影响使质子周围电子云密度升高，则屏蔽效应也增加，化学位移值减小，移向高场(向右)。吸电子效应将使核外电子云密度降低，表现为去屏蔽；给电子效应将增加核外电子云密度而表现为正屏蔽。

(2) 磁各向异性：在外加磁场作用下，化学键尤其是π键将产生感应磁场。有些区域在磁场方向上与外加磁场一致，将增强外加磁场的作用，去屏蔽增加，化学位移值增大，移向低场(向左)；有些区域的小磁场方向与外加磁场方向相反，削弱了外加磁场，则屏蔽效应增加，化学位移值减小，移向高场(向右)。芳环、碳碳双键、羰基这三类基团的π电子云均为盘式，当其平面垂直于外加磁场时，感应磁场使这些基团的上下区域为正屏蔽区域，基团所在的平面区域为去屏蔽区域[图 4-1(a)、(b)]。碳碳三键的π电子云为柱式，包裹碳碳三键键轴，在键轴方向上为正屏蔽区域[图 4-1(c)]。

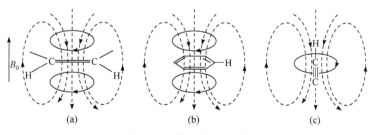

图 4-1　π 键的各向异性

(a) 双键；(b) 苯环；(c) 三键

(3) 范德华效应：两个原子在空间非常靠近时，具有负电荷的电子云就会互相排斥，使这些原子周围的电子云密度减少，去屏蔽，化学位移值增大。

(4) 氢键：OH、NH、SH 等活泼氢的化学位移受到氢键的强烈影响，化学位移值增大，移向低场。分子内氢键比分子间氢键影响更大。凡是影响氢键形成的因素都会影响活泼氢的化学位移，其化学位移值在较大的范围内变化。

(5) 测试条件：同一样品采用不同的溶剂、不同浓度或不同温度等条件进行测定，其化学位移值都有可能发生变化。

(6) 位移试剂：位移试剂的加入是有目的地使化合物的化学位移值产生变化，以便进行化合物的结构研究。

15. 各类质子的粗略化学位移

各类质子的化学位移值大体有一个范围，反映了质子所处的化学环境。因此，可以由质子的化学位移推测其化学环境及分子的结构。表 4-1 列出了常见类型质子的化学位移，表中 CH 可以是甲基、亚甲基或次甲基。

表 4-1　各类质子的粗略化学位移

质子类型	化学位移	质子类型	化学位移
脂肪族 CH(C 上无杂原子)	0～2.0	氧上的氢(OH)	
β-取代脂肪族 CH	1.0～2.0	醇类	0.5～5.5
炔氢	1.6～3.4	酚类	4.0～8.0
α-取代脂肪族 CH(C 上有 O、X、N 或与烯键、炔键相连)	1.5～5.0	酸	9.0～13.0
		氮上的氢(NH)	
烯氢	4.5～7.5	脂肪胺	0.6～3.5
苯环、杂芳环上氢	6.0～9.5	芳香胺	3.0～5.0
醛基氢	9.0～10.5	酰胺	5.0～8.5

16. 常见质子的化学位移

1) 甲基、亚甲基、次甲基的化学位移

受取代基电负性影响明显，化学位移常在 0～5.0。同碳上的取代基对 δ 影响很大(1.5～4)；对 α 位的影响减弱(0.2～0.7)；对 β 位的影响更小。亚甲基和次甲基可能有 2～3 个取代基，取代基的影响具有加和性。

2) 烯氢的化学位移

受取代基电负性影响不如饱和碳上质子明显，但受共轭效应和各向异性影响较大，化学位移常在 4.5～7.5，取代基的影响具有加和性。

3) 苯氢的化学位移

受苯环磁各向异性影响，去屏蔽效应明显，化学位移位于低场，常为 7～8。取代基对邻对位氢影响明显(-0.75～0.95)，对间位氢影响较弱(-0.25～0.35)。苯环上亲电取代反应的定位规律与苯氢的化学位移变化基本一致。取代基较少时，取代基的影响具有加和性；取代基较多时，相互影响情况比较复杂。

4) 炔氢的化学位移

受三键磁各向异性影响,屏蔽效应明显,化学位移为 1.6～3.4,与其他类型的氢有重叠。但它们无邻位氢,仅有远程耦合作用,参考耦合常数可加以识别。

5) 活泼氢的化学位移

受活泼氢的相互交换作用及氢键形成的影响,同一种分子的同一个活泼氢在不同条件下化学位移很不固定,醇类 0.5～5.5,酚类 4.0～8.0,酸 9.0～13.0,脂肪胺 0.6～3.5,芳香胺 3.0～5.0,酰胺 5.0～8.5;活泼氢快速交换会使样品中几种不同活泼氢出一个综合的平均信号。温度、浓度、溶剂及 pH 等影响氢键形成的测试条件因素对化学位移影响很大。

6) 脂环氢的化学位移

受到环的构象影响,化学位移情况复杂;与同类开链化合物相比,取代基的影响有时差别很大。脂环氢的化学位移数据一定要慎重处理。

7) 杂芳环氢的化学位移

杂原子的诱导效应和共轭效应同时存在,芳氢化学位移与环类型及其相对杂原子的位置有关。杂芳环氢受溶剂的影响也较大。

8) 醛基氢的化学位移

受碳氧双键各向异性及氧原子吸电子作用影响,去屏蔽效应明显,化学位移为 9.0～10.5。

17. 自旋耦合与自旋裂分

两种自旋核之间引起能级分裂的相互干扰称为自旋耦合。由自旋耦合所引起的谱线增多现象称为自旋裂分。自旋裂分不涉及化学位移的变化,但对谱图的峰形有重要的影响。自旋耦合是通过化学键传递的,一般只考虑相隔两个或三个键的两个核之间的耦合,相隔四个或四个以上单键的耦合基本为零,有远程耦合的情况除外。

18. 耦合常数

自旋耦合作用的大小用耦合常数 J 表示,单位 Hz。耦合常数反映了自旋核间的干扰作用,其大小不受外界磁场及条件的影响。

一级谱中,J 为相邻裂分峰的间距;二级谱中不能通过裂分峰的间距直接获得 J。

相互耦合的核耦合常数相等。耦合常数有正负之分,一般相隔偶数键的耦合为负,相隔奇数键的耦合为正,通常解析中使用绝对值。

19. $n+1$ 规律

自旋核在外加磁场作用下有 $2I+1$ 个自旋取向,n 个相同的核将产生 $2nI+1$ 个自旋组合,这些自旋组合构成了不同的局部小磁场。观察核受其作用而按照自旋组合数目发生裂分,形成峰组,裂分小峰数为 $2nI+1$。裂分小峰面积比等于自旋核的自旋组合概率比,相邻裂分峰的间距就是耦合常数。

核磁共振一级谱中,^{1}H、^{13}C、^{19}F 和 ^{31}P 等核的 $I=1/2$,代入公式 $2nI+1$ 中简化,裂分的小峰数则为 $n+1$,裂距为耦合常数。所得的裂分小峰强度比符合二项式 $(a+b)^n$ 的展开式的各项系数比。若邻近还有 n' 个另一种氢原子与其耦合,则将产生 $(n+1)(n'+1)$ 个峰。若这两种氢对观察质子的耦合作用大小非常接近或相等(化学位移并不相同),则将产生 $(n+n'+1)$ 个峰。

单峰、二重峰、三重峰、四重峰及多重峰分别用 s、d、t、q、m 表示。

$n+1$ 规律不适用于二级谱($\Delta v/J < 6$)。

20. 耦合常数与分子结构的关系

耦合常数 J 与化学位移一样是核磁共振谱中推断有机化合物分子结构的重要参数。耦合常数的大小与质子所在碳的杂化状态、自旋核之间相隔键的数目、周边取代基性质及立体构型构象等因素有关。

1) 同碳耦合

两个氢原子在同一个碳原子上，通过两个键耦合，用 ^2J 或 $J_{同}$ 表示。同碳上不等价的质子之间才有自旋裂分，耦合常数一般为负值，变化范围很大。饱和碳上质子 ^2J 为 $-10\sim-15$ Hz，烯碳质子 ^2J 为 $+2\sim-2$ Hz，环丙烷类质子 ^2J 为 $-3\sim-9$ Hz。

2) 邻碳耦合

氢原子在两个相邻碳上，通过三个键耦合，用 ^3J 或 $J_{邻}$ 表示。^3J 一般为正值。在饱和型邻位耦合中，当碳碳单键可以自由旋转时，^3J 为 $6\sim8$ Hz。构象固定时，^3J 为 $0\sim18$ Hz。两质子之间双面角为 $90°$ 时 ^3J 值最小，$0°$ 和 $180°$ 时 ^3J 值最大，而且 $J^{180} > J^0$。在烯烃化合物中，顺式氢 ^3J 为 $6\sim14$ Hz，反式氢 ^3J 为 $11\sim18$ Hz。

3) 远程耦合

两个核通过四个或四个以上的键进行耦合称为远程耦合，耦合常数一般较小，通常为 $0\sim3$ Hz。远程耦合需要具有一定的结构因素，经由四个化学键的耦合在烯烃、炔烃和芳烃等不饱和化合物中比较普遍，如丙烯型、高丙烯型、芳氢与侧键型、炔及叠烯等，其他还有"W"通道、通过五个键的折线形及个别通过空间传递的类型等。

21. 常见结构的耦合常数

常见结构的耦合常数见表 4-2。

表 4-2　常见结构的耦合常数

类型	同碳耦合		邻碳耦合		远程耦合	
	结构	^2J/Hz	结构	^3J/Hz	结构	^4J 及以远/Hz
饱和氢		$-10\sim-15$	（自由旋转）	$6\sim8$	X、Y、Z: C 或间有 N、O	$1\sim2$
	CH_4	-12.4		$\theta=0°$　$8\sim10$		$0.4\sim2$
	CH_3Cl	-10.8		$\theta=60°$　$1\sim5$		
	CH_2Cl_2	-7.5		$\theta=90°$　~0		
				$\theta=180°$　$8\sim12$		
		-12.6		J_{ae}　$2\sim6$		
				J_{aa}　$8\sim13$		
				J_{ee}　$2\sim5$		
烯、醛、炔氢	$C=CH_2$	$-2\sim+2$	$-CH=CH-$	顺式　$6\sim14$	$-CH=C-C-H$	$0\sim-3$
				反式　$11\sim18$		

续表

类型	同碳耦合		邻碳耦合		远程耦合	
	结构	²J/Hz	结构	³J/Hz	结构	⁴J 及以远/Hz
烯、醛、炔氢	Y—CH=CH₂		CH—CH=C	5~8	H—C—C=C—C—H	0~4
	Y		C=CH—CH=C	10~12		
	R	1.8	(异丙烯基 Hₐ/H_b)	~11.5	H—C≡C—CH	−2~−3
	—COO	1.7	(异丙烯基 H_b)	~3.7	CH—C≡C—CH	2~3
	—NR₂	0	C—CH—CH=O	1~3		
	—OCO	−1.4	C=CH—CH=O	5~8		
	—OR	−1.9				
	Br	−1.8	(Hₐ—C(=O)—CH_b=C)	~8		
	Cl	−1.4	(Hₐ—C(=O)—C=CH_b)	~2.6		
	F	−3.2				
芳氢			(苯环 Hₐ、H_b) 邻位	6~9.4	间位	0.8~3.1
					对位	0.2~1.5
			(苯环 H_b、CH₃)		邻位	0.6~0.9
					间位	0.36~0.37
					对位	0.5~0.6

22. ¹⁹F 和 ³¹P 与 ¹H 的耦合

¹⁹F、³¹P 是 $I = 1/2$ 的核，天然丰度都是 100%。其核磁共振信号不会出现在 ¹H NMR 谱中，但会对邻近 ¹H 产生耦合裂分，并且符合 $n+1$ 规律。

¹⁹F 对 ¹H 的耦合常数 $^2J_{H-C-F}$ 为 45~90 Hz，$^3J_{H-C-C-F}$ 为 0~45 Hz，$^4J_{H-C-C-C-F}$ 为 0~9 Hz。氟代苯中，邻位 J_o 为 6~10 Hz，间位 J_m 为 4~8 Hz，对位 J_p 为 0~3 Hz。

³¹P 对 ¹H 的耦合常数变化极大，为几赫兹到几百赫兹。

23. 分子的对称性

分子的对称因素包括对称面、对称轴、对称中心和更迭对称轴等，必须从分子的立体构型来观察对称性。

24. 快速运动机理

分子的内部运动(键的旋转、环的反转和分子内活泼氢之间的快速交换等)相对快于 NMR

测定的时间标度，只能检测出这些核综合平均的信号。

25. 化学等价

在分子中，如果通过对称操作或快速运动机理，一些核可以互换而分子不变，则这些核是化学等价的核。在非手性条件下，这些核具有严格相同的化学位移。

化学等价质子有等位质子和对映异位质子两种情况。

等位质子：可以通过对称轴旋转而互换的质子。在任何(手性或非手性)环境中都化学等价。

对映异位质子：没有对称轴，但有其他对称因素的质子。在非手性环境中化学等价，在光学活性溶剂或酶产生的手性环境中化学不等价。

非对映异位质子：分子中不能通过对称操作进行互换的质子。在任何环境中都是化学不等价的，即使偶尔有相同的化学位移，也只是巧合。

26. 磁等价

磁等价(也称磁全同)有两个条件：①化学等价的核；②对其他任何一个原子核(自旋量子数为 1/2 的所有核)都有相同的耦合作用。

磁等价的质子间有耦合但不产生裂分，只有磁不等价的质子间的耦合才有自旋裂分。

27. 亚甲基及对称的两个质子的不等价性问题

(1) 双键的同碳质子是磁不等价。当 2-位碳上取代不同时，这两质子常化学不等价。
(2) 单键带有双键性质时，有可能得到磁不等价甚至化学不等价质子。
(3) 单键不能自由旋转和环不能自由反转时有磁不等价甚至化学不等价质子产生，如构象固定的环上的 CH_2 以及环己烷在低温时同碳上的平伏键和直立键的质子等。
(4) 与具有另外三个不同基团的碳原子相连的 CH_2 的两质子为磁不等价。
(5) 与具有另外三个不同基团的碳原子相连的氧原子上的 CH_2 的两质子为磁不等价。
(6) 硫原子引起的非对映异位。当硫原子具有四面体结构(未共用电子对为其中一个顶角)时，会使其中 CH_2 的两个质子不等价。
(7) 取代苯环上的对称质子为磁不等价。

28. 自旋体系

分子中相互耦合的核构成一个自旋体系。体系内部的核互相耦合而不与体系外部的核耦合。在体系内部不需要某一个核与体系内部其他所有的核都发生耦合。

29. 自旋体系的表示

(1) 化学等价的核构成一个核组，用一个大写英文字母表示，若这些核化学等价而磁不等价，则在字母右上角加一撇、两撇、……来区分。
(2) 化学不等价的核用不同的大写字母表示，通常将化学位移值相差较大($\Delta v/J \geqslant 6$)的相关质子用相差较远的字母(如 A、M 和 X)等表示，化学位移相差较小($\Delta v/J < 6$)的相关质子则用 A、B 和 C 等表示。若分子中有多个自旋体系，可以用英文字母分组、字母大小写、字母添加标记等方法表示。
(3) 每一种磁等价的核的个数写在大写字母右下角。

(4) 写自旋体系时，$I = 1/2$ 的非氢核(如 ¹³C、¹⁵N、¹⁹F 和 ³¹P 等)也应写入。

30. 一级谱的条件

(1) 自旋体系中的两组质子的化学位移差($\Delta \nu$)至少是耦合常数 J 的 6 倍以上，即 $\Delta \nu / J \geqslant 6$。
(2) 在这个自旋体系中，同一组化学等价的质子也必须是磁等价的。

31. 一级谱的规律性

(1) 磁等价的质子之间有耦合但不裂分，如果没有其他质子的耦合则为单峰。
(2) 磁不等价的质子之间有耦合，发生的裂分峰数目应符合 $n+1$ 规律。
(3) 各组质子的多重峰中心为该组质子的化学位移，峰形左右对称，还有内侧高、外侧低的"倾斜现象"。
(4) 耦合常数可以从图上的数据直接计算出来。找出耦合裂分的峰，由相邻裂分小峰的化学位移差 $\Delta \delta$ 计算耦合常数。
(5) 各组质子的多重峰的强度比为二项式展开式的系数比。
(6) 不同类型质子的积分面积(或峰强度)之比等于质子的个数之比。

32. 典型的一级谱系统

常见的一级谱系统有 AX、AX₂、AMX、A₂X₂、AX₃ 和 A₂X₃ 等系统。

33. 二级谱

相互耦合基团不能满足产生一级谱的条件时，则得到二级谱。二级谱的谱图复杂，不容易解析。常见的二级谱系统有 AB、AB₂、ABX、A₂B₂ 等系统。

二级谱耦合裂分的多重峰数目一般多于 $n+1$ 规律，各组质子的裂分小峰的强度比也不符合二项式展开式的系数比，强度关系复杂。化学位移不在相应裂分峰的中心位置而在重心处，耦合常数一般不能直接通过裂分小峰的化学位移差直接计算得到。

通过增加外加磁场强度可以将二级谱降为一级谱。某些情况下通过位移试剂也可以简化谱图，帮助解析。

34. 常见的一些复杂体系

1) 取代苯环

苯环质子的化学位移一般为 6.0～9.5。苯环有六个位置可以取代，根据芳氢积分值可以确定苯环上剩余氢的数目。取代基对耦合常数影响不大，但对化学位移有不同程度的影响，因此峰形会发生很大的变化。不同磁场强度的仪器给出的谱图，裂分小峰的间距会发生相应变化，因此外观也会有很大差别。苯氢互相间存在邻、间和对位耦合，与取代基的 α-H 也有远程耦合存在。

不同取代(取代基、取代位置)苯环的出峰个数、裂分情况、峰形很不相同，综合其裂解图形、耦合常数、积分面积等可以判断苯环的取代情况。苯环谱图分析有以下要点：

(1) 取代基按照对其邻、间和对位氢的化学位移影响差异可分为三类。第一类是对化学位移影响不大的基团，如—R、—Cl、—Br 等；第二类是有机化学亲电取代反应中使苯环活化的邻、对位定位基，邻、对位氢因电子云密度增加而向高场位移，间位氢也有高场位移，但移动幅度小，这类基团有—OH、—OR、—NH₂等；第三类是有机化学亲电取代反应中使苯环钝化的间位定位基，苯环电子云密度降低，尤其是邻位，谱峰向低场移动，间位氢受到的影响较小，这类基团有—C＝O、—NO₂、—N＝N—等。

(2) 苯氢之间化学位移差值越大，或者所用核磁共振仪的磁场强度(MHz)越高，其谱图越可近似地按照一级谱分析，反之则为典型的高级谱。

(3) 当按一级谱近似分析时，邻位耦合起主要作用，所讨论的氢的谱线主要被其邻碳上的氢裂分。苯环氢之间邻位耦合常数最大，约 8 Hz，在图上可看到明显的裂距；间位和对位耦合常数较小，裂距小，不放大不一定能看清。

单取代苯环的谱图主要考虑每组峰化学位移的变化以及邻位耦合对裂分峰形的影响。

对二取代苯，若两个取代基不同，谱图一般是规则的两组二重峰，若两个取代基相同则是单峰。

邻二取代苯，若两个取代基不同，则有 4 个不等同的苯环质子，每个质子可能表现为二重或三重峰，也可能因质子化学位移接近而重叠，谱图复杂。若两个取代基相同，此时构成 AA′BB′体系(高磁场强度可简化谱图)，有两组峰，左右对称。

间二取代苯，相同取代则构成 AB₂C 体系，不同取代则为 ABCD 体系，谱图都比较复杂。但两取代基中间的氢因为没有邻位耦合，常表现为单峰(若忽略远程耦合)而易于识别。

在二取代苯中，谱图按照对位、间位、邻位取代顺序复杂性增加。如果两取代基差别大，仪器磁场强度高，谱图解析难度会降低。

三、四、五取代苯，谱图复杂程度与取代基性质和取代位置有关。取代基多，隔离氢多，谱图会简化。例如，五取代时，只有孤立氢的单峰。

2) 单取代乙烯

单取代乙烯三个烯氢互相间存在同碳、顺式和反式耦合。如果取代基α-C 上连有质子，存在饱和氢与烯氢的邻位耦合及远程耦合，则情况更复杂。自旋体系形成一级谱或二级谱与取代基性质和外加磁场强度有关。如只有三个烯氢，形成一级谱，每个质子裂分为双二重峰，都有两个耦合常数，根据耦合常数的大小可以区分同碳、顺式和反式耦合，确定质子的归属。

3) 活泼氢

通常条件下，由于活泼氢快速交换的存在而观察不到与其他质子的耦合，活泼氢外观为尖峰或宽峰。常温下 SH 因交换慢，可以观察到与碳上质子的耦合。COOH 及 OH 的活泼氢存在快速交换，是尖峰，经常观察不到与碳上质子的耦合。氨基在酸性溶液中形成铵盐时，可以观察到氮原子对质子的耦合裂分，形成强度相等的三重宽峰；若氨基邻近有碳上质子，则氨基氢与碳氢之间会有耦合。

在两种情况下可以观察到活泼氢与碳上质子的耦合：①低温条件下测定；②使用 DMSO-d₆溶剂。

35. ¹H NMR 若干实验技术问题

1) 重氢交换法确认活泼氢

在确认活泼氢时，通常在测完谱图后向样品溶液中加入重水(D₂O)振荡，使活泼氢被氘取代。重新测定，原有活泼氢的峰消失，而在 δ=4.7～4.8 出现 DOH 的质子吸收峰，可以推知原活泼氢的存在并进行归属。活泼氢在溶液中交换反应顺序为—OH＞—NH＞—SH。

2) 位移试剂的应用

位移试剂是能够引起样品谱峰化学位移变化的一种试剂。常用的是镧系金属铕(Eu)和镨(Pr)的 β-二酮类配合物，特别是铕(Eu)的配合物。位移试剂与样品配位，金属离子的未配对电子有顺磁矩，通过空间作用到样品分子各个有磁矩的原子核上，作用随金属离子到样品观察核距离的增加而减弱，因此对化合物产生增大位移、拉开谱图的作用，从而易于解析。它对一些官能团的位移影响的大小顺序为—NH＞—OH＞C＝O＞—O—＞—COOR＞—CN。

3) 高磁场强度仪器的应用

化合物自旋核之间的 $\Delta \nu/J$ 决定了谱图的复杂程度，比值越大则谱图越简单。化合物的 δ 和 J 是不随仪器变化的，但两组自旋核化学位移的频率差 $\Delta \nu$ 随所用仪器磁场强度的增大而增大，故 $\Delta \nu/J$ 也会增大，从而使谱图简化，便于解析。使用高磁场强度的仪器在简化谱图的同时也可以提高谱线信噪比。

4) 核磁双共振

核磁双共振是采用两个射频场，用一个射频场 W_2 干扰核的自旋体系，用另一个射频场 W_1 观察谱图的方法。用核磁双共振可以准确确定某组多重峰的化学位移，确定核群之间的耦合关系。核磁双共振中最常使用的方法是自旋去耦法和核的奥氏效应(NOE)。

自旋耦合引起的自旋裂分可以提供结构信息，但如果谱线分裂太复杂将造成谱图解析困难。自旋去耦法是在扫频法测定中用 W_1 射频扫描，同时用另一个射频 W_2 照射干扰核使其达到自旋饱和，干扰核对观察核的自旋裂分将消失，则观察核不再发生相应的谱线裂分，即去掉了干扰核对观察核的耦合作用，可简化谱图或发现隐藏的信号，帮助确定核之间的耦合关系，或者找出耦合体系的有关信息。另外，也可以去掉四极矩效应，如 ^{14}N，使氨基活泼氢谱线变得清晰利于解析。

NOE 是对分子内空间相距较近的两核(两核之间不一定有耦合，与两核间相隔的化学键数目无关)之一进行照射使其饱和，另一谱峰强度与无此辐照时相比会有所改变，这一现象即 NOE。通常测定中是用一个强度小于 $W_{1/2}$ 的射频照射其中的一个质子使其饱和，从而造成另一个质子的吸收峰面积增加，进行谱峰归属和研究分子的立体化学问题。

36. ^{1}H NMR 谱图解析的一般步骤

(1) 先检查图谱是否合格。

(2) 识别"杂质"峰。

(3) 若已知分子式，则先算出不饱和度。

(4) 按积分曲线算出各组质子的相对面积比，若已知分子总的氢原子个数，则可以算出每组峰的氢原子的个数。由峰的裂分个数与裂距(耦合常数)找耦合关系，结合各组质子的相对面积比，推测邻近基团质子个数。

(5) 由 δ 值及峰形推测质子相连的原子类型；若是碳原子上的氢原子，可推测是饱和碳、烯碳还是苯环碳上的氢。一般先解析 CH_3O—、CH_3N—、CH_3Ph、CH_3—C≡等孤立的甲基信号，这些甲基均为单峰。

(6) 解释低磁场处，$\delta > 10$ 处出现的—COOH、—CHO 及分子内氢键的信号。

(7) 解释芳氢信号，一般 δ 为 6.5～8，经常是一组耦合常数有大(邻位耦合)有小(间位、对位耦合)的峰。

(8) 若有活泼氢，可以加入重水交换，再与原图比较加以确认。

(9) 解释图中一级谱，找出 δ 及 J，解释各组峰的归属，再解释二级谱。

(10) 若谱图复杂，可以应用简化谱图的技术。

(11) 应用元素分析、质谱、红外光谱、紫外光谱及 ^{13}C NMR 等结果综合考虑，推定结构。

(12) 将谱图与推定的结构对照检查，看是否符合。已知物可以再与标准谱图对照来确定。

37. ^1H NMR 的应用

^1H NMR 最大的应用是有机化合物的结构分析和结构鉴定。此外，还广泛用于定量分析、动力学研究、配合物研究、聚合物研究、超分子化学研究、反应机理的研究、反应程度的检测和手性化合物对映体的测定等方面。

核磁共振法还有固体核磁共振、磁共振成像及高效液相色谱-核磁共振联用等。

4.3 例 题 分 析

【例 4-1】 化合物 $C_4H_8O_2$ 的 IR 谱图显示在 $1730\ cm^{-1}$ 处有一强吸收峰，^1H NMR 谱上有三组吸收峰 $\delta 3.62(s，3H)$、$\delta 2.33(q，2H)$、$\delta 1.15(t，3H)$。推断其结构。

解 (1) 首先计算不饱和度：

$$U=1+4-8/2=1$$

可能有 1 个双键或环。

(2) 从 IR 谱图可知，$1730\ cm^{-1}$ 处有强吸收峰，说明有羰基 C=O。这与 1 个不饱和度相对应。

(3) ^1H NMR 谱有三组吸收峰，各峰的积分值总和为 8，与分子式相应，故积分值即氢的个数。$\delta 3.62(s，3H)$，根据化学位移值和峰的裂分可知为甲氧基；$\delta 2.33(q，2H)$，其邻近应有 3 个质子与其耦合；$\delta 1.15(t，3H)$，其邻近应有两个质子与其耦合，因此这两组峰联系在一起为乙基。根据 $\delta 2.33$，该乙基应与羰基相连。

(4) 推断化合物可能为丙酸甲酯 $CH_3CH_2COOCH_3$。

注：比较丙酸甲酯与乙酸乙酯这对异构体，都是有两个自旋体系 A_3 和 A_3X_2，在谱图上表现为一个单峰，峰面积积分值为 3，另外，互相耦合的三重峰和四重峰峰面积积分值分别为 2 和 3。这两个化合物的区别主要在于化学位移。图 4-2 是乙酸乙酯的 ^1H NMR 谱，亚甲基与氧直接相连，因此在谱图最左边是其四重峰。

丙酸甲酯中与氧直接相连的是甲基，因此在谱图最左边首先出现的是该甲基的单峰 (图 4-3)。

谱图的解析不能简单地看峰组和裂分峰，必须结合化学位移值一起分析。

【例 4-2】 某化合物的分子量为 107，元素分析值为 C：78.46%；H：8.47%；N：13.07%，^1H NMR 谱如图 4-4 所示，推断其结构。

解 (1) 由分子量和元素分析值推导化合物分子式：

C：$107×78.46\%÷12=7$

H：$107×8.47\%÷1=9$

N：$107×13.07\%÷14=1$

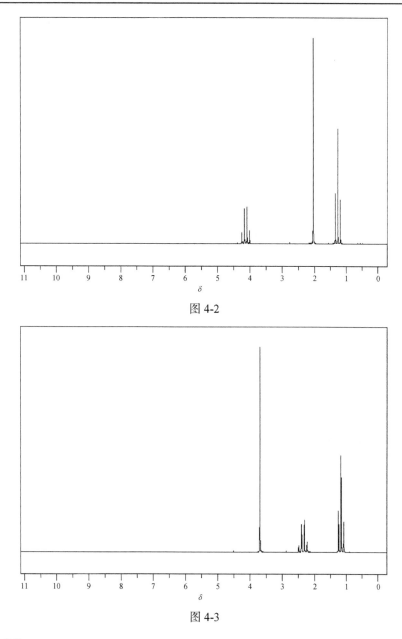

图 4-2

图 4-3

故分子式为 C_7H_9N。

(2) 计算不饱和度：

$$U=1+7+(1-9)/2=4$$

可能有苯环等芳香环存在。

(3) ¹H NMR 谱各峰面积积分值总和为 9，与分子式一致，故积分值即氢原子个数。$\delta 2.51$ 处为 6 个质子，应为与芳环相连的两个甲基，这两个甲基化学等价。谱图中 $\delta 7$ 左右的 3 个质子是芳香环上的质子。分子式为 C_7H_9N，减去 2 个 CH_3、3 个芳香 CH、与甲基相连的 2 个芳香 C 后，仅余 1 个 N，化合物只能有吡啶环。

(4) 谱图中 $\delta 7$ 左右的 3 个峰存在耦合裂分，$J=8.2\,Hz$ 说明为邻位耦合。裂分峰为 $\delta 7.42$(t，1H) 和 $\delta 6.93$(d，2H)，与两个甲基化学等价相联系，吡啶环上取代基一定对称。因此，化合物

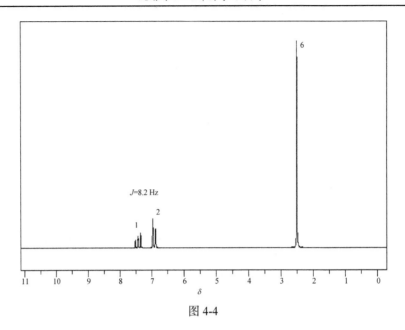

图 4-4

为 2,6-二甲基吡啶。

　　注：具有对称结构的二甲基吡啶还有 3,5-二甲基吡啶，该化合物两个甲基化学等价。由于与芳环连接，故两个甲基也出峰在 δ 2.0 以上位置，单峰。吡啶环上质子同样为两组，按照耦合裂分也是二重峰和三重峰。2,6-二甲基吡啶与 3,5-二甲基吡啶在 ¹H NMR 谱上表现类似，需要仔细区别。

　　2,6-二甲基吡啶的吡啶环上的三个氢在 3、4、5 位，3,5-二甲基吡啶的吡啶环上的三个氢在 2、4、6 位。连接位置的不同造成了出峰位值的不同，2、6 位质子与氮原子邻近，化学位移值大，故在 3,5-二甲基吡啶谱图最左边的一组峰积分值应为 2；从谱图裂分耦合常数看，2,6-二甲基吡啶的吡啶环上质子为邻位耦合，J=8.2 Hz，而 3,5-二甲基吡啶的吡啶环上质子为间位耦合，J≈2 Hz。图 4-5 为 500 MHz 仪器测定的 3,5-二甲基吡啶的 ¹H NMR 谱。

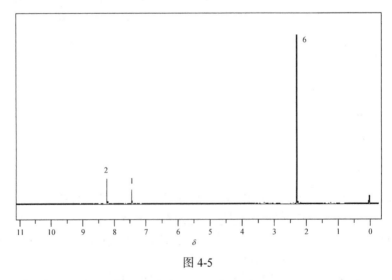

图 4-5

【例 4-3】　某化合物元素分析结果为 C：62.04%；H：10.30%。¹H NMR 谱和 IR 谱图分

别如图 4-6 和图 4-7 所示，推测其结构。

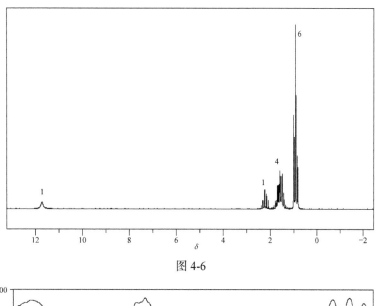

图 4-6

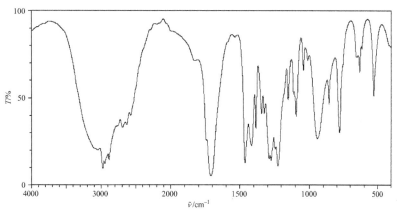

图 4-7

IR 谱图出峰位置和透射率：

$\tilde{\nu}/\mathrm{cm}^{-1}$	$T/\%$	$\tilde{\nu}/\mathrm{cm}^{-1}$	$T/\%$	$\tilde{\nu}/\mathrm{cm}^{-1}$	$T/\%$	$\tilde{\nu}/\mathrm{cm}^{-1}$	$T/\%$	$\tilde{\nu}/\mathrm{cm}^{-1}$	$T/\%$
2969	8	1708	4	1327	38	1115	50	781	28
2940	11	1632	81	1290	13	1096	37	655	70
2881	13	1463	12	1276	13	1046	62	646	70
2689	31	1417	21	1246	19	1016	68	636	62
2689	31	1386	30	1227	20	945	25	619	74
2568	38	1346	38	1163	46	860	44	531	49

解 (1) 化合物元素分析值中碳和氢百分含量总和不到 100%，故该化合物肯定含杂原子。
IR 谱图以 3000 cm⁻¹ 为中心宽而强的峰为 ν_{OH}，1708 cm⁻¹ 出现的第一强峰为 $\nu_{\mathrm{C=O}}$，945 cm⁻¹ 出现了羧酸二聚体 O—H⋯O 的变形振动，因此化合物为羧酸，由此可判断该化合物所含杂原子至少为 2 个氧原子。

(2) ^{1}H NMR 谱所有峰的积分值总和为 12，初步将此值认定为该化合物氢的个数，则化合物分子量：12×1÷10.30%=116

C：116×62.04%÷12=6

O：116×(1–62.04%–10.30%)÷16=2

与 IR 谱图一致。

因此，化合物分子式为 $C_6H_{12}O_2$。根据分子式计算不饱和度为 1，与 IR 谱图对应，是羰基。

(3) ^{1}H NMR 谱显示 δ11.7 处较宽的峰，积分值为 1，是羧基质子。δ0.95 处为三重峰，积分值为 6，因此应该有 2 个与亚甲基相连的甲基存在，即应该有 2 个相同的乙基。δ2.22 处 1 个氢，裂分为五重峰，该氢应该与 4 个相同的质子相邻，即有 CH₂—CH—CH₂结构。

(4) 由此可知化合物有以下结构片段：1 个—COOH；2 个—CH₂CH₃，此处 CH₂并没有裂分为四重峰，因此必然同时与该甲基以外的氢发生耦合裂分。结合化合物分子式 $C_6H_{12}O_2$，以上片段连接在一起只能是 2-乙基丁酸，2 个—CH₂—既与甲基相连也与—CH—相连，正好与积分值为 4 的 δ1.60 处多重峰相应。

(5) 综合上述结果，确定该化合物为 2-乙基丁酸：

$$
\begin{array}{c}
CH_3CH_2 \\
\diagdown \\
CH-COOH \\
\diagup \\
CH_3CH_2
\end{array}
$$

【例 4-4】　某烃类化合物 C_6H_{12} 的 ^{1}H NMR 谱和 IR 谱图分别如图 4-8 和图 4-9 所示，推测该化合物的结构。

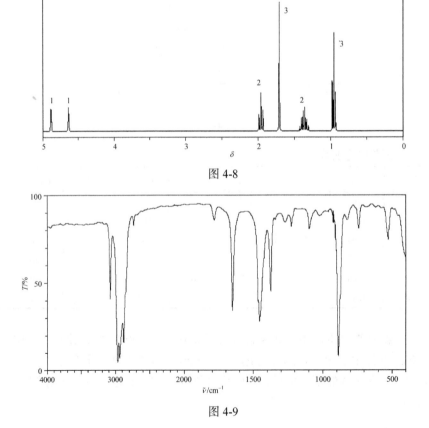

图 4-8

图 4-9

IR 谱图出峰位置和透射率：

$\tilde{v}$/cm^{-1}	T/%	$\tilde{v}$/cm^{-1}	T/%	$\tilde{v}$/cm^{-1}	T/%	$\tilde{v}$/cm^{-1}	T/%	$\tilde{v}$/cm^{-1}	T/%
3076	39	1781	81	1271	81	1025	84	876	41
2962	4	1661	33	1227	79	931	84	827	81
2934	6	1466	37	1209	86	926	81	740	77
2876	16	1455	26	1097	77	913	72	536	74
2730	79	1375	45	1090	79	888	8	529	72

解 (1) 计算不饱和度：

$$U=1+6-12/2=1$$

由于是烃类化合物，因此可能有环或双键。

(2) ¹H NMR 谱中，δ 4.7 附近有 2 个氢，IR 谱图 1661 cm^{-1} 出峰共同表明该化合物为烯烃。¹H NMR 谱这两个峰的耦合裂分及 IR 谱图 888 cm^{-1} 出峰表明该烯烃为二取代 1-烯烃。

(3) 该化合物的 ¹H NMR 谱中，δ 1.7 有一个单峰，积分值 3，为—CH₃，其邻近碳上无质子，该甲基应与双键直接相连。另外，δ 1.98 和 δ 0.90 处的峰都裂分为三重峰，积分值分别为 2 和 3，表明有 1 个—CH₂—和 1 个—CH₃，都与—CH₂—相连。化合物分子式为 C₆H₁₂，减去 H₂C＝C、2 个—CH₃、1 个—CH₂—后，仅剩 1 个—CH₂—，故 δ 1.98 和 δ 0.90 处的—CH₂—及—CH₃ 都应与这个—CH₂—连接，即化合物应有丙基存在，丙基中间的—CH₂—与谱图上 δ 1.50 处的六重峰相应。

(4) 综合上述结果，该烯烃的结构为 2-甲基-1-戊烯：

$$CH_2＝\overset{\displaystyle CH_3}{C}—CH_2—CH_2—CH_3$$

【例 4-5】 某化合物的 ¹H NMR 谱如图 4-10 所示，试写出该化合物的结构并指出各峰的归属。

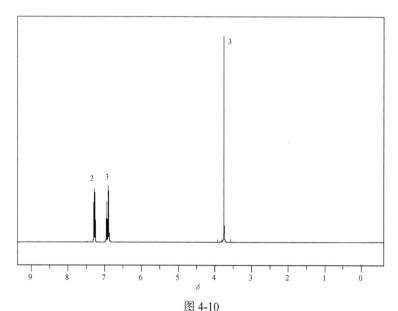

图 4-10

解　(1) 根据化合物的 ^{1}H NMR 谱在 δ 6.5~7.5 出了两组峰，积分值总和为 5，初步可判定该化合物有单取代苯环存在。其苯环上氢化学位移值分别为 δ 7.26 和 δ 6.90，δ 7.26 与苯相当，而 δ 6.90 比苯小，由此判断苯环上连有给电子取代基，取代基主要影响邻、对位，故 δ 6.90 左右的峰属于邻、对位 3 个质子，δ 7.26 为间位的 2 个质子。

(2) δ 3.75 处单峰，积分值为 3，根据化学位移值和积分值肯定为甲氧基，这也与上述苯环上取代基分析结果一致。

(3) 综合上述结果，该化合物为苯甲醚。δ 3.75 处峰为甲氧基的 3 个质子，δ 6.90 左右的峰为苯环邻、对位 3 个质子，δ 7.26 为间位的 2 个质子。

【例 4-6】　某化合物的 ^{1}H NMR 谱如图 4-11 所示，试写出该化合物的结构并指出各峰的归属。

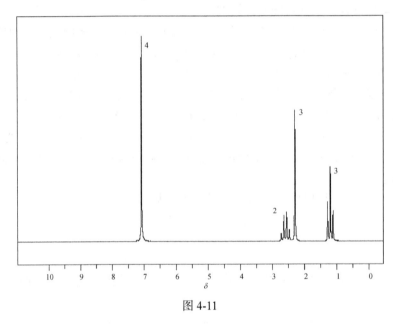

图 4-11

解　(1) 根据化合物的 ^{1}H NMR 谱在 δ 7.13 附近出峰积分值为 4，初步可判定该化合物有双取代苯环存在。由于出峰范围很小，2 个取代基对苯环上 4 个质子的影响应接近，可能是两个相同或相近基团对位取代。

(2) ^{1}H NMR 谱在 δ 2.30 单峰，积分值为 3，应为与苯环相连的甲基。δ 2.59 四重峰，积分值为 2，δ 1.21 三重峰，积分值为 3，组合在一起应为乙基，同样与苯环相连。

(3) 综合上述结果，该化合物为对甲基乙基苯，由于甲基和乙基都是烷基，对苯环上质子影响非常接近，造成苯环 4 个质子在 δ 7.13 附近出峰。

各峰归属如下：

$$\underset{2.30}{CH_3}-\overset{7.13}{\underset{}{\bigcirc}}-\underset{2.59}{CH_2}-\underset{1.21}{CH_3}$$

注：苯环上的取代基，如果不存在与苯环的共轭，同时其电负性又不强，对苯环的电子云密度和分布的影响就会比较小，在氢谱上表现不出对邻、间、对位不同位置的影响。甲基和乙基就是这样的基团。当甲基和乙基处在邻或对位上时，取代基对苯环上 4 个质子的影响就看不出来了。图 4-12 是邻甲基乙基苯的 ^{1}H NMR 谱。

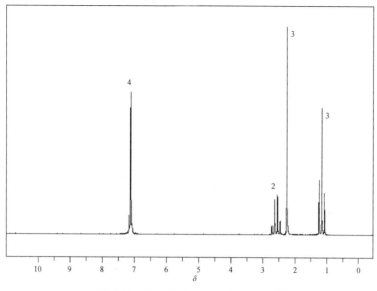

图 4-12 邻甲基乙基苯的 ^{1}H NMR 谱

从两张 ^{1}H NMR 谱分辨不出邻甲基乙基苯与对甲基乙基苯的差异。

当甲基、乙基处于间位时，由于 5 位质子处在甲基和乙基共同的间位，化学位移值比其他质子大一点，为 $\delta 7.17$，其他为 $\delta 7.01$、$\delta 7.00$ 和 $\delta 6.99$(图 4-13)。

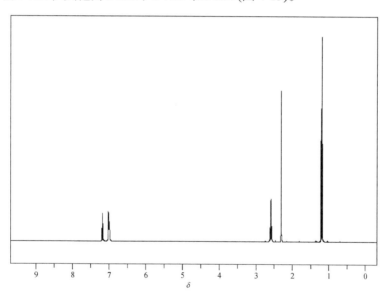

图 4-13 间甲基乙基苯的 ^{1}H NMR 谱

甲基乙基苯的 IR 谱图却有很好的区别。

图 4-14～图 4-16 分别是对、邻、间甲基乙基苯的 IR 谱图。

IR 谱图芳环质子的面外变形振动在 $900 \sim 650 \, cm^{-1}$，根据出峰的位置、个数及强度很容易将这三个异构体区分开。

在解析化合物结构时，有时需要结合多种谱图进行结构的推断。谱图的选择应根据具体情况来定。

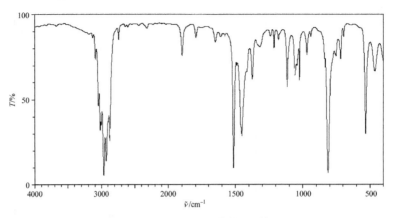

图 4-14　对甲基乙基苯的 IR 谱图

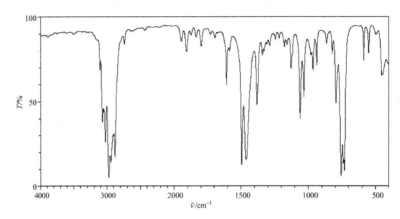

图 4-15　邻甲基乙基苯的 IR 谱图

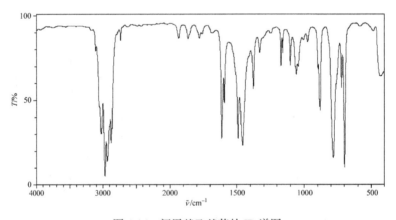

图 4-16　间甲基乙基苯的 IR 谱图

【**例 4-7**】　两种化合物的分子式都为 $C_6H_5NCl_2$，^1H NMR 谱如图 4-17 和图 4-18 所示，推测这两种化合物的结构。

解　(1) 有分子式首先计算不饱和度：

$$U = 1 + 6 - (5 + 2)/2 + 1/2 = 4$$

可能有 1 个苯环。

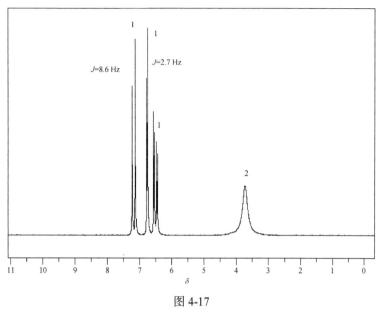

图 4-17

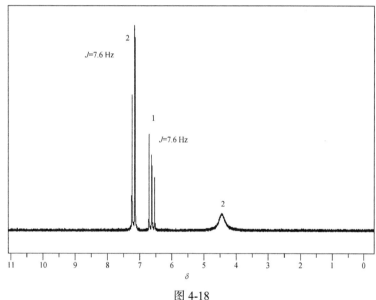

图 4-18

(2) 两张 ¹H NMR 谱在 δ 6～8 都有峰，说明有苯环。这也与不饱和度计算值对应。苯环质子总积分值都是 3，说明苯环为三取代。对照分子式，取代基应为两个—Cl 和一个—NH₂，两图中高场区积分值为 2 的宽峰即为—NH₂。因此，两化合物为二氯苯胺。

(3) 图 4-17 中芳香区谱峰分为三组，有两个 J，8.6 Hz 为邻位耦合，2.7 Hz 为间位耦合。—NH₂ 对苯环质子 δ 的影响比—Cl 大，使苯环邻对位质子显著向高场位移。最高场的苯环质子 δ 约为 6.4，该质子应处于氨基邻位。其耦合裂分有两种耦合常数，故应有邻位和间位质子，因此两个—Cl 应在 3、4 位。2 位质子夹在氨基与氯之间，δ 比 6 位质子略大，约为 6.6，与 6 位质子间位耦合，J=2.7 Hz。δ 约为 7.2 处是化学位移最大的峰，为处于氨基间位的质子，即 5 位质子，与 6 位质子邻位耦合，J=8.6 Hz。因此，化合物为 3,4-二氯苯胺。

(4) 图 4-18 中芳香区谱峰分为两组，低场峰积分值 2，高场峰积分值 1。有一个 J，7.6 Hz

为邻位耦合。化合物应为对称的 1,2,3-三取代，δ 约为 7.2 的两个质子为 3、5 位质子，δ 约为 6.6 的一个质子为 4 位质子。因此，化合物为 2,6-二氯苯胺。

4.4　综　合　练　习

一、判断题

1. 核磁共振波谱法和紫外光谱法、红外光谱法一样，都是基于吸收电磁辐射的分析法。(　　)

2. 核磁共振仪的磁场越强，分辨率越高。(　　)

3. 对于同一种核，固定了射频频率，所有的核都将在同一个磁场强度下发生共振。(　　)

4. 同一种核，γ 为一常数。磁场强度 B_0 增大，共振频率 ν 也增大。不同的核 γ 不同，共振频率也不同。(　　)

5. NMR 可以提供多种结构信息，不破坏样品，既能做定量分析，也能用于痕量分析。(　　)

6. 自旋量子数 I 为奇数的核可以看作电荷均匀分布的球体。(　　)

7. 自旋量子数 $I=1/2$ 的核，在外加磁场 B_0 中有两个自旋取向，$m=+1/2$ 时，自旋取向与外加磁场方向一致，能量较低；$m=-1/2$ 时，自旋取向与外加磁场方向相反，能量较高。(　　)

8. 相邻两能级之间发生跃迁的能量差 ΔE 随外加磁场 B_0 的增大而增大。(　　)

9. 若某种影响使质子周围电子云密度升高，则屏蔽效应也增加，化学位移值减小，移向高场，峰向左移动。(　　)

10. 耦合常数反映了核磁间的干扰作用，其大小不受外界磁场的影响。(　　)

11. 核周围的电子云密度越大，屏蔽效应就越大，要相应增加磁场强度才能使其发生共振。(　　)

12. 化学位移值 δ 可以用 ppm 表示，δ 是一个无因次的参数。(　　)

13. 四甲基硅烷分子中 ^1H 核的共振频率处于高场，比所有有机化合物中的 ^1H 核都高。(　　)

14. ^1H NMR 同一个物质的某一个质子用不同频率(MHz)的仪器测定，其出峰位置无论用 ppm 作单位或用 Hz 作单位，其数值都不因仪器频率(MHz)不同而异。(　　)

15. 同一样品用不同的溶剂溶解测定氢谱，其化学位移值可能不同。(　　)

16. 分子中化学等价的核也是磁等价的核。(　　)

17. 耦合常数 J 是一个与仪器和测试条件无关的参数。(　　)

18. 不同磁场强度(MHz)的核磁共振仪测定的同一质子的耦合常数值不同。(　　)

19. 一般来说，耦合常数受溶剂及温度的影响较小，在日常工作中可以忽略不计。(　　)

20. 耦合常数 J 的单位为 Hz，它有正、负号的区别。(　　)

21. 在苯环中邻位耦合较大，间位耦合较小，对位耦合最小。(　　)

22. 两个质子空间位置很近时，可能有通过空间传递的耦合存在。(　　)

23. 外部因素对非极性的碳上的质子影响不大，主要是对—OH、—NH_2、—SH 及某些带电荷的极性基团影响较大。(　　)

24. 氢键的形成可以削弱对氢键质子的屏蔽，使共振吸收移向低场。(　　)

25. 炔氢的化学位移值比烯氢的小(较高场)是因为炔氢有一定的酸性。(　　)

二、选择题

1. 核磁共振氢谱中，不能直接提供的化合物结构信息是(　　)。
　　A. 不同质子种类数　　　　　　　　　　B. 同类质子的个数

C. 化合物中双键的个数及位置　　　　　　　D. 相邻碳原子上质子的个数

2. 下列原子核，没有自旋角动量的是(　　)。

　A. ^{15}N　　　　　　　　B. ^{12}C　　　　　　　　C. ^{31}P　　　　　　　　D. ^{13}C

3. 具有以下自旋量子数的原子核中，目前研究最多、用途最广的是(　　)。

　A. $I=1/2$　　　　　　　B. $I=0$　　　　　　　C. $I=1$　　　　　　　D. $I>1$

4. 在核磁共振波谱中，如果一组质子受到核外电子云的屏蔽效应减弱，则它的共振吸收将出现在(　　)。

　A. 扫场下的高场和扫频下的高频，较小的化学位移值

　B. 扫场下的高场和扫频下的低频，较小的化学位移值

　C. 扫场下的低场和扫频下的高频，较大的化学位移值

　D. 扫场下的低场和扫频下的低频，较大的化学位移值

5. 在核磁共振波谱分析中，当质子所受去屏蔽效应增强时(　　)。

　A. 核外的电子云密度降低，化学位移值大，峰在高场出现

　B. 核外的电子云密度降低，化学位移值大，峰在低场出现

　C. 核外的电子云密度升高，化学位移值小，峰在高场出现

　D. 核外的电子云密度升高，化学位移值大，峰在低场出现

6. 核磁共振氢谱分析中，不是解析分子结构的主要参数是(　　)。

　A. 化学位移　　　　　B. 耦合常数　　　　　C. 谱峰的高度　　　　　D. 谱峰积分面积

7. 以下关于饱和与弛豫的表述中，错误的是(　　)。

　A. 如果低能级核与高能级核的总数相差不大并且高能级核没有其他途径回到低能级，核磁共振信号将消失

　B. 根据不确定原理，谱线宽度与弛豫时间成反比

　C. 弛豫有纵向弛豫和横向弛豫两种方式

　D. 纵向弛豫是高能级的核把能量传递给邻近低能级的核

8. 当外加磁场强度逐渐变小时，质子由低能级跃迁至高能级所需能量(　　)。

　A. 不变　　　　　　　　B. 逐渐变小　　　　　　C. 逐渐变大

9. 以下关于自旋耦合的表述中，正确的是(　　)。

　A. 磁等价的质子之间没有耦合，不产生裂分；磁不等价的质子之间有耦合，产生裂分

　B. 磁等价的质子之间有耦合，不产生裂分；磁不等价的质子之间有耦合，产生裂分

　C. 磁等价的质子之间有耦合，不产生裂分；磁不等价的质子之间没有耦合，产生裂分

　D. 质子之间只要有耦合就一定会产生裂分

10. 以下关于核的等价性的表述中，正确的是(　　)。

　A. 分子中化学等价的核肯定也是磁等价的

　B. 分子中磁等价的核肯定也是化学等价的

　C. 分子中磁等价的核不一定是化学等价的

　D. 分子中化学不等价的核也可能是磁等价的

三、简答题

1. 核磁共振谱内标物应具有什么性质？

2. 在核磁共振中，为什么通常以 TMS 作标准物？什么情况下使用 DSS？

3. 在核磁共振测量时，为什么不能有铁磁性或顺磁性杂质？

4. 在液体核磁共振测定中，为什么要用氘代溶剂？

5. 核磁共振测定采用什么实验技术可以确认活泼氢？为什么？

6. 为什么 ^{1}H NMR 谱中活泼氢化学位移变化范围较大，并且常看不到与邻近氢的耦合？

7. 在一台 400 MHz 的核磁共振仪上，若一个质子在比内标物 TMS 差 1280 Hz 的射频处发生共振，则该质子以 Hz 和 ppm 表示的化学位移分别是多少？

8. 使用 60 MHz 仪器，TMS 和化合物中某质子之间的吸收频率差为 420 Hz，若分别使用 300 MHz 和 400 MHz 的仪器，则它们之间的频率差是多少？

9. 图 4-19 是 400 MHz 仪器测定的某化合物的—CH₂CH₃ 部分 ^{1}H NMR 谱，试计算甲基、亚甲基质子化学位移(分别以 Hz 和 ppm 表示)以及它们之间的耦合常数。

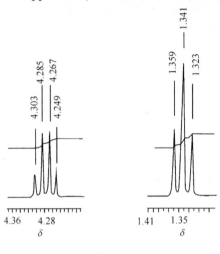

图 4-19

10. 判断下列分子中 ^{1}H 核化学位移大小顺序：

(1) ^b^ac—NO₂（苯环，NO₂取代，位置标 a、b、c）

(2) HO—〈苯环，b a〉—NO₂

(3) ^b^ac—NH₂（苯环，c b a）

(4) CH₃CH₂CH₂COOH （c b a）

(5) ClCH₂CH₂CH₂F （c b a）

(6) CH₃CH₂COOCH₂CH₃ （d c b a）

(7) (CH₃)₂CHCH₂CH₃ （d c b a）

(8)
$$\begin{array}{c} H_3C \\ \quad\ \ \text{CH—C}=\text{C} \\ H_3C \end{array}\begin{array}{c} CH_3 \\ \\ CH_3 \end{array}$$
（d、c、a、b、H 标注）

11. ^{1}H NMR 谱中芳香烃 18-轮烯的环内质子的化学位移与环外质子的化学位移相比哪个大？为什么？

12. ^{1}H NMR 谱中炔氢、烯氢和烷基氢相比，化学位移从大到小的顺序如何？为什么？

13. 下列化合物中，为什么 H_a 和 H_b 的化学位移比乙烯大，并且 H_a 比 H_b 的化学位移大？

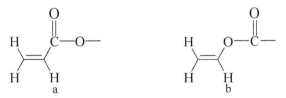

14. 比较下列化合物中 H_a 和 H_b 的化学位移大小，并说明理由。

15. 什么是化学等价的核？什么是磁等价的核？什么是化学等价而磁不等价的核？举例说明。

16. 下列化合物中的 H_a 与 H_b 哪些是磁等价的？

(1)

(2)

(3)

(4)

(5)

(6)

(7) $H_3C-\overset{\overset{\displaystyle H_a}{|}}{\underset{\underset{\displaystyle H_b}{|}}{C}}-Cl$

(8) $\overset{H_a}{\underset{H_b}{}}C=CHCH_2CH_3$

(9) $\overset{H_a}{\underset{H_b}{}}C=CHF$

17. 指出下列分子属于何种自旋体系。

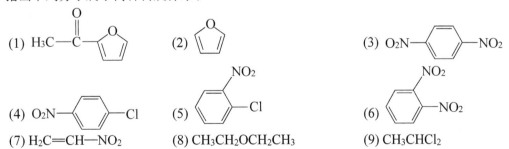

(7) $H_2C=CH-NO_2$

(8) $CH_3CH_2OCH_2CH_3$

(9) CH_3CHCl_2

18. 画出化合物 $(CH_3)_2CHOH$、$CH_2=CHNO_2$ 和 $(CH_3O)_2CHCH_3$ 的 ^1H NMR 谱示意图，并完成下列工作：

(1) 标出各组峰代表的基团。

(2) 标出各类质子的化学位移位置(不计算，不写数值)。

(3) 标出耦合常数。

(4) 各类质子的裂分小峰峰面积比。

　　(5) 各类质子的积分面积比。

四、结构推导

1. 分子式为 C_9H_{12} 的化合物，其 ^1H NMR 谱如图 4-20 所示，推测该化合物的结构。

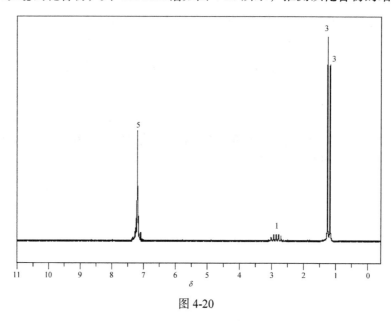

图 4-20

2. 某烃类化合物，其 ^1H NMR 谱如图 4-21 所示，推测该化合物的结构。

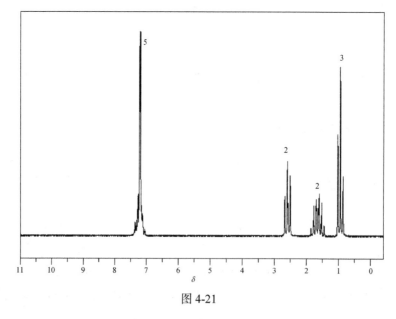

图 4-21

3. 某乙酸酯分子式为 $C_6H_{12}O_2$，其 ^1H NMR 谱如图 4-22 所示，推测它的结构。

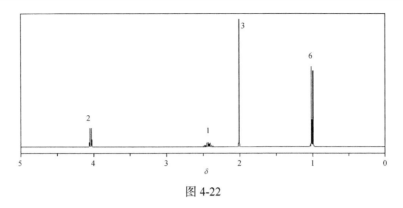

图 4-22

4. 间二硝基苯和间二溴苯的部分 ¹H NMR 谱如图 4-23 和图 4-24 所示，试将化合物与谱图对应。

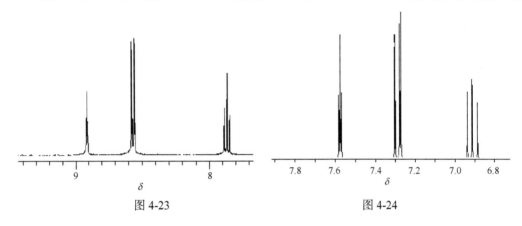

图 4-23   图 4-24

5. 某化合物分子式为 C_5H_9NO，其 ¹H NMR 谱和 IR 谱图分别如图 4-25 和图 4-26 所示，推测它的结构。

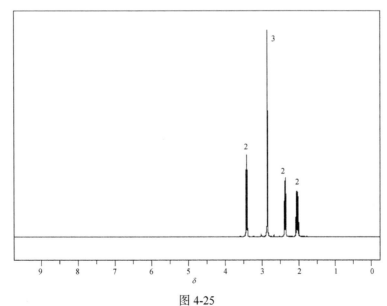

图 4-25

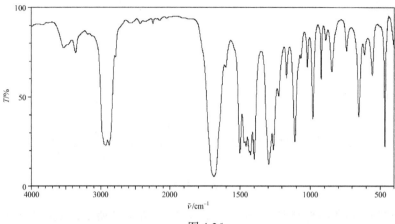

图 4-26

IR 谱图出峰位置和透射率：

$\tilde{\nu}/\mathrm{cm}^{-1}$	$T/\%$	$\tilde{\nu}/\mathrm{cm}^{-1}$	$T/\%$	$\tilde{\nu}/\mathrm{cm}^{-1}$	$T/\%$	$\tilde{\nu}/\mathrm{cm}^{-1}$	$T/\%$	$\tilde{\nu}/\mathrm{cm}^{-1}$	$T/\%$
3634	74	1603	64	1428	15	1112	23	861	62
3360	72	1503	17	1402	19	1072	88	745	72
2946	21	1474	23	1298	11	1026	64	656	37
2927	21	1468	25	1265	19	986	36	616	70
2880	21	1461	21	1227	47	927	57	561	68
1687	4	1437	17	1172	68	895	79	471	21

6. 某化合物分子式为 C_5H_9NO，其 ^1H NMR 谱和 IR 谱图分别如图 4-27 和图 4-28 所示，推测它的结构。

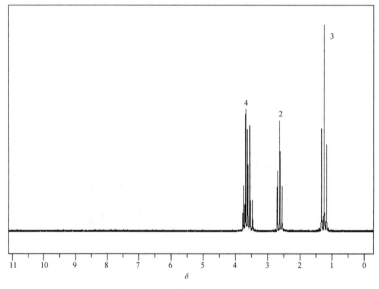

图 4-27

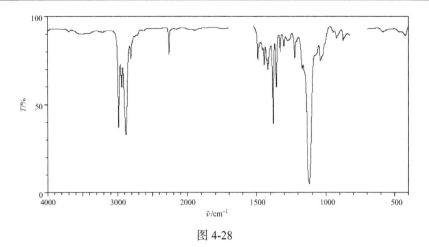

图 4-28

IR 谱图出峰位置和透射率:

$\tilde{\nu}/cm^{-1}$	$T/\%$	$\tilde{\nu}/cm^{-1}$	$T/\%$	$\tilde{\nu}/cm^{-1}$	$T/\%$	$\tilde{\nu}/cm^{-1}$	$T/\%$	$\tilde{\nu}/cm^{-1}$	$T/\%$
2982	36	1456	77	1328	77	1121	4	874	84
2936	57	1444	70	1302	79	1042	72	867	84
2877	31	1427	72	1274	84	1032	74	426	85
2803	72	1418	68	1224	74	1027	74		
2256	24	1379	37	1213	81	922	84		
1488	72	1356	57	1172	68	916	85		

7. 某化合物分子式为 $C_8H_{10}O$,其 ¹H NMR 谱如图 4-29 所示,谱中位于 $\delta\,2.10$ 的单峰可以被 D_2O 交换而消失,推测它的结构。

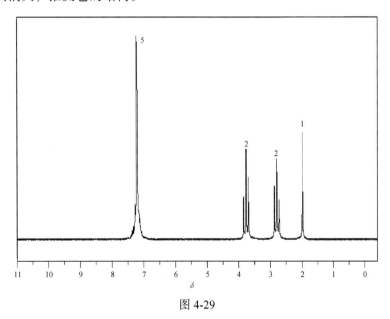

图 4-29

8. 某化合物的 ¹H NMR 谱和 IR 谱图分别如图 4-30 和图 4-31 所示,推测它的结构。

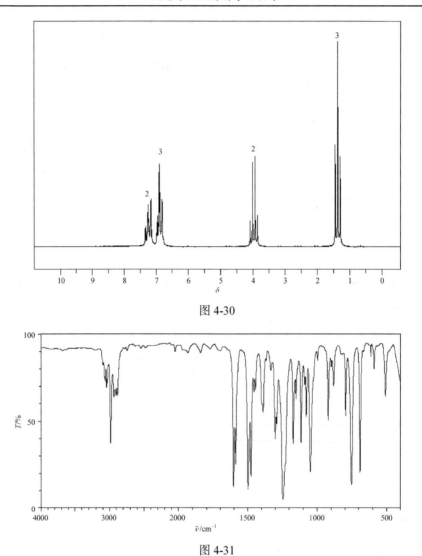

图 4-30

图 4-31

IR 谱图出峰位置和透射率：

$\tilde{v}/cm^{-1}$	$T/\%$	$\tilde{v}/cm^{-1}$	$T/\%$	$\tilde{v}/cm^{-1}$	$T/\%$	$\tilde{v}/cm^{-1}$	$T/\%$	$\tilde{v}/cm^{-1}$	$T/\%$
3096	79	2899	62	1444	66	1173	36	900	79
3072	72	2878	62	1399	57	1153	60	883	68
3062	70	1602	11	1389	53	1116	36	797	50
3042	66	1586	24	1336	77	1091	68	764	12
3031	70	1498	10	1301	37	1079	50	692	19
2982	36	1477	17	1291	46	1049	20	592	77
2932	60	1466	64	1245	4	922	49	512	62

9. 某化合物的 ^{1}H NMR 谱和 IR 谱图分别如图 4-32 和图 4-33 所示，推测它的结构。

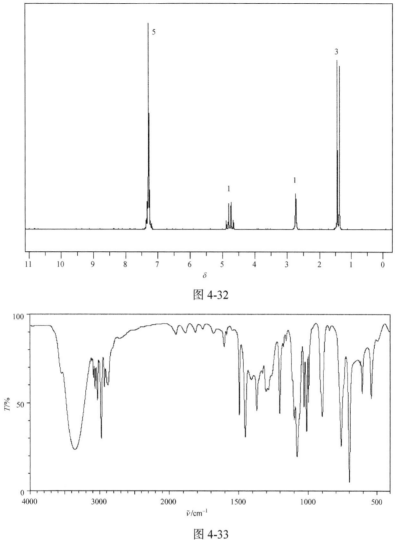

图 4-32

图 4-33

IR 谱图出峰位置和透射率：

$\tilde{\nu}/cm^{-1}$	$T/\%$	$\tilde{\nu}/cm^{-1}$	$T/\%$	$\tilde{\nu}/cm^{-1}$	$T/\%$	$\tilde{\nu}/cm^{-1}$	$T/\%$	$\tilde{\nu}/cm^{-1}$	$T/\%$
3363	22	2877	67	1408	60	1177	79	911	63
3108	70	1949	84	1369	43	1157	81	899	41
3086	82	1808	86	1327	64	1099	38	761	23
3063	66	1602	79	1304	63	1078	18	699	4
3029	49	1586	84	1292	55	1029	46	621	68
2973	28	1493	41	1285	55	1011	32	607	53
2928	57	1461	29	1204	42	977	47	541	60

10. 某化合物分子式为 $C_6H_{10}O$，¹H NMR 谱和 IR 谱图分别如图 4-34 和图 4-35 所示，推测它的结构。

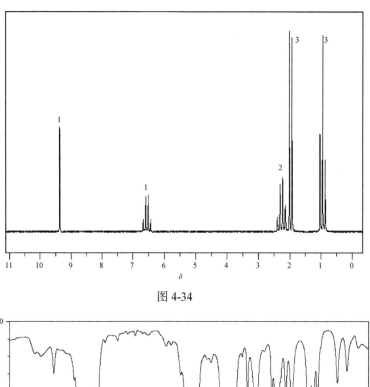

图 4-34

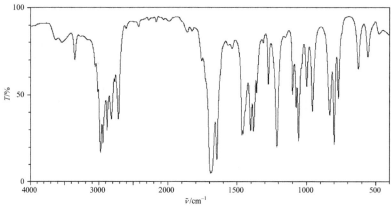

图 4-35

IR 谱图出峰位置和透射率:

$\tilde{v}/cm^{-1}$	$T/\%$	$\tilde{v}/cm^{-1}$	$T/\%$	$\tilde{v}/cm^{-1}$	$T/\%$	$\tilde{v}/cm^{-1}$	$T/\%$	$\tilde{v}/cm^{-1}$	$T/\%$
3633	77	2816	34	1634	74	1313	77	968	38
3351	68	2769	55	1536	74	1276	53	831	37
3054	84	2717	34	1464	25	1214	19	799	20
3012	60	1868	81	1456	26	1100	47	768	46
2971	16	1755	66	1403	27	1074	41	626	62
2938	21	1689	4	1382	27	1057	22	557	58
2878	28	1646	12	1360	49	999	69	476	81

11. 某化合物分子式为 $C_6H_{10}O$，^1H NMR 谱和 IR 谱图分别如图 4-36 和图 4-37 所示，推测它的结构。

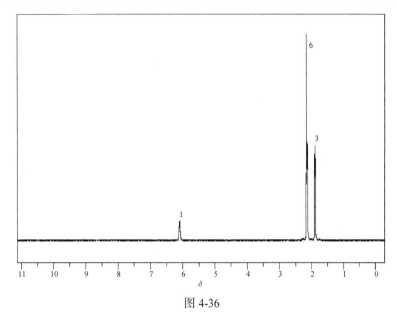

图 4-36

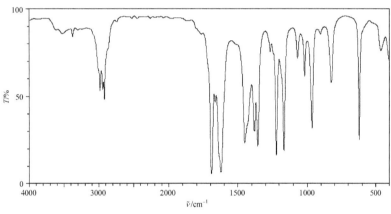

图 4-37

IR 谱图出峰位置和透射率：

$\tilde{v}/cm^{-1}$	$T/\%$	$\tilde{v}/cm^{-1}$	$T/\%$	$\tilde{v}/cm^{-1}$	$T/\%$	$\tilde{v}/cm^{-1}$	$T/\%$	$\tilde{v}/cm^{-1}$	$T/\%$
3616	81	1690	4	1368	19	1019	58	622	23
3369	79	1662	43	1265	72	965	29	463	72
2978	50	1620	6	1220	14	907	81		
2939	60	1449	21	1166	17	902	81		
2915	46	1379	27	1069	68	823	55		

12. 两种化合物的分子式是 C_3H_7Cl，¹H NMR 谱数据如下：化合物 A δ 4.14(七重峰，1H)，δ 1.55(d，6H)；化合物 B δ 3.47(t，2H)，δ 1.81(六重峰，2H)，δ 1.06(t，3H)。根据 ¹H NMR 谱数据推测结构。

13. 某化合物的元素分析值为 C：59.37%；H：10.96%；N：13.85%。IR 谱图显示在 1646 cm^{-1} 有强吸收，¹H NMR 谱数据为 δ 3.01(s，3H)，δ 2.95(s，3H)，δ 2.33(q，J=7.8 Hz，2H)，

$\delta 1.14$(t，J=7.8 Hz，3H)，推测其结构。

14. 某化合物的分子式为 C_5H_8O，^1H NMR 谱数据为 $\delta 9.52$(d，J=7.8 Hz，1H)，$\delta 6.94$(m，1H)，$\delta 6.12$(dd，J_1=15.7 Hz，J_2=7.8 Hz，1H)，$\delta 2.38$(m，2H)，$\delta 1.13$(t，J=7.6 Hz，3H)。确定该化合物的结构。

15. 某化合物 $C_4H_{10}O$，IR 谱图在 2950 cm^{-1} 有吸收，2950～2000 cm^{-1} 无吸收。^1H NMR 谱有三组峰，分别为 $\delta 4.1$(七重峰，1H)、$\delta 3.1$(s，3H)和 $\delta 1.5$(d，6H)。确定该化合物的结构。

4.5　参　考　答　案

一、判断题

1. T；2. T；3. F；4. T；5. F；6. F；7. T；8. T；9. F；10. T；11. T；12. T；13. F；14. F；15. T；16. F；17. T；18. F；19. T；20. T；21. T；22. T；23. T；24. T；25. F

二、选择题

1. C；2. B；3. A；4. C；5. B；6. C；7. D；8. B；9. B；10. B

三、简答题

1. (1) 有高度的化学惰性，不与样品缔合。

　(2) 磁各向同性或接近磁各向同性。

　(3) 信号为单峰，这个峰出在高场，使一般有机物的峰出在其左边。

　(4) 易溶于有机溶剂。

　(5) 易挥发，以便样品回收。

2. 在核磁共振中，通常以 TMS 作标准物。原因如下：

　(1) 由于 TMS 四个甲基中 12 个 H 核所处的化学环境完全相同，因此在核磁共振谱上只出现一个尖锐的吸收峰。

　(2) 屏蔽常数较大，因而其吸收峰远离待研究的峰，位于高磁场(低频)区。

　(3) TMS 化学惰性，易溶于有机溶剂，易挥发。

　TMS 为非极性化合物，当溶剂极性较大时难以溶解，而 DSS 极性较大，在极性溶剂(如水)中溶解性很好，此种情况下使用 DSS。

3. 因为铁磁性或顺磁性物质会造成核磁共振测定时匀场锁场困难，即使采集谱图，也会使谱峰变宽，不利于样品信号的采集和谱图解析。

4. 为避免溶剂中质子干扰测定，并且为了锁场，要用氘代溶剂。

5. 重水交换法。因为重水交换后，原有活泼氢的谱峰消失，而在 $\delta 4.7$～4.8 出现 DOH 的质子吸收峰，这样就可以确认活泼氢。

6. 由于受活泼氢的相互交换作用及氢键形成的影响，其化学位移值很不固定，变化范围较大。由于活泼氢在常温下交换作用很快，故看不到与邻近氢的耦合。

7. ^1H NMR 谱中以 TMS 为内标物，将 TMS 的共振吸收峰定为 0，因此该质子以 Hz 表示的化学位移为 1280，而以 ppm 表示的化学位移为 1280/400=3.2。

8. 由于核磁共振仪一般用质子的共振频率表示仪器型号(MHz)，化学位移用 ppm 表示，计算公式 $\delta=(\Delta\nu\times10^6)/\nu_0$ 可以简化为 $\delta=\Delta\nu(Hz)/\nu_0(MHz)$，$\Delta\nu(Hz)=\delta\times\nu_0(MHz)$。

使用 60 MHz 仪器化学位移值为

$$\delta=420/60=7.00$$

由公式 $\Delta\nu=\delta\times\nu_0$，得

使用 300 MHz 仪器，频率差为

$$\Delta\nu=7.00\times300=2100(Hz)$$

使用 400 MHz 仪器，频率差为

$$\Delta\nu=7.00\times400=2800(Hz)$$

9. 甲基质子化学位移：δ1.34，536.4 Hz；亚甲基质子化学位移：δ4.28，1710.4 Hz；耦合常数 J=7.2 Hz。

10. (1) a>c>b；(2) a>b；(3) b>c>a；(4) a>b>c；(5) a>c>b；(6) b>c>a>d；(7) c>b> d>a；(8) b>c>a>d

11. 环外质子的化学位移大。芳香烃 18-轮烯环平面上下有 π 电子环流，产生的抗磁性磁场在环的上下区域及环内部，而环所在平面外沿为去屏蔽区域。因此，环内质子的化学位移小于环外质子。

12. 按照 sp 轨道杂化来看，炔碳、烯碳和烷基碳对所连接氢的去屏蔽作用依次减弱；但烯氢和烷基氢分别处于碳碳双键和碳碳单键各向异性的去屏蔽区域，而炔氢处于碳碳三键各向异性的屏蔽区域，综合作用的结果使化学位移烯氢>炔氢>烷基氢。

13. 由于羰基与烯键共轭，表现为吸电子效应，去屏蔽，因此 H_a 和 H_b 的化学位移比乙烯大；H_a 处于羰基各向异性去屏蔽区域，故 H_a 比 H_b 的化学位移大。

14. a<b，a 相邻的羰基与碳碳双键 π-π 共轭，造成 H_a 去屏蔽；b 相邻的氧原子未共用电子对与碳碳双键 p-π 共轭，并且氧原子具有强的吸电子诱导作用，总体表现为强的去屏蔽作用。

15. 有相同化学位移值的核是化学等价的核。在分子中，如果通过对称操作或快速运动机理一些核可以互换，则这些核是化学等价的核。例如，二氟甲烷、1,1-二氟乙烯中两个质子是化学等价的。磁等价又称磁全同。若分子中化学等价的核对其他任何原子核(I=1/2)都有相同的耦合常数，则这些化学等价的核称为磁等价；若分子中化学等价的核对其他任何原子核(I=1/2)没有相同的耦合常数，则为化学等价而磁不等价的核。例如，二氟甲烷的两个质子化学等价的同时也是磁等价的；1,1-二氟乙烯的两个质子是化学等价的，两个 F 也是化学等价的，两个质子化学等价而磁不等价，两个 F 也是磁不等价的。

16. 磁等价：(2)，(5)，(7)。

17. (1) A_3 和 AMX (2) AA′XX′ (3) AA′A″A‴ (4) AA′XX′ (5) ABCD
  (6) AA′XX′ (7) AMX (8) 两个 A_3X_2 (9) A_3X

18. (CH$_3$)$_2$CHOH：
  峰 A：CH，裂分小峰峰面积比为 1:6:15:20:15:6:1；峰 B：OH，无裂分；峰 C：CH$_3$，裂分小峰峰面积比为 1:1；峰 A、峰 B 和峰 C 的积分面积比为 1:1:6(图 4-38)。

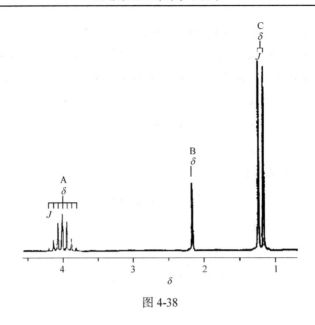

图 4-38

CH_2=$CHNO_2$：

各组峰归属为 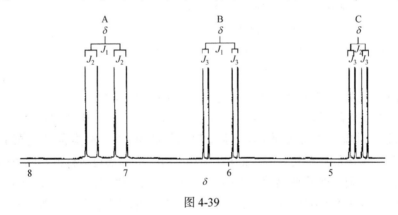，耦合常数为 J_1=$J_{(A, B)}$，J_2=$J_{(A, C)}$，J_3=$J_{(B, C)}$。三组峰裂分小峰峰面积比都是 1：1：1：1。峰 A、峰 B 和峰 C 的积分面积比为 1：1：1(图 4-39)。

图 4-39

$(CH_3O)_2CHCH_3$：

峰 A：CH，裂分小峰峰面积比为 1：3：3：1；峰 B：CH_3O，无裂分；峰 C：CH_3，裂分小峰峰面积比为 1：1；峰 A、峰 B 和峰 C 的积分面积比为 1：6：3(图 4-40)。

四、结构推导

1. 异丙基苯
2. 正丙基苯
3. 乙酸异丁酯
4. 图 4-23 为间二硝基苯，图 4-24 为间二溴苯
5. N-甲基吡咯烷-2-酮

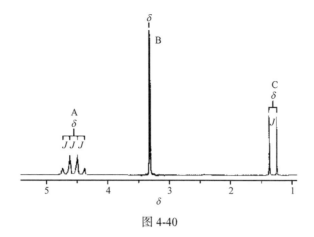

图 4-40

6. CH₃CH₂OCH₂CH₂CN

7. 苯乙醇

8. 苯乙醚

9. 1-苯基乙醇

10. 2-乙基-2-丁烯醛

11. 4-甲基-3-戊烯-2-酮

12. A 为 2-氯丙烷，B 为 1-氯丙烷

13. N, N-二甲基丙酰胺

14. 反-2-戊烯醛

15. 甲基异丙基醚

第5章 ^{13}C 核磁共振与二维核磁共振

5.1 内容与要求

1. ^{13}C 核磁共振原理

了解 ^{13}C 核磁共振的原理。

掌握提高 ^{13}C 信号强度的方法。

2. ^{13}C NMR 测定方法

掌握 CX$_n$ 系统中，碳的谱峰裂分峰数计算方法。

了解质子宽带去耦、偏共振去耦、质子选择去耦、门控去耦、反转门控去耦、极化转移技术、DEPT 和 APT 等方法测定 ^{13}C NMR 谱的特点及应用。

掌握伯、仲、叔、季碳在各种碳谱中的出峰特点及区分方法。

3. ^{13}C NMR 参数

掌握影响碳化学位移的因素。

了解 ^{13}C 的耦合裂分。

4. 各类碳的化学位移

掌握各类碳在谱图中的化学位移范围。

5. ^{13}C NMR 的解析

掌握简单化合物 ^{13}C NMR 的解析。

了解计算机模拟及标准谱图的网上查对。

了解 ^{13}C NMR 的应用。

6. 二维核磁共振简介

了解二维核磁共振的基本原理和常用二维谱图。

5.2 重点内容概要

1. ^{13}C 核磁共振的原理

^{13}C 也是自旋量子数(I)为 1/2 的核，^{13}C NMR 的原理与 ^{1}H NMR 基本相同。需满足核磁共振基本关系式：

$$\nu = \frac{\gamma_C}{2\pi} B_0 (1-\sigma)$$

式中：ν 为频率；γ_C 为 ^{13}C 磁旋比；B_0 为外加磁场强度；σ 为屏蔽常数。

^{13}C 核的测定灵敏度约为 ^{1}H 核的 1/6000，需要采取措施提高 ^{13}C 信号强度才能实现 ^{13}C NMR 的测定。脉冲傅里叶变换核磁共振仪的出现才使 ^{13}C 核磁共振测定成为可能。

2. 提高 ^{13}C 信号强度的方法

(1) 提高仪器灵敏度。

(2) 提高仪器外加磁场强度和射频场功率。但是射频场功率过大容易发生饱和，这两条都受到限制。

(3) 增大样品浓度，增大样品体积，以增大样品中 ^{13}C 核的数目。需要有大直径的核磁管及配套探头。

(4) 采用双共振技术，利用 NOE 增强信号强度。

(5) 多次扫描累加，这是最常用的有效方法。

3. ^{13}C 核磁共振谱的特点

^{13}C 核的化学位移范围很大，在 250 以上，而 ^{1}H NMR 的化学位移范围在 15 以内。因此，^{13}C NMR 分辨率远高于 ^{1}H NMR，化学环境稍有不同的核都可以在谱图上分辨出来。另外，^{13}C NMR 可以获得 ^{1}H NMR 不能直接测定的没有质子连接的 ^{13}C 信息。

^{13}C 与 ^{1}H 及其他 $I\neq 0$ 的核(如 ^{19}F、^{31}P、D)之间存在耦合作用。由于 ^{13}C 天然丰度很低，通常 ^{1}H NMR 不需考虑 ^{1}H-^{13}C 之间的耦合。但 ^{13}C NMR 谱测定的是 ^{13}C，必须考虑 ^{1}H-^{13}C 之间的耦合。由于不同种类的核之间化学位移相差很大，它们形成的 CX_n 系统通常满足一级谱条件。裂分峰数目为 $2nI_X + 1$。对 $I_X=1/2$ 的核，裂分峰符合 $n+1$ 规律。

^{13}C NMR 耦合谱费时需多次累加。谱图中，$^{1}J_{C-H}$ 为 $100\sim 200\,Hz$，而且 $^{2}J_{CCH}$ 和 $^{3}J_{CCCH}$ 等也有一定程度的耦合，以致谱线交叠复杂，难以解析，所以常采用一些特殊的测定方法。

4. 测定 ^{13}C 核磁共振谱图的方法

1) 质子宽带去耦谱

质子宽带去耦谱是 ^{13}C NMR 谱的常规谱。去掉了所有 ^{1}H 对 ^{13}C 的耦合，原多重耦合峰合并为单峰，信号增强，提高了测试灵敏度，使 ^{13}C NMR 谱简化，其他核对 ^{13}C 的耦合裂分仍然存在，无法判断碳的级数、耦合情况等。峰强度比与碳原子数比不完全一致，不能用于碳原子数定量。但分子结构中无对称因素且无其他核的耦合裂分时，各种碳核都是单峰，峰数即碳数。通常在无谱峰重叠的情况下，信号强度大致按伯、仲、叔、季碳顺序递减。

2) 偏共振去耦谱

偏共振去耦谱是采用一个较弱的与各种质子的共振频率偏离的干扰射频，使碳原子上的质子在一定程度上去耦。仅保留 ^{1}H-^{13}C 之间一键耦合，并使裂距减小($^{1}J_{CH}$ 减小为剩余耦合常数 J_R)，但是峰的裂分数目不变。根据裂分小峰数目可以确定碳原子级数。目前，偏共振去耦谱已基本被 DEPT 谱取代。

3) 质子选择去耦谱

质子选择去耦谱是用一个很小功率的射频以某一特定质子的共振频率对其进行照射，使与被照射质子直接相连的碳发生谱线简并为单峰，并且由于 NOE，峰的强度增强。其他的碳发生偏共振去耦作用，谱线压缩，裂分峰数不变。^{13}C NMR 归属时，可准确确定与照射质子一键相连的碳。

4) 门控去耦谱

在 ^{13}C 通道采样过程中，可打开或关闭质子去耦通道，实现门控去耦。接收 FID(自由感应衰减)信号时没有去耦，峰有多重性；除接收 FID 信号时外，都去耦，有 NOE。接收的 FID 信号是具有耦合同时有 NOE 增强的信号，可得到真正的一键和远程耦合信息。

5）反转门控去耦谱

去耦通道在 ^{13}C 采样期打开，在弛豫延迟期关闭，可得到消除 NOE 的宽带去耦。碳数与信号强度成比例，可提供碳原子个数的定量信息。

6）极化转移技术、DEPT 谱和 APT 谱

FTNMR(傅里叶变换核磁共振)多脉冲实验中，采用的脉冲序列不同，可衍变出若干种不同的测试方法。

a. INEPT

使一种核极化变化而引起与它耦合的另一种核的极化变化即为极化转移。例如，把高灵敏核(^1H)的自旋极化传递到低灵敏核(^{13}C)上，使低灵敏核(^{13}C)的信号强度增强。极化转移技术用于准确归属 CH、CH_2、CH_3 和季碳，而测量时间比 ^{13}C 偏共振去耦谱短。INEPT(低敏核极化转移增强)实验可通过脉冲序列中 ^{13}C 通道最后的观测脉冲与采样之间的等待时间 Δ 来调节 CH、CH_2、CH_3 信号的强度。当 $\Delta = 1/(8J)$ 时，CH、CH_2、CH_3 均为正峰；当 $\Delta = 1/(4J)$ 时，只有 CH 的正峰；当 $\Delta = 3/(8J)$ 时，CH、CH_3 为正峰，CH_2 为负峰，因此可以有效地识别 CH、CH_2、CH_3。而季碳因为没有质子，没有极化转移条件，在 INEPT 实验中无信号。与宽带去耦谱对照，即可确定季碳。实验中存在强度比和相位畸变等问题。

b. DEPT

用脉冲倾倒角 θ 的变化来代替 INEPT 中 Δ 的改变，CH、CH_2、CH_3 的信号强度仅与 θ 有关。当 θ 发射脉冲为 45°时，CH、CH_2、CH_3 均为正峰；90°时，只有 CH 的正峰；135°时，CH、CH_3 为正峰，CH_2 为负峰。同样，在 DEPT 谱中季碳的信号不出现。通过与宽带去耦谱对照，即可确定季碳。DEPT 克服了 INEPT 中强度比和相位畸变等问题。

c. APT

APT 法(或 J 调制法)最简单的脉冲序列为 ^{13}C 观测通道加 90°脉冲，在 J 调制的时间间隔 τ 后采样，质子通道只在 J 调制的时间内关闭。当 $\tau = 1/J$ 时，季碳和亚甲基产生正信号，次甲基和甲基产生负信号，因此碳原子被分为两组。结合 ^{13}C 的化学位移及宽带去耦谱中谱线的强度可以区分 C 与 CH_2，CH 与 CH_3。此法保留了 NOE，除季碳外谱线均增强。

5. 利用 ^{13}C NMR 测定碳原子个数和级数

碳原子个数：反转门控去耦可对碳定量，质子宽带去耦谱可参考谱峰数目进行确定。

碳原子级数：最常采用 DEPT，J 在一定范围内变化对结果影响不大，且具有极化转移增强。INEPT 实验有极化转移增强，但 ^1J 的变化对测定不利。APT 法的脉冲序列最简单，季碳也有信号，但 $^1J_{CH}$ 的相差不能太大，同时需结合其他信息进一步推断。

耦合谱中，根据 ^{13}C 的耦合裂分可判断碳原子上连接氢的状况；偏共振去耦谱中只保留了 ^1J 的剩余耦合，伯碳四重峰(q)、仲碳三重峰(t)、叔碳二重峰(d)、季碳单峰(s)；质子选择去耦谱中可获得特定碳原子连接氢的情况；二维核磁共振谱中可根据 ^{13}C 与 ^1H 的耦合关系推断碳原子级数。

6. 测定 ^{13}C 化学位移的内标物和溶剂

^{13}C NMR 谱与 ^1H NMR 类似，也需要内标物来确定谱峰的化学位移。常用的与 ^1H NMR 一致的内标物有 TMS、DSS 或 TSP，都以甲基的 δ_C 为 0。除此之外，^{13}C NMR 也可用 $CS_2(\delta_C =$

192.5)和一些氘代溶剂峰作为内标。由于氘的自旋量子数 I 为 1，对 ^{13}C 有耦合裂分，裂分小峰的重数符合 $2nI+1$，峰形与样品信号相比有明显区别，很容易识别。将溶剂峰按照 TMS 为内标的 δ(表 5-1)进行赋值或校正，即可确定样品谱峰的化学位移。表 5-1 同时列出了 ^{1}H NMR 中溶剂的化学位移。

表 5-1　常用溶剂的 δ 值(TMS 为内标)

溶剂	$\delta_{H(残存)}$	δ_C
乙腈-d$_3$	1.95	1.3, 118.2
环己烷-d$_{12}$	1.43	26.1
丙酮-d$_6$	2.05	29.2, 206.5
二甲基亚砜-d$_6$	2.50	39.6
甲醇-d$_4$	3.35, 4.8*	49.0
二氯甲烷-d$_2$	5.30	53.6
二氧六环-d$_8$	3.55	66.5
三氯甲烷-d$_1$	7.27	76.9
苯-d$_6$	7.20	128.0
吡啶-d$_5$	7.23, 7.62, 8.59	123.5, 135.5, 149.2
N,N-二甲基甲酰胺-d$_7$	2.77, 2.93, 7.5(br)	30.1, 35.2, 167.7
硝基甲烷-d$_3$	4.33	60.5
乙酸-d$_4$	2.05, 8.5*	20.0, 178.3
三氟乙酸	12.5*	164.2, 116.6
重水	4.7*	—
四氯化碳	—	96.0
二硫化碳	—	192.5

* 变动较大，与所测化合物浓度及温度等有关。

7. 影响 ^{13}C 化学位移的因素

核磁共振基本关系式中屏蔽常数与原子核所处化学环境有关，屏蔽常数 $\sigma = \sigma_d + \sigma_p + \sigma_a + \sigma_s$。式中，$\sigma_d$ 为局部抗磁屏蔽项，σ_p 为局部顺磁屏蔽项，σ_a 为邻近各向异性屏蔽项，σ_s 为溶剂和介质影响项。前两项 σ_d 和 σ_p 都反映了在外加磁场作用下，观察核外电子运动产生的感应磁场的影响，这两项作用大于后两项 σ_a 和 σ_s，其中 σ_p 是决定 ^{13}C 化学位移的主要因素。σ_a 取决于邻近核的性质以及与观察核 ^{13}C 之间的位置关系，可产生正或负的效应。σ_s 中位移试剂对 ^{13}C 影响很大，溶剂影响较小。

(1) 杂化状态。是观察核的自身因素，对 δ_C 有重要影响。sp^3(无杂原子取代)0～50，sp 及杂原子取代的 sp^3-C 化学位移 50～80，sp^2(烯碳和苯环碳) 80～150，羰基 150～220。

(2) 诱导效应。电负性取代基、杂原子及烷基都能使其 δ_C 向低场位移，并随取代基相隔键数增多而减小，通常只有 α 位诱导位移随取代基的变化明显，对 β、γ 及以远碳的影响依次减小。

(3) 空间效应。观察核所处空间电场、磁场的不同对 ^{13}C 化学位移影响很大，空间位阻也会导致碳核外化学环境的改变，因此 ^{13}C NMR 对分子的几何形状非常敏感。

(4) 超共轭效应及共轭效应。第二周期的杂原子 N、O、F 处在被观察的碳的 γ 位并且为对位交叉时，超共轭效应将提高 γ-C 的电荷密度，使该碳的 δ_C 向高场位移 2～6。苯环上连接的取代基与苯环可发生 p-π共轭或π-π共轭，使苯环上电荷分布发生规律性变化，碳原子的δ_C随之改变。羰基发生 p-π共轭或π-π共轭使羰基碳正电荷分散，使其共振向高场位移，不饱和键的高场位移作用弱于杂原子。

(5) 重原子效应。较重的卤素 Br 和 I，随着原子序数的增加，核外电子数增多而抗磁屏蔽增大，呈现出重原子效应。化学位移方向与其诱导效应相反，化学位移要依据综合作用的结果。

(6) 分子内氢键。一般羰基形成分子内氢键时，羰基碳去屏蔽，δ_C增大。

(7) 介质位移。介质对δ_C的影响一般较小。溶剂的更换、溶液的稀释、pH 的改变都对δ_C有一定影响。其中，pH 对胺、羧酸、氨基酸等化合物的影响相对较大。

(8) 位移试剂。稀土元素如 Eu(Ⅱ)、Pr(Ⅱ)、Yb(Ⅱ)的配合物常用作位移试剂。位移试剂主要通过与试样中的极性基团(如—OH、—NH_2、—SH、—COOH、$>C=O$ 等)的诱导作用使样品谱带向低场拉开，辅助化合物结构解析等。

8. ^{13}C 的耦合裂分及耦合常数

通常 ^{13}C 测定采用宽带质子去耦谱，消除了 ^1H 的耦合。^{13}C 耦合谱中只需考虑 ^{13}C-^1H 耦合，不需考虑 ^{13}C-^{13}C 耦合。J_{CH}与碳杂化、键角及取代基等都有关系。

$^1J_{CH}$一般为 120～320 Hz。杂化轨道 s 成分是最重要的影响因素，近似有 $^1J_{CH}=5×(\%s)$(Hz)。$^2J_{CCH}$一般为-5～60 Hz。芳烃的 $^2J_{CCH}$只有几赫兹，取代烯烃的顺反异构体中 $^2J_{CCH}$有明显差异。

$^3J_{CCCH}$及更远的耦合常数一般较小，偶尔可表现出远程耦合。苯环中 $^3J_{CCCH}$比 $^2J_{CCH}$大。

其他核对 ^{13}C 的耦合中主要有重氢 D、^{19}F 及 ^{31}P 等。D 的自旋量子数 $I=1$，n 个 D 使 ^{13}C 裂分为 $2n+1$ 重峰，$^1J_{CD}$ 为 20～30 Hz。耦合裂分使溶剂峰易于识别，并可依靠溶剂峰定标。

^{19}F、^{31}P 的自旋量子数 $I=1/2$，对 ^{13}C 的裂分遵循 $n+1$ 规律。$^1J_{CF}$ 为 158～370 Hz，$^2J_{CCF}$ 为 30～45 Hz，$^3J_{CCCF}$ 为 0～8 Hz。^{31}P 的价态不同，J 不同。$^1J_{CP}$ 为-14～150 Hz，$^1J_{CP}^V$ 为 100～150 Hz，$^1J_{CP}^{III}$ 为几十赫兹。

9. 各类碳的化学位移

化学位移是 ^{13}C NMR 中最重要的参数。分子构型、构象的微小差异都会在化学位移上表现出来，化合物每个不同种类的碳几乎都能分开。

一般从化学位移的整体趋势而言，分子内δ_C的大小顺序与该碳上氢的δ_H有很好的一致性，但在具体的分子结构中，往往会出现不一致的情况。例如，某些分子中苯环上取代基邻间对位δ_H与δ_C的对应等并不尽相同。表 5-2 列出了常见官能团中碳的化学位移。

表 5-2 常见官能团中碳的化学位移

碳类型	化学位移	碳类型	化学位移
脂肪族(无杂原子相连)	-2.1～43	炔	67～92
甲氨基	25～45	烯	100～165
甲氧基	45～60	苯环	110～170
亚甲基(与氮相连)	41～60	氰基	110～130
亚甲基(与氧相连)	45～75	吡啶环	125～155

续表

碳类型	化学位移	碳类型	化学位移
酸酐羰基	150～175	醌羰基	170～190
酯羰基	160～180	α-卤代酮羰基	170～200
酰胺羰基	160～180	不饱和酮羰基	190～210
不饱和醛羰基	165～175	饱和醛羰基	200～205
酰氯羰基	165～180	饱和酮羰基	200～220
羧酸羰基	165～185		

10. 常见碳的化学位移

1) 烷烃的化学位移

饱和碳的 δ_C 为 –2.1～43。有 α-、β 和 γ-H 取代效应,表现为碳上氢被甲基取代,每增加一个甲基分别使 α-、β 和 γ-δ_C 增加 9、增加 9 和减小 2.5 左右。δ 及以远的甲基影响很小。直链烷烃及开环支链烷烃中碳原子的化学位移规律性强,可通过经验公式计算。

2) 环烷烃的化学位移

环烷烃中 δ_C 除环丙烷(–2.6)外,其余环烷烃(环丁烷到环十七烷)的 δ_C 为 23.3～29.4。甲基环己烷中处于平伏键的甲基 δ_C 为 22～23,处于直立键的甲基 δ_C 为 18～19。

3) 烯烃的化学位移

烯烃的 δ_C 为 100～165,与芳环碳 δ_C 范围重叠。

单烯,乙烯的 δ_C 为 122.8,可作为 δ_C 比较基准。在不对称取代的端基单烯中,两个烯碳 δ_C 差别较大。端基烯碳 δ_C 较小,随着双键两端碳链的延长,这个差别将减小。线形及开链支化烯烃中烯键两端 α、β 位取代基对烯碳 δ_C 影响较大。随着相隔键数的增加,影响迅速减小。烯碳的 δ_C 可通过经验公式计算。

非环双烯中单烯的加和规则无效,烯碳的化学位移类似单烯。叠烯比较特殊,两端碳 δ_C 为 70～90,中心碳 δ_C 为 208～213。

单取代烯中,α-烯碳的 δ_C 变化范围为 70,β-烯碳的 δ_C 变化范围为 55。

4) 炔烃的化学位移

炔烃的 δ_C 为 67～92。端基炔的两炔碳 δ_C 差约为 15。与烯烃类似,随着炔键两端烷基链的增加,两炔碳 δ_C 差值缩小。取代炔烃随取代基的影响炔碳的 δ_C 变化范围可达 100。

5) 芳烃及取代苯的化学位移

苯的 δ_C 为 128.5,除联苯撑外,所有芳烃的 δ_C 为 123～142。

取代芳烃的 δ_C 基本为 110～170。取代位 δ_C 受到的影响最大,变化范围较宽。间位 δ_C 受到取代基的影响最小,变化范围通常在 5 以内。邻对位碳化学位移受取代基的影响可参考氢谱相应质子,但两者并不完全一致。取代苯中取代基对苯环碳 δ_C 的影响具有加和性,但当取代基较多时,会有一定偏差。

杂环中,六元氮杂环与氮原子相连的碳 δ_C 受到较强的去屏蔽作用。五元杂环中,需综合考虑杂原子孤对电子和电负性的影响。

6) 卤代烷的化学位移

卤素对 α-C、β-C、γ-C 有显著影响,影响因素有诱导效应和重原子效应等,其化学位移是各种因素综合作用的结果，随着相隔键数增加影响迅速减小。

7) 醇的化学位移

由于氧原子的吸电子性质，与相应烷烃相比，α-C、β-C、γ-C 分别向低场位移 35~52、5~12、0~6。

8) 胺的化学位移

伯胺基沿烷基链中各取代效应的平均值分别为α位 29.3、β位 11.3、γ位 4.6、δ位 0.6。

9) 羰基化合物的化学位移

羰基碳的δ_C为 150~220，对结构变化很敏感，且干扰很少。脂肪酮的δ_C最大，为 200~220。π-π共轭、p-π共轭、吸电子诱导效应等都使羰基屏蔽增加，移向高场，其中直接与羰基碳相连的杂原子比不饱和基团的影响更大。醛、酮的羰基使邻近α-C 去屏蔽。

11. ^{13}C NMR 谱图解析的一般步骤

^{13}C NMR 谱图解析步骤与 ^{1}H NMR 类似。

(1) 充分了解已知的信息，若已知分子式，则先算出不饱和度。

(2) 检查谱图是否合格，清楚测试条件和方法。

(3) 找出溶剂峰及杂质峰。

(4) 确定谱线数目，推断碳原子数。当分子中无对称因素时，宽带去耦谱的谱线数等于碳原子数；当分子中有对称因素时，谱线数少于碳原子数。由于宽带去耦谱中峰强度与碳原子数不成正比，因此当分子中有对称因素时要用反转门控去耦(非 NOE 方式)测定碳原子数。

(5) 由 DEPT 谱等方法确定各种碳的类型：季碳、叔碳、仲碳、伯碳等。

(6) 分析各个碳的δ_C，参考其他信息，推断碳原子上所连的官能团及双键、三键存在的情况。

(7) 推测可能的结构式(可能的结构式可能有多个)。用类似化合物的δ_C的文献数据进行对照；按取代基参数估算可能的结构式的各种δ_C；结合其他分析，找出合理的结构式。

(8) 当分子比较复杂，碳链骨架连接顺序难以确定时，可应用 2D NMR 确定各个碳之间的关系及连接顺序。

(9) 已知化合物可对照标准谱图确定结构，用计算机模拟得到的数据也可以提供参考。必要时用一些特殊方法验证结构。

12. 二维核磁共振的基本原理

二维核磁共振谱图是两个独立频率(或磁场)变量的函数，共振信号分布在两个频率轴组成的平面上，将化学位移、耦合常数等 NMR 参数在二维平面上展开，使得谱图解析和寻找核之间的相互作用更加容易。

在一个 2D NMR 实验中，整个时间轴按其物理意义分割成四个区间：预备期(t_d)、发展期(t_1)、混合期(t_m)和检测期(t_2)。采用不同的脉冲序列可以得到不同的 2D NMR 谱，两个坐标轴所代表的参数也有所不同。

13. 记录二维核磁共振实验的谱图类型

(1) 堆积图：两个频率变量为二维，信号强度为第三维。谱图立体感强，但谱峰重叠严重，一般不用。

(2) 平面等值线图：又称平面等高线图。类似于地理上的等高线地形图，把堆积图用一个平行于轴 F_1 和 F_2 的平面平切后所得。一般 2D NMR 常使用这种图。

(3) 截面图：只记录 2D NMR 全谱的某个剖面，剖面常与一个频率轴平行或成 45°。

(4) 积分投影图：是一维谱形式的图，是对垂直于投影轴的剖面上信号强度进行积分得到。

14. 二维核磁共振的类型

1) 二维 J 分解谱

二维 J 分解谱是在 F_1 轴(一般为纵轴)上显示耦合信息，从图上可得到耦合常数 J_{HH} 或 J_{CH}，在 F_2 轴(一般为横轴)上显示化学位移 δ_C 或 δ_H，谱图比一维谱容易解析。

^{1}H-^{1}H 同核二维 J 分解谱：将化学位移与耦合常数分别在 F_1、F_2 两个轴上给出。在 F_1 轴上可得到 J_{HH} 耦合信息，而在 F_2 轴上是化学位移和 J_{HH} 同时出现。一般谱图经处理，F_2 只呈现化学位移。将 ^{1}H NMR 中重叠密集的谱线多重峰结构展开在一个二维平面上，利于解析。

^{13}C-^{1}H 异核二维 J 分解谱：异核二维 J 分解谱的 F_2 轴为 ^{13}C 的化学位移，F_1 轴为质子与 ^{13}C 的耦合。应用最多的门控去耦 ^{13}C-^{1}H 二维 J 分解谱中，季碳为单峰，CH 为二重峰，CH$_2$ 为三重峰，CH$_3$ 为四重峰。

2) 同核化学位移相关谱

氢-氢同核化学位移相关谱(^{1}H-^{1}H COSY)：一般采用等高线图，画成正方形。图中有两类峰，对角峰和交叉峰(或称相关峰)。对角峰在 F_1 或 F_2 上的投影得到常规的耦合谱或去耦谱，对角峰的坐标是各自的化学位移。不在对角线上的峰为交叉峰，以对角线对称分别出现在对角线两侧，这两组交叉峰和相应的对角峰可以组成一个正方形，显示了具有相同耦合常数的不同核之间的耦合。^{1}H-^{1}H COSY 给出了同一个耦合体系中质子之间的耦合关系，可以确定质子化学位移以及质子之间的耦合关系和连接顺序。

碳-碳同核化学位移相关谱：通过二维双量子 INADEQUATE 进行测定。谱图有两种形式，第一种形式 F_2 轴上为碳原子的化学位移，F_1 轴上为双量子跃迁频率 ν_{DQ}，相互耦合的两个碳原子作为一对双峰排列在平行于 F_2 轴的同一水平线上，每一对耦合碳原子双峰连线的中点都落在谱中 $F_1 = 2F_2$ 的"对角线"上。另一种形式是 F_1 与 F_2 都为 ^{13}C 的化学位移，相互耦合的两个碳原子作为一对双峰出现在对角线两侧对称的位置上。可以确定分子碳链连接顺序。

3) 异核碳氢化学位移相关谱

碳-氢异核化学位移相关谱分为测定一键耦合($^1J_{CH}$)的碳氢相关谱(^{13}C-^{1}H COSY，又称 HETCOR)、测定远程耦合的碳氢相关谱(long-range ^{13}C-^{1}H COSY，又称 COLOC)和异核接力相干转移谱(^{13}C-^{1}H RELAY，又称异核 RCT 谱)等。谱图 F_1 轴是 ^{1}H 的化学位移，其方向的投影为氢谱。F_2 轴是 ^{13}C 的化学位移，其方向的投影为全去耦碳谱。谱图无对角峰，只有相关峰。

在常规的 ^{13}C-^{1}H COSY 谱中可获得直接相连的碳与氢($^1J_{CH}$)的耦合关系，在谱图中只出现每一个碳所直接键合的氢的交叉峰(相关峰)。由于脉冲程序不同，在 F_1、F_2 轴可以观察到 J_{HH} 和 $^1J_{HC}$ 出现，或者是去耦的信号。

远程 ^{13}C-^{1}H 化学位移相关谱中可以获得包括季碳在内的一键以上的远程 C-H 耦合关系，这种远程耦合甚至可以越过氧、氮或其他原子的官能团，将碳与相隔两三个键的氢相关联。交叉峰除出现 $^nJ_{CH}$(一般 $n = 2 \sim 3$)远程相关峰外，也会出现强的 $^1J_{CH}$ 相关峰。

异核接力相干转移谱是通过邻位的质子将观察质子与邻位的碳相关联，其结果是观察质子不仅与直接相连的碳有异核关联，而且还与相邻的碳相关联，有利于确定有机分子碳骨架。

季碳因无质子，没有信号。

　　4) 总相关谱

　　总相关谱类似于 ^{1}H-^{1}H COSY 谱，可提供自旋体系中耦合关联的信息。谱图 F_1 和 F_2 都是质子的化学位移，对角峰在 F_1 和 F_2 坐标上的投影为氢谱，交叉峰为直接耦合的相关峰。可获得对角峰、直接耦合的交叉峰以及磁化矢量多次接力所致的交叉峰。谱图中每一个自旋体系可以形成一个方形的网络，对自旋体系判断非常有用。

　　5) NOESY 和 ROESY

　　NOESY 表示的是质子的 NOE 关系，可以给出所有质子间的 NOE 信息。谱图 F_1、F_2 两个轴均为质子的化学位移，有对角峰和交叉峰，交叉峰表示 NOE 关系。45°对角线上的点在两轴上的投影均为一维谱，非对角线上的点(相关峰)如能与对角线上的点构成矩形，则对角线上的两点所代表的质子间有 NOE 作用，即空间位置很近。NOESY 是研究有机物立体化学的有力工具，对蛋白质等生物大分子的研究十分有用。

　　ROESY 是旋转坐标系中的 NOESY，在应用上与 NOESY 可以互相补充。当样品的分子量为 1000～3000 时，NOE 的增益为 0，NOESY 得不到交叉峰，此时就要使用 ROESY。分子量小于 1000 或大于 3000，可使用 NOESY。ROESY 的解析方法与 NOESY 类似。

　　6) ^{1}H 检测的异核化学位移相关谱

　　与上述对 ^{13}C 采样的异核化学位移相关谱相比，^{1}H 检测的异核化学位移相关谱的灵敏度将提高 8 倍，大大减少了样品用量和累加时间，但需要使用反向探头。用反向探头做异核化学位移的相关谱有检测 ^{1}H 的异核多量子相干谱(HMQC)、检测 ^{1}H 的异核单量子相干谱(HSQC)及检测 ^{1}H 的异核多键相关谱(HMBC)等。

　　HMQC 和 HSQC 都类似于 HETCOR，但 F_1 域为 ^{13}C 化学位移，F_2 域为 ^{1}H 化学位移，谱图中的交叉峰仍表示 ^{13}C-^{1}H 的相关性，可以获得 ^{13}C 和 ^{1}H 一键耦合信息。HSQC 谱图在 F_1 域的分辨率比 HMQC 高。

　　HMBC 的作用类似于远程 ^{13}C-^{1}H 化学位移相关谱，F_1 域为 ^{13}C 化学位移，F_2 域为 ^{1}H 化学位移。把 ^{1}H 和远程耦合的 ^{13}C 关联起来，可以高灵敏度地检测 ^{1}H-^{13}C 远程耦合($^2J_{CH}$、$^3J_{CH}$)，通过两三个键的质子与季碳的耦合也有相关峰，从中可得到有关碳链骨架的连接信息、有关季碳的结构信息及因杂原子存在而被切断的耦合系统之间的结构信息等。有时也可以看到 $^1J_{CH}$ 的交叉峰。

15. 二维核磁共振谱的对照

　　表 5-3 简要列出了常用二维核磁共振谱的有关信息。

表 5-3　常用二维核磁共振谱对照

中文全称	英文全称	简称	相关途径	用途
氢-氢二维 J 分解谱	^{1}H-^{1}H 2D J-resolved spectroscopy	^{1}H-^{1}H 2D J 谱	J_{HH}	确定 δ_H、J_{HH}
碳-氢二维 J 分解谱	^{13}C-^{1}H 2D J-resolved spectroscopy	^{13}C-^{1}H 2D J 谱	J_{CH}	确定 δ_C、J_{CH}，碳上氢的个数
氢-氢化学位移相关谱	^{1}H-^{1}H chemical shift correlation spectroscopy	^{1}H-^{1}H COSY	J_{HH}	确定 H-H 耦合关系
二维双量子 INADEQUATE	incredible natural abundance double quantum transfer experiment	INADEQUATE	J_{CC}	确定分子中碳连接顺序

续表

中文全称	英文全称	简称	相关途径	用途
碳-氢化学位移相关谱	¹³C-¹H heteronuclear chemical shift correlation spectroscopy	¹³C-¹H COSY 或 HETCOR	$^1J_{CH}$	确定 C-H 耦合关系
碳-氢远程相关谱	¹³C-¹H correlation spectroscopy via long range couplings	¹³C-¹H LRCOSY 或 COLOC	$^nJ_{CH}(n \geqslant 2)$	确定远程 C-H 耦合关系
碳-氢异核接力相干转移谱	¹³C-¹H heteronuclear relayed coherence transfer spectroscopy	¹³C-¹H RELAY 或 ¹³C-¹H RCT	$^nJ_{CH}(n \leqslant 2)$	确定分子 C-C 连接关系
总相关谱	total correlation spectroscopy	TOCSY	$^nJ_{HH}$	确定自旋体系及质子间耦合关系
同核 Hartmann-Hahn 谱	homonulear Hartmann-Hahn spectroscopy	HOHAHA	$^nJ_{HH}$	确定自旋体系及质子间耦合关系,与 TOCSY 的脉冲序列只在混合期有区别,图谱外观一致
二维 NOE 谱	nuclear Overhauser effect spectroscopy	NOESY	NOE	提供空间或交换信息,对生物大分子研究十分有用
旋转坐标系中的 NOESY	rotating frame Overhauser effect spectroscopy	ROESY	NOE	提供空间或交换信息
检测 ¹H 的异核多量子相干	¹H detected heteronuclear multiple quantum coherence	HMQC	$^1J_{CH}$	同 HETCOR,浓度可以低些
检测 ¹H 的异核单量子相干	¹H detected heteronuclear single quantum coherence	HSQC	$^1J_{CH}$	同 HETCOR,浓度可以低些 F_1 域的分辨率比 HMQC 高
检测 ¹H 的异核多键相关谱	¹H detected heteronuclear multiple bond correlation	HMBC	$^nJ_{CH}(n \geqslant 2)$	同 COLOC,浓度可以低些

5.3　例 题 分 析

【例 5-1】　某化合物分子式为 $C_6H_{10}O$,根据 ¹³C NMR 谱(图 5-1)确定结构。

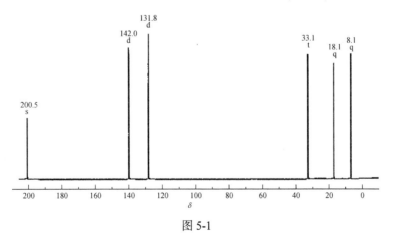

图 5-1

解　(1) 化合物不饱和度为

$$U=1+6-10/2=2$$

根据谱图，$\delta 200.5$ 处单峰应为羰基，$\delta 142.0$ 和 $\delta 131.8$ 处的两个峰对应碳碳双键，$\delta 40$ 以下的峰为饱和碳，正好与计算的两个不饱和度相符。

(2) 谱图中一共有 6 个峰，与分子式中 6 个碳相对应，因此分子中不存在对称因素。各碳分析如下：

δ	峰形	归属
200.5	单峰	C=O
142.0	双峰	CH=
131.8	双峰	CH=
33.1	三重峰	CH$_2$
18.1	四重峰	CH$_3$
8.1	四重峰	CH$_3$

各结构片段组合后正好是 $C_6H_{10}O$，与已知分子式一致。

可能的结构有以下 3 种：

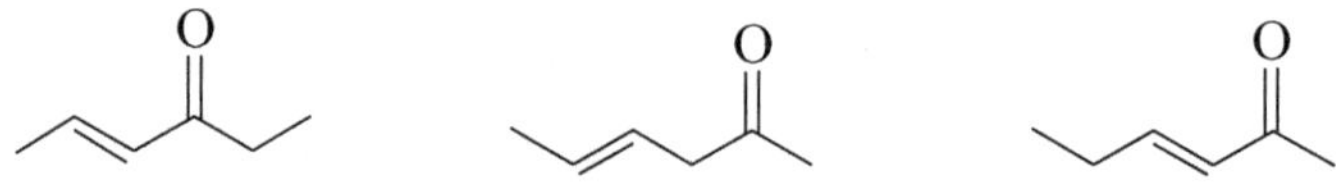

(3) 比较这三个化合物发现，A 和 C 的羰基与碳碳双键共轭，而 B 没有共轭，因此 B 的羰基的化学位移应与脂肪酮羰基化学位移类似，数值较大；同时，B 的亚甲基处在碳碳双键和羰基之间，化学位移值也会有较大幅度的增加，据此可以排除 B。

(4) 烷基碳直接与羰基或碳碳双键相连化学位移会不同，尤其是乙基与羰基或碳碳双键连接其 CH$_3$ 表现尤为突出，当乙基与羰基相连，其甲基化学位移值很小，因此可以区分 A 和 C，谱图中甲基化学位移值仅有 $\delta 8.1$，故推断化合物为 A。

注：目前已经有一些较好的应用软件为化合物结构解析提供了很好的帮助，ChemDraw 就是其中的一款，但使用时要注意软件给出的模拟值某些情况与实测值存在一定差异。下面是 ChemDraw 给出的这三个化合物的碳化学位移值，A 很接近测定值。

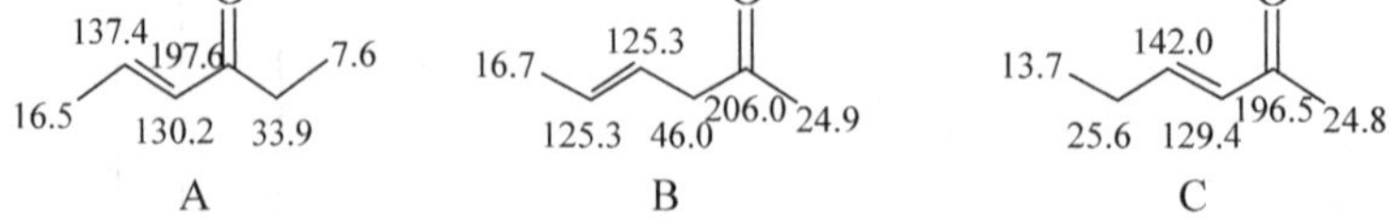

【例 5-2】 某化合物分子式为 $C_5H_{11}Br$，其宽带去耦 ^{13}C NMR 谱中只有 4 条谱线，分别位于 $\delta 21.9$、$\delta 26.9$、$\delta 32.0$ 和 $\delta 41.8$。推测其结构。

解 (1) 化合物不饱和度为

$$U=1+5-(11+1)/2 = 0$$

化合物为饱和溴代烷。

(2) 谱图只有 4 条谱线，比分子式少一个碳信号，说明分子内有 2 个碳化学等价，具有相

同的化学位移值。可能的结构有

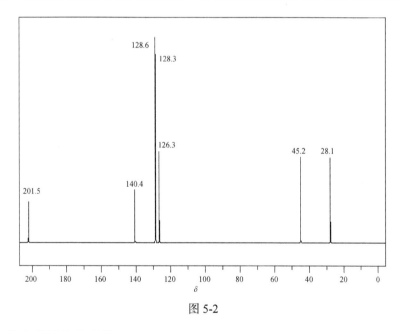

　　A 将在低场区集中 4 个碳，而 4 位碳将远离其他几个处于高场，化学位移值与题中数据不符，故可以排除。B 与 C 只能靠分子中碳的化学位移的差异来区别，以下是 ChemDraw 给出的这两个化合物的碳化学位移值，数值很接近 B。

　　(3) 题中数据是 B 的实测值。

　　注：¹³C NMR 对化合物结构非常敏感，化学环境的细微差别都可以在化学位移上反映出来，这为化合物结构的确定提供了细致精准的信息。另外，B 和 C 存在伯、仲、叔碳数目的差异，将宽带去耦谱与偏共振去耦谱或 DEPT 结合使用，就可以知道化合物含有多少类碳，伯、仲、叔、季碳各有多少，对化合物结构解析非常有用。

【例 5-3】　某化合物分子式为 $C_9H_{10}O$，¹³C NMR 谱如图 5-2 所示，推断结构。

图 5-2

　　解　(1) 化合物不饱和度为

$$U=1+9-10/2=5$$

　　化合物可能有 1 个苯环和 1 个双键或环。谱图中 δ 201.5 处出峰，为羰基，δ 125～141 有 4 个峰，说明有苯环。故该化合物含苯环和羰基，不饱和度正好是 5。

　　(2) 苯环在谱图中出 4 个峰的情况较多，由于本化合物除去苯环后仅剩 3 个碳，只能组成单、双及三取代苯。如果是三取代苯，除醛羰基碳外，另外 2 个碳只能是甲基碳，因为苯环碳只有 4 个峰，化合物结构肯定对称，这 2 个甲基化学位移应相同。由于谱图中高场区碳化学位移值差别较大，可以排除，因此只能是对二取代和单取代，情况如下：

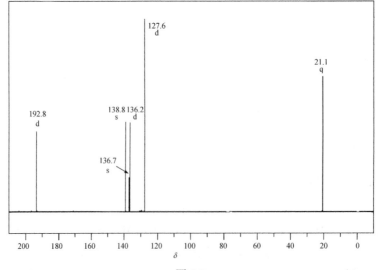

A 的甲基都是与 sp^2 杂化的碳相连，化学位移值应该比较接近，图中数据为 $\delta45.2$ 和 $\delta28.1$，故可以排除；B 的苯环季碳都是与饱和碳相连，同样化学位移值应该接近，$\delta125\sim141$ 的 4 个峰，中间 2 个高峰肯定是有对称因素的碳，另外 2 个低峰化学位移值差距较大，因此 B 也可以排除。C 中醛基与苯环共轭，羰基碳化学位移应在 $\delta190$ 左右，与图中数据 $\delta201.5$ 不符，排除 C。D 羰基与苯环共轭，化学位移会减小；同时，当乙基与羰基相连时其甲基化学位移值很小，在 $\delta10$ 左右，图中高场最小化学位移值为 $\delta28.1$，排除 D。E 和 F 比较，羰基有较大差异。两个羰基都是与饱和碳相连，不同的是一个为酮，一个为醛。酮羰基化学位移大，脂肪酮的化学位移 $\delta200\sim220$，醛比相应的甲基酮小 $\delta5\sim10$。经与标准谱图比较，化合物为 F。

谱峰归属如下：

$$\underset{126.3}{\overset{\displaystyle 128.3^{*}}{\underset{\displaystyle 128.6^{*}}{\overset{\displaystyle}{\underset{140.4}{\phantom{\text{苯环}}}}}}}\ \underset{}{\overset{28.1}{CH_2}}-\underset{45.2}{CH_2}-\overset{201.5}{CHO}$$

* 可以互换

注：这 6 个化合物存在伯、仲、叔、季碳数目的差异，如果增加 DEPT 或偏共振耦合谱，再结合化学位移值的差异，这 6 个化合物很容易区分。

【例 5-4】 某化合物分子式为 $C_9H_{10}O$，^{13}C NMR 谱如图 5-3 所示，推断结构。

图 5-3

解 (1) 化合物不饱和度为

$$U=1+9-10/2=5$$

化合物可能有 1 个苯环和 1 个双键或环。谱图中 δ 192.8 处出峰，为羰基，δ 127～137 有 4 个峰，说明有苯环。故该化合物含苯环和羰基，不饱和度正好是 5。

(2) 根据偏共振碳谱，δ 192.8 处峰为双峰，因此该羰基为醛基。δ 21.1 处峰为四重峰，是甲基，根据化学位移值，该甲基肯定与碳相连接。δ 127～137 是苯环的 4 个峰，根据偏共振裂分可见苯环有两类季碳、两类 CH，虽然宽带质子去耦碳谱谱峰高度与碳个数不成比例，但从该谱峰高的明显差距可以定性地认为该苯环为三取代，并且结构对称。可以推定化合物已有以下结构片段：CHO、C_6H_3、CH_3，与分子式 $C_9H_{10}O$ 相比化合物应该还有 1 个甲基，并且这两个甲基应该化学等价。

(3) 对称的三取代苯环上连接有 1 个醛基和 2 个甲基，只能排成 3,5-或 2,6-二甲基苯甲醛。δ 138.8 单峰是与甲基相连的 2 个季碳，δ 136.7 单峰是与醛基相连的 1 个季碳，δ 136.2 双峰是醛基对位的碳，δ 127.6 双峰是剩余对称的苯环上的两个 CH。在此，只凭以上谱图不容易区分 3,5-或 2,6-二甲基苯甲醛。需要找标准谱图或补充其他数据再确定。根据标准谱图比对，化合物为 3,5-二甲基苯甲醛。

图 5-4 是 2,6-二甲基苯甲醛的 ^{13}C NMR 谱。

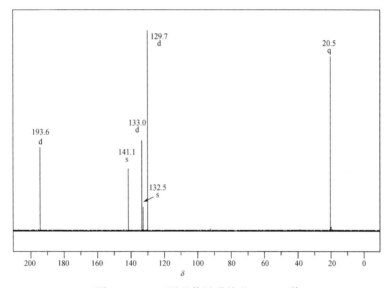

图 5-4　2,6-二甲基苯甲醛的 ^{13}C NMR 谱

在此，将两个化合物的 ^{13}C NMR 谱比较可以看出苯环上 1 位和 4 位碳的化学位移变化较大，甲基与醛基相邻使得与醛基相连的季碳向高场稍有移动。

如果将这两个化合物的 ^{1}H NMR 谱进行比较，就会发现这两个异构体苯环上氢的化学位移值、峰形、耦合常数都有较大差异。图 5-5 和图 5-6 分别是 3,5-二甲基苯甲醛和 2,6-二甲基苯甲醛的 ^{1}H NMR 谱。由图可见 3,5-二甲基苯甲醛的 2、6 位氢的化学位移值较大，为 δ 7.42，4 位氢的化学位移值为 δ 7.18；而 2,6-二甲基苯甲醛 3、5 位氢的化学位移值小，为 δ 7.08，4 位氢的化学位移值为 δ 7.31。另外，可明显看见 2,6-二甲基苯甲醛的 ^{1}H NMR 谱 δ 7.31 处为三重峰，δ 7.08 处为双峰，计算其耦合常数为 7.6 Hz。

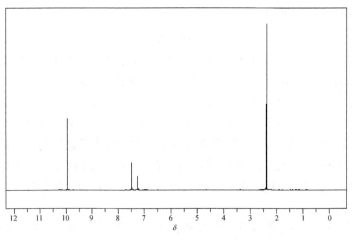

图 5-5　3,5-二甲基苯甲醛的 ^{1}H NMR 谱

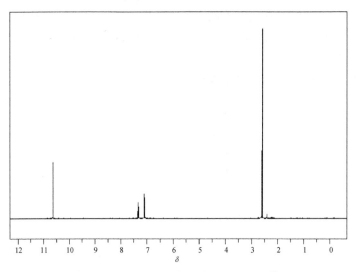

图 5-6　2,6-二甲基苯甲醛的 ^{1}H NMR 谱

【例 5-5】　化合物 $C_5H_9BrO_2$，根据图 5-7 和图 5-8 核磁共振谱图确定结构，并说明依据。

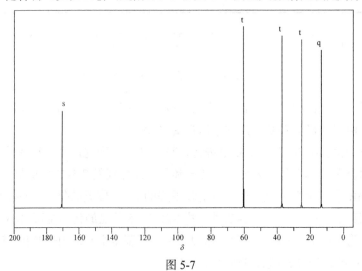

图 5-7

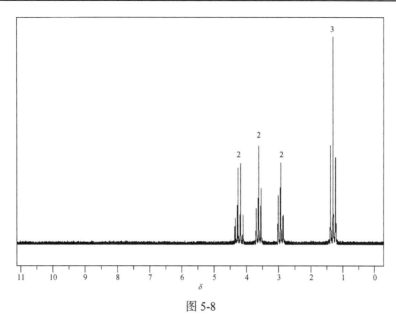

图 5-8

解　(1) 化合物不饱和度为

$$U=1+5-(9+1)/2=1$$

化合物可能有 1 个双键或环。^{13}C NMR 谱 δ 170.5 处的单峰表明为羰基，不饱和度正好是 1，故该化合物为羰基化合物。

(2) ^{13}C NMR 谱中出现了 5 组峰，与分子式相符，因此化合物结构中无对称因素。根据偏共振谱给出的峰的裂分：1 个单峰、3 个三重峰、1 个四重峰，可以判断碳上共有 9 个氢，与分子式相符，故分子中无活泼氢。结构单元为 1 个 CO、3 个 CH₂、1 个 CH₃。

(3) ^{1}H NMR 谱中出现了 4 组峰，最小积分值总和为 9，与分子式一致，因此积分值即氢的个数值。δ 1.29 处为 3 个氢，裂分为三重峰，证明有 CH₃，并且与 CH₂ 相连，δ 4.19 处为 2 个氢，化学位移值偏大，肯定与 O 相连，为—OCH₂，裂分为四重峰，肯定与 CH₃ 相连，因此分子中有 CH₃CH₂O—。δ 3.58、δ 2.92 两处都是 2 个质子，裂分为三重峰，因此有—CH₂CH₂—。

(4) 综合以上信息，分子中有以下结构单元：

$$C\!=\!O,\ CH_3CH_2O\!-\!,\ -CH_2CH_2-\!,\ -Br$$

可以组成以下两个化合物：

A　　　　　　　　　　　B

在这两个化合物中，氧和溴都是电负性原子，溴还有重原子效应，氧和溴原子对邻位碳和氢的影响不同，化学位移值应有较大差异。B 中氧与 2 个—CH₂—相连，^{1}H NMR 谱和 ^{13}C NMR 谱中这 2 个—CH₂—化学位移值应接近，这与谱图数据不符，故可以排除，因此化合物为 A。A 的谱图数据归属如下：

^{1}H NMR：　　　　　　　　　　　^{13}C NMR：

【例 5-6】　两化合物 ——⟨⟩—⟨ (A) 与 ⟨⟩—⟨ (B) 在 ^{13}C NMR 谱中有哪些区别?

解　(1) 这两个化合物结构非常类似,所具有的碳原子种类和个数完全相同,只是烯键在环中所处的位置不一样。

(2) A 的 ^{13}C NMR 谱如图 5-9 所示,B 的 ^{13}C NMR 谱如图 5-10 所示。

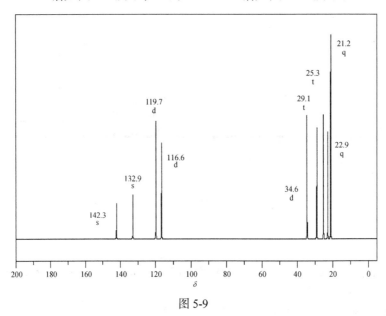

图 5-9

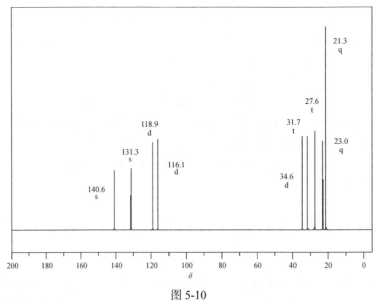

图 5-10

从谱图中可见两个化合物只有微小的差异,在 ^{13}C NMR 谱上只有与标准谱图比较才能区别。

注:两个化合物由于共轭体系的不同,在紫外-可见光谱上容易区别。在化合物结构解析上要具体问题具体对待,有时紫外光谱、红外光谱甚至物理常数的测定都能帮助解决结构确定问题。

5.4 综合练习

一、判断题

1. 分子间的相互作用对δ_H和δ_C的影响都较小，测核磁共振时只需考虑分子内部因素。（　　）

2. 碳谱的化学位移范围比氢谱宽得多，因此碳谱的灵敏度高于氢谱。（　　）

3. 质子宽带去耦简化了谱图，每个碳原子都出一个峰，互不重叠。（　　）

4. 偏共振去耦谱中 CH$_3$、CH$_2$、CH 依然会发生裂分，但裂距小于耦合谱。（　　）

5. 消除 NOE 后，信号强度与碳原子个数成比例，可用于碳核的定量。（　　）

6. 在 ^{1}H NMR 谱中，需要考虑 ^{1}H 之间的耦合；^{13}C NMR 谱中也需考虑 ^{13}C 之间的耦合。（　　）

7. 含 ^{19}F 的化合物测定 ^{13}C NMR 谱时，可观察到 ^{19}F 对 ^{13}C 的耦合裂分，且谱带裂分数符合 $n+1$ 规律。（　　）

8. 碳谱与氢谱类似，可以通过对谱峰面积积分确定各类碳原子个数比。（　　）

9. 当分子中无对称因素时，质子宽带去耦谱出峰的数目即碳原子数(其他核对碳的耦合裂分除外)。（　　）

10. 反转门控去耦法(非 NOE 方式)可以测定碳原子个数。（　　）

11. 介质对δ_C 有一定影响，但一般比较小。介质位移主要有稀释位移、溶剂位移和 pH 位移。（　　）

12. 羰基上连有未共用电子对的杂原子时，羰基去屏蔽增加，移向低场。（　　）

二、选择题

1. 在 ^{13}C NMR 谱中，常看到溶剂的多重峰，如 CDCl$_3$ 在 $\delta77$ 附近的三重峰。溶剂产生多重峰的原因是(　　)。

   A. ^{13}C 对碳核产生耦合裂分　　　　　B. ^{12}C 对碳核产生耦合裂分

   C. ^{1}H 对碳核产生耦合裂分　　　　　　D. ^{2}H 对碳核产生耦合裂分

2. 在偏共振去耦谱中，甲醛的羰基碳偏共振多重性为(　　)。

   A. 四重峰(q)　　　B. 三重峰(t)　　　C. 双重峰(d)　　　D. 单峰(s)

3. 在宽带去耦 ^{13}C NMR 谱中，谱图特征为(　　)。

   A. 除去了 ^{13}C-^{1}H 二键以上的耦合　　　B. 全部去掉了 ^{1}H 对 ^{13}C 的耦合

   C. 除去了溶剂的多重峰　　　　　　　　　D. 除去了所有元素对 ^{13}C 的耦合

4. 在 90°的 DEPT 实验中，谱图特征为(　　)。

   A. CH 和 CH$_3$ 显示正峰，CH$_2$ 显示负峰

   B. CH、CH$_2$ 和 CH$_3$ 均显示正峰

   C. CH 显示正峰，CH$_2$、CH$_3$ 不出现

   D. CH$_2$ 和 CH$_3$ 显示正峰，CH 不出现

5. 苯环上氢被—NH$_2$、—OH 取代后，碳原子的δ_C 的变化规律是(　　)。

   A. 这些基团的孤对电子将离域到苯环的π电子体系上,增加了邻位和对位碳上的电荷密度,

　　使邻位和对位碳化学位移值减小

　　B. 这些基团的孤对电子将离域到苯环的π电子体系上，增加了邻位和对位碳上的电荷密度，使邻位和对位碳化学位移值增大

　　C. 苯环的π电子将离域到这些基团上，减少了邻位和对位碳上的电荷密度，使邻位和对位碳化学位移值增大

　　D. 苯环的π电子将离域到这些基团上，减少了邻位和对位碳上的电荷密度，使邻位和对位碳化学位移值减小

6. 苯环上氢被—CN 取代后，碳原子的 δ_C 的变化规律是(　　　　)。

　　A. —CN 的电子将离域到苯环的π电子体系上，增加了邻位和对位碳上的电荷密度，使邻位和对位碳化学位移值减小

　　B. —CN 的电子将离域到苯环的π电子体系上，增加了邻位和对位碳上的电荷密度，使邻位和对位碳化学位移值增大

　　C. 使苯环上π电子离域到—CN 上，减少了邻、对位碳上的电荷密度，使邻位和对位碳化学位移值减小

　　D. 使苯环上π电子离域到—CN 上，减少了邻、对位碳上的电荷密度，使邻位和对位碳化学位移值增大

7. 对于较重的卤素，除了诱导效应外，还存在一种重原子效应(　　　　)。

　　A. 诱导效应造成碳核去屏蔽，而重原子效应使抗磁屏蔽增大，对化学位移的影响要看综合作用的结果

　　B. 诱导效应和重原子效应都使碳核去屏蔽，造成化学位移值增大

　　C. 去屏蔽的诱导效应较弱，而具有抗磁屏蔽作用的重原子效应很强，对化学位移的影响以重原子效应为主

　　D. 去屏蔽的诱导效应很强，而具有抗磁屏蔽作用的重原子效应较弱，对化学位移的影响以诱导效应为主

8. 下列各类化合物中，碳核化学位移最小的是(　　　　)。

　　A. 烯键上的碳　　　　　　　　　　B. 丙二烯及叠烯的中间碳

　　C. 醛、酮羰基碳　　　　　　　　　D. 酰胺羰基碳

9. ^{13}C NMR 谱中在 $\delta 0 \sim 60$ 产生三个信号；^1H NMR 谱中在 $\delta 0 \sim 5$ 产生三个信号，最高场信号为双峰的化合物是(　　　　)。

　　A. 1,1-二氯丙烷　　　B. 1,2-二氯丙烷　　　C. 2,2-二氯丙烷　　　D. 1,3-二氯丙烷

10. ^{13}C NMR 谱中，在 $\delta 125 \sim 160$ 产生三个信号的化合物是(　　　　)。

　　A. 邻二硝基苯　　　B. 间二硝基苯　　　C. 对二硝基苯　　　D. 硝基苯

三、简答题

1. 为什么 ^{13}C NMR 比 ^1H NMR 发展慢？

2. 为了提高 ^{13}C 核的测定灵敏度、信号强度，常采用哪些方法？

3. 为什么 ^{13}C NMR 的化学位移相对于 ^1H NMR 而言分子间作用影响较小？

4. ^{13}C NMR 耦合谱、质子宽带去耦谱和偏共振去耦谱在应用上有什么不同？

5. 溶剂 DMSO-d_6(氘代度 99%)，其甲基在 ^1H NMR 和 ^{13}C NMR 谱中分别裂分为几重峰？为什么？

6. 下列化合物的质子宽带去耦 ^{13}C NMR 谱中应出现几条谱线? 它们的偏共振去耦谱中, 各个 ^{13}C 核显示几重峰?

   (1) 苯   (2) 甲苯   (3) 3-甲基正戊烷   (4) 2-甲基环己酮

7. 预测下列化合物质子宽带去耦碳谱的谱线裂分数。

$$CF_3COOCH_3 \qquad CDCl_3 \qquad CH_3CH_2P(OCH_2CH_3)_2$$

$$\underset{A}{} \qquad\qquad \underset{B}{} \qquad\qquad \underset{\underset{\parallel}{O}}{} $$

A   B   C

8. 写出分子式为 C_4H_9Cl 的所有化合物, 并分析每个化合物在 ^{13}C NMR 质子宽带去耦谱中有几个信号, 大致出峰位置, 这些信号在偏共振去耦谱中呈现几重峰。

9. 比较下列两组羰基碳的化学位移, 并说明理由。

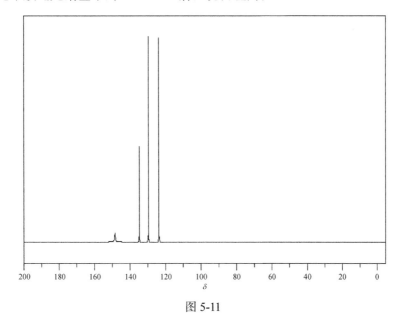

10. 图 5-11 是苯胺还是硝基苯的 ^{13}C NMR 谱? 说明理由。

图 5-11

四、结构推导

1. 某化合物分子式为 $C_5H_{12}O$, 根据 ^{13}C NMR 谱(图 5-12)确定其结构。
2. 某由碳、氢、氧组成的化合物, 根据 ^{13}C NMR 谱(图 5-13)确定其结构。
3. 某化合物分子式为 C_9H_8O, 根据 ^{13}C NMR 谱(图 5-14)确定其结构。

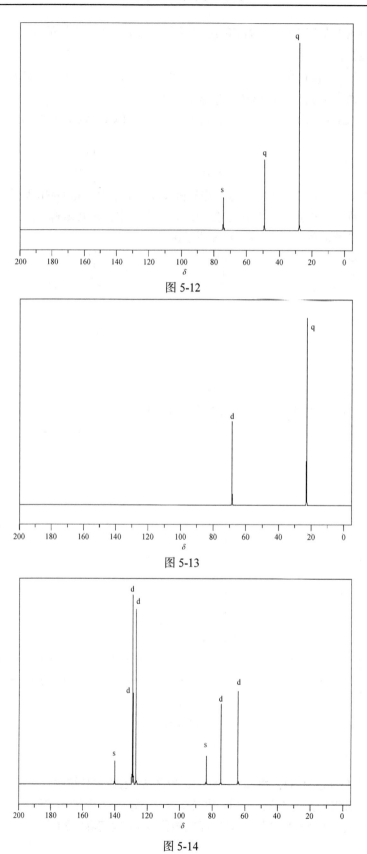

图 5-12

图 5-13

图 5-14

4. 某由碳、氢、氧组成的化合物，分子无对称性，根据 ¹³C NMR 谱(图 5-15)确定其结构。

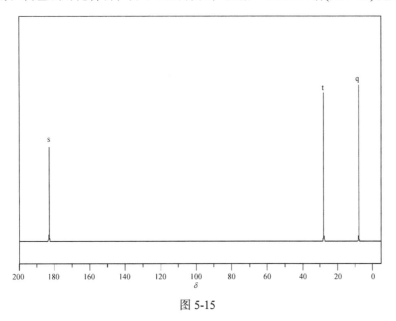

图 5-15

5. 某由碳、氢、氧组成的化合物，分子无对称性，根据 ¹³C NMR 谱(图 5-16)确定其结构。

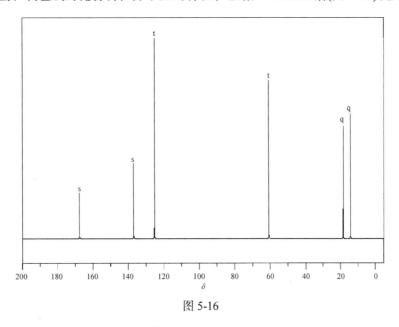

图 5-16

6. 某化合物分子式为 $C_{14}H_{18}O_4$，根据 ¹³C NMR 谱(图 5-17)确定其结构。

7. 某化合物分子式为 $C_8H_{11}N$，根据 ¹³C NMR 谱(图 5-18)确定其结构。

8. 以下 ¹³C NMR 谱(图 5-19 和图 5-20)分别与

哪个化合物对应? 并说明理由。

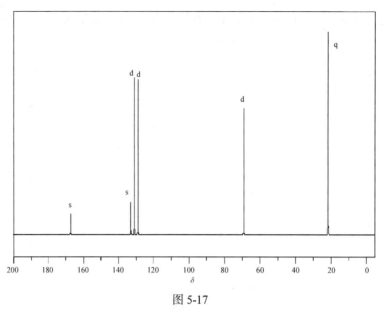

图 5-17

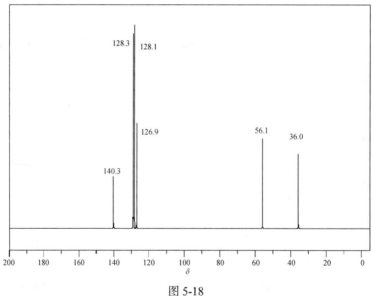

图 5-18

9. 以下 ^{13}C NMR 谱(图 5-21 和图 5-22)分别与对氯甲基苯甲醛和对氯苯乙酮哪个化合物对应? 并说明理由。

10. 根据部分 ^{13}C NMR 谱(图 5-23～图 5-25),指认不同二甲基苯对应的谱图。

11. 根据部分 ^{13}C NMR 谱(图 5-26、图 5-27),指认苄基溴与对溴甲苯对应的谱图。

12. ^{13}C NMR 谱(图 5-28)与下列哪个化合物相对应?

　　　　　N-甲基氨基甲酸乙酯(A)　　　4-氨基正丁酸(B)　　　2-氨基正丁酸(C)

13. 已知某化合物的 ^{1}H NMR 谱中,在化学位移为 δ 1.91、δ 2.10 和 δ 4.69 处各有一单峰;其 ^{13}C NMR 谱中,在化学位移为 δ 19.5、δ 20.9、δ 101.7、δ 153.4 和 δ 168.6 处有峰。判断该化合物是下列化合物中的哪一个。

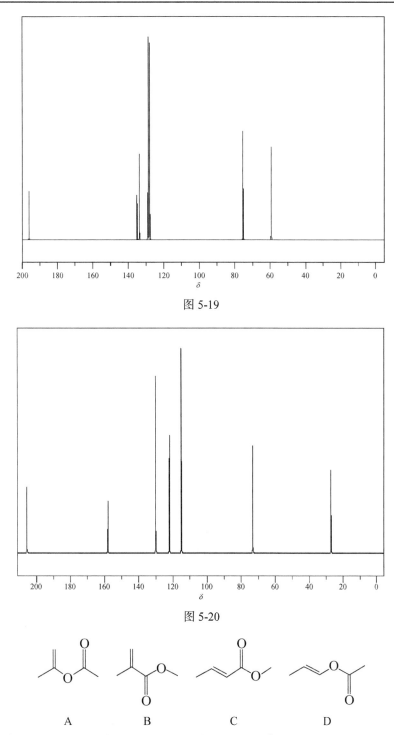

图 5-19

图 5-20

A　　　　　B　　　　　C　　　　　D

14. 某由碳、氢、氧组成的化合物，分子无对称性，根据 ^{1}H NMR 谱(图 5-29)和 ^{13}C NMR 谱 (图 5-30)确定其结构。

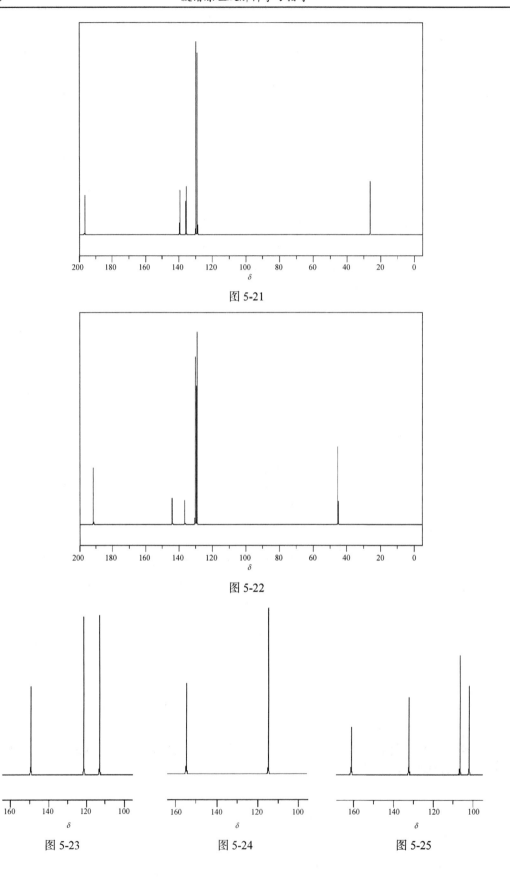

图 5-21

图 5-22

图 5-23　　　　　　　　　　图 5-24　　　　　　　　　　图 5-25

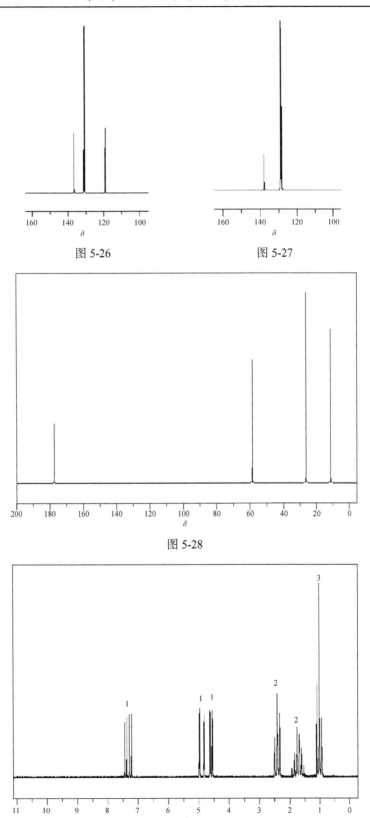

图 5-26　　　　　　　　　　　　图 5-27

图 5-28

图 5-29

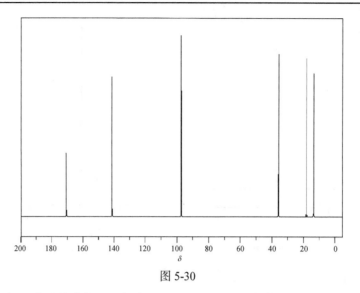

图 5-30

15. 某由碳、氢、氧组成的化合物，根据 ^{1}H NMR 谱(图 5-31)和 ^{13}C NMR 谱(图 5-32)推测其结构。

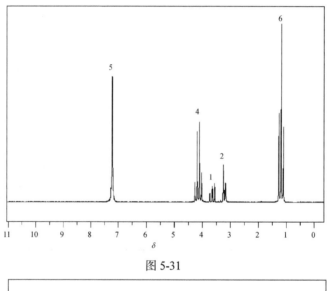

图 5-31

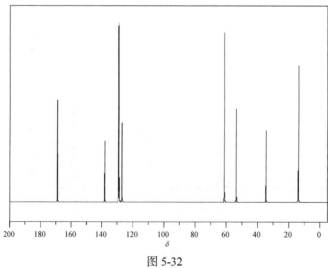

图 5-32

16. 某含 Cl 化合物，元素分析值为 C：64.11%，H：5.38%，相应的 ^{1}H NMR 谱和 ^{13}C NMR 谱分别如图 5-33 和图 5-34 所示，推测其结构。

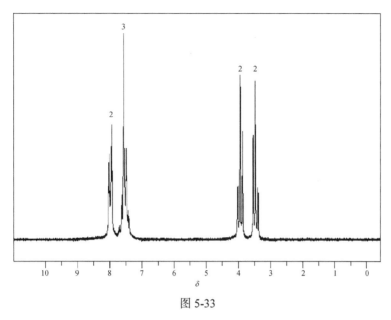

图 5-33

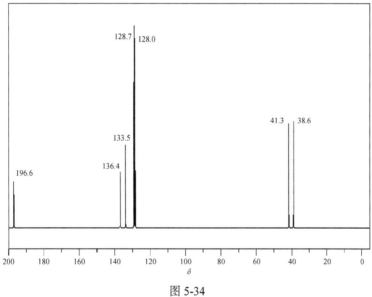

图 5-34

17. 某含 Cl 化合物，元素分析值为 C：64.11%，H：5.38%，相应的 ^{1}H NMR 谱和 ^{13}C NMR 谱分别如图 5-35 和图 5-36 所示，推测其结构。

18. 某化合物分子式为 C_5H_8O，相应的 ^{1}H NMR 谱和 ^{13}C NMR 谱分别如图 5-37 和图 5-38 所示，推测其结构。

19. 某含氮化合物，相应的 ^{1}H NMR 谱和 ^{13}C NMR 谱分别如图 5-39 和图 5-40 所示，推测其结构。

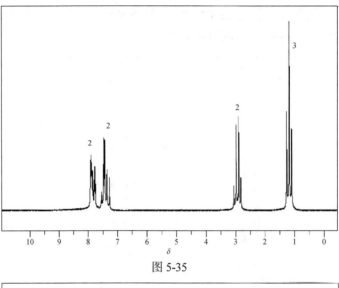

图 5-35

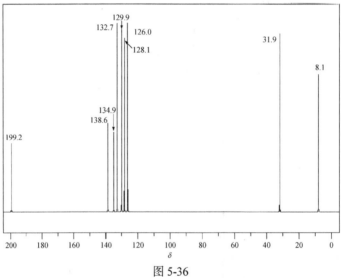

图 5-36

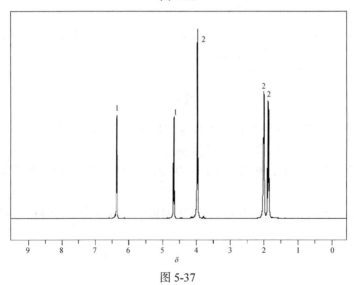

图 5-37

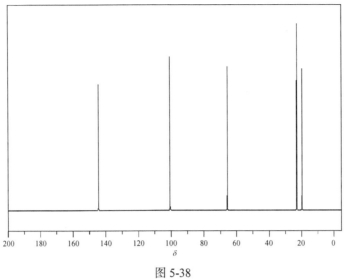

图 5-38

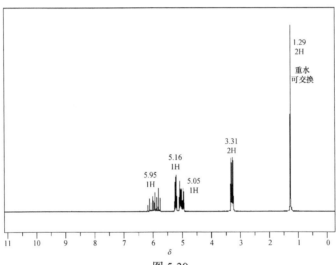

图 5-39

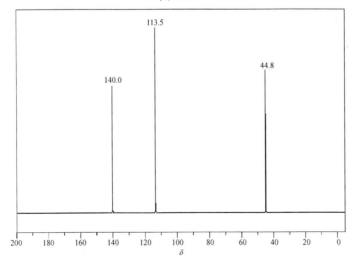

图 5-40

20. 某含氮化合物，相应的 ^{13}C NMR 谱和 ^1H NMR 谱数据如下，推测其结构。

　　^{13}C NMR δ: 136.03，117.25，62.98，45.21

　　^1H NMR δ: A 5.83(1H)，B 5.14(1H)，C 5.10(1H)，D 2.91(2H)，E 2.22(6H)

　　$J_{(A, B)}=$ 17.3 Hz，$J_{(A, C)}=$ 9.7 Hz，$J_{(A, D)}=$ 6.4 Hz，$J_{(B, D)}=J_{(C, D)}=$ 1.1 Hz，$J_{(B, C)}=$ 1.8 Hz

21. 某化合物分子式为 C_8H_9NO，根据 ^1H NMR 谱和 ^{13}C NMR 谱数据推测其结构。

　　^1H NMR δ: 2.49(s, 3H)，7.43(d, $J=8.1$ Hz, 2H)，7.92(d, $J=8.1$ Hz, 2H)，11.70(br, 2H)

　　^{13}C NMR δ: 21.1，127.7，128.7，131.5，141.2，168.8

5.5　参　考　答　案

一、判断题

1. F；2. F；3. F；4. T；5. T；6. F；7. T；8. F；9. T；10. T；11. T；12. F

二、选择题

1. D；2. B；3. B；4. C；5. A；6. D；7. A；8. A；9. B；10. A

三、简答题

1. ^{13}C NMR 的原理与 ^1H NMR 是一样的。但 ^{13}C 核的磁旋比约是 ^1H 核的四分之一，天然丰度也只有 1.1%。^{13}C 核的测定灵敏度很低，大约是 ^1H 核的 1/6000，所以测定很困难。另外，在 ^{13}C NMR 谱中，因为碳与其相连的质子耦合常数很大，一键耦合在 100~200 Hz，而且隔两三个键也有一定程度的耦合，以致耦合谱的谱线交叠，使谱图复杂化，在没有强磁场(超导磁体)的情况下很难开展研究。核磁共振理论、技术、硬件设施以及计算机的发展共同促进了 ^{13}C NMR 的发展。

2. (1) 提高仪器灵敏度。

(2) 提高仪器外加磁场强度和射频场功率。

(3) 增大样品浓度，增大样品体积，以增大样品中 ^{13}C 核的数目。

(4) 采用双共振技术，利用 NOE 增强信号强度。

(5) 多次扫描累加，这是最常用的有效方法。

3. 因为氢处在分子的外部，邻近分子对它影响较大，如氢键缔合等。而碳处在分子骨架上，所以分子间效应对碳影响较小，但分子内部相互作用显得很重要。

4. ^{13}C NMR 耦合谱中，碳与相连的质子耦合常数很大，隔两三个键的碳氢也有一定程度的耦合，谱线交叠、谱图复杂，但可研究与质子的耦合作用进行结构的解析。质子宽带去耦谱每种碳原子只有一条谱线，其他核(如 D、^{19}F、^{31}P)对碳的耦合此时依然存在。峰高不能定量反应碳原子的数量，只能反映碳原子种类的个数，宽带去耦使 ^{13}C NMR 谱图简化，但失去了许多结构信息，如碳的类型、耦合情况等。偏共振去耦谱，进行 ^1H 去耦时，将去耦频率放在偏离 ^1H 共振中心频率几百到几千赫兹处，这样谱中出现几十赫兹以下的 J_{C-H}，而长距离耦合则消失了，从而避免谱峰交叉现象，便于识谱。利用不完全去耦技术，可以在保留 NOE 使信号增强的同时仍然看到 CH_3 四重峰、CH_2 三重峰和 CH 二重峰，不与 ^1H 直接键合的季碳等为单峰。

5. 在 ¹H NMR 谱中为五重峰，在 ¹³C NMR 谱中为七重峰。在 ¹H NMR 谱中，因为氘代度 99%，甲基残余质子出峰，最可能的情况是受到 2 个氘的耦合裂分，因此是五重峰；而在 ¹³C NMR 谱中，¹³C 受到 3 个氘的耦合裂分，因此是七重峰。

6. (1) 1 条，d。

(2) 5 条，从高场到低场依次为 q、3 个 d、s。

(3) 4 条，从高场到低场依次为 2 个 q、t、d。

(4) 7 条，从高场到低场依次为 q、4 个 t、d、s。

7. A 中三氟甲基和羰基碳四重峰，甲基单峰；B 中碳三重等高峰；C 中全部二重峰。

8. 分子式为 C_4H_9Cl 的异构体有以下四种：

$CH_3CH_2CH_2CH_2Cl$ $CH_3CH(Cl)CH_2CH_3$ $(CH_3)_2CHCH_2Cl$ $(CH_3)_3CCl$

A   B   C   D

A 和 B 有 4 个信号，C 有 3 个信号，D 有 2 个信号，以下化学位移数据来自 ChemDraw：

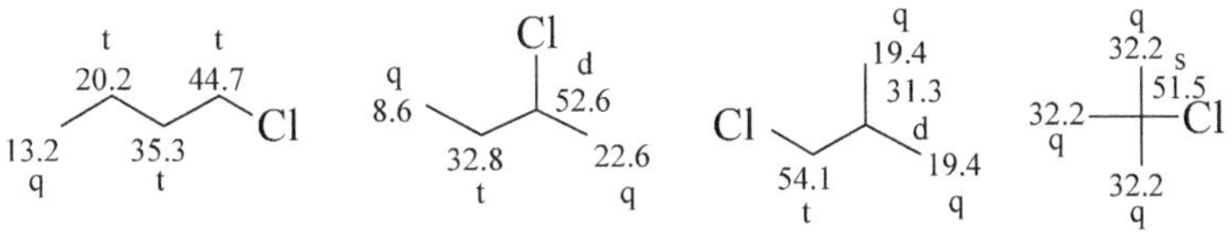

A   B   C   D

9. (1) A＜B＜C。由于邻位甲基的空间效应一定程度上破坏了苯环与羰基的共轭，故羰基碳的化学位移值增大。

(2) A＞B＞C。共轭效应使羰基碳的正电荷分散，使其共振向高场位移，化学位移值减小。

10. 因为苯中碳的化学位移为 δ128.5，硝基将使苯环上电子云离域，苯环上碳化学位移值增大；氨基的孤对电子却会离域至苯环，苯环上碳化学位移值将减小。从图 5-11 可以看出，该化合物中苯环与一吸电子基团相连接，使得邻、对位碳屏蔽减小，两个碳原子化学位移向低场移动，因此应为硝基苯。

四、结构推导

1. $(CH_3)_3COCH_3$

2. 异丙基醚或异丙醇，可增加 IR 谱图进一步确定结构

3.

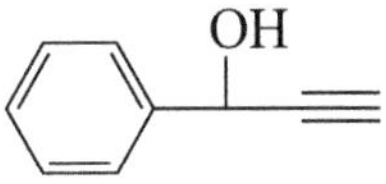

4. CH_3CH_2COOH

5.

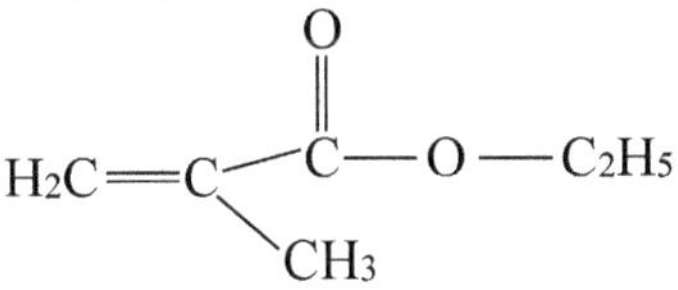

6.

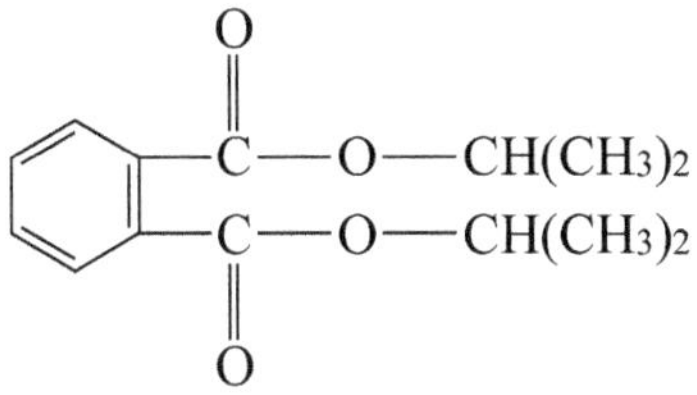

7.

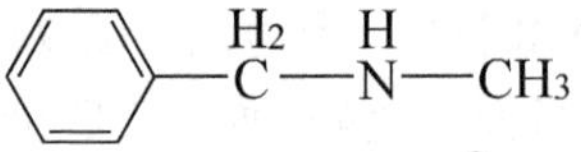

8. 图 5-19：，图 5-20：

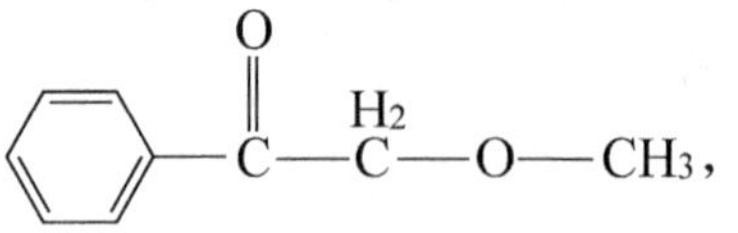

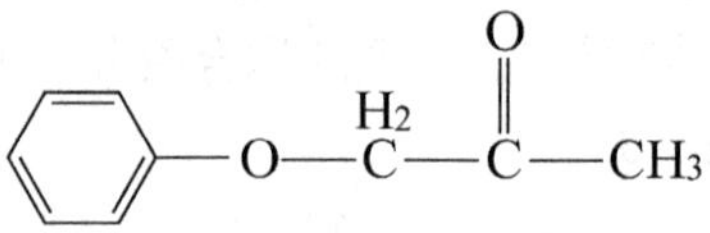

9. 图 5-21：对氯苯乙酮，图 5-22：对氯甲基苯甲醛

10. 图 5-23：邻二甲苯，图 5-24：对二甲苯，图 5-25：间二甲苯

11. 图 5-26：对溴甲苯，图 5-27：苄基溴

12. C

13. A

14.

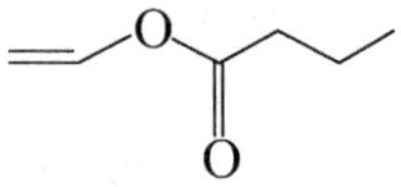

15.

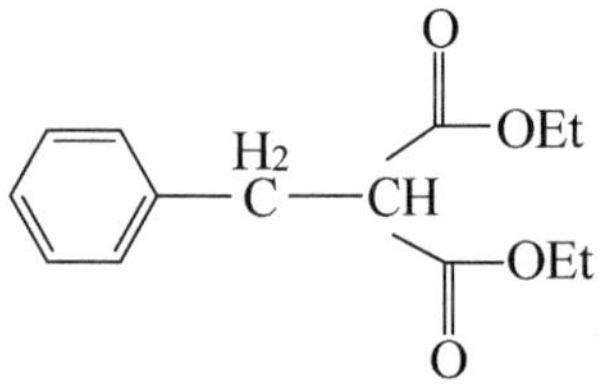

16.

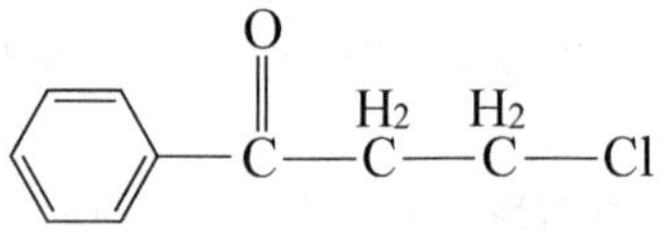

17.

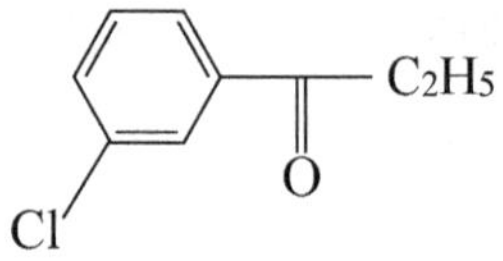

18.

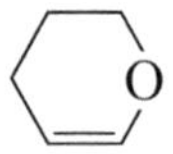

19.

20.

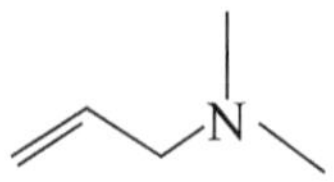

21.

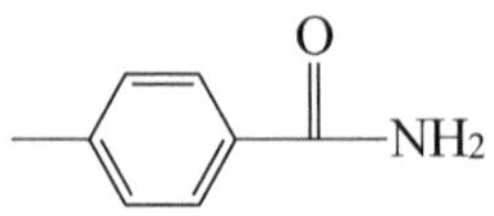

第6章 质 谱 法

6.1 内容与要求

1. 仪器及原理

掌握质谱产生的原理、特点及应用。

掌握质谱图的表达。

了解质谱仪的基本结构及结构单元的功能。

了解有机质谱中常见的离子源和质量分析器的原理及特点。

掌握质谱仪性能指标的意义及表达方法。

了解质谱仪的联用技术。

2. 质谱裂解表示法

掌握正电荷表示法及用氮规则判断碎片离子电子奇偶性的方法。

掌握电子转移表示法及共价键均裂、异裂和半异裂的表达。

3. 裂解方式及机理

掌握质谱裂解中的偶电子规则。

掌握影响离子丰度的主要因素。

掌握简单裂解的规律及表达。

掌握自由基中心引发的重排裂解、正电荷引发的重排裂解和双氢重排的规律及表达。

掌握环裂解-多中心裂解的规律及表达。

了解随机裂解。

4. 质谱中离子的类型

掌握分子离子的含义、表达、特点及可提供的信息。

掌握简单裂解离子和重排裂解离子的特点及表达。

了解络合离子的形成，掌握络合离子的识别。

掌握亚稳离子、同位素离子和多电荷离子的特点及应用。

5. 各类化合物的质谱

熟悉各类化合物质谱裂解规律。

掌握各类化合物的质谱特征。

6. 质谱的解析

掌握分子离子峰的判断方法。

掌握同位素峰相对强度法和高分辨质谱法确定分子式的方法。

掌握质谱解析的一般步骤。

掌握简单化合物质谱的解析。

6.2　重点内容概要

1. 质谱及质谱图

质谱：通过一定手段使分子电离，形成带电荷的离子，这些离子按照其相对质量 m 和电荷 z 的比值(质荷比，m/z)大小依次排列成谱，并被记录下来，称为质谱。

质谱的研究对象：分子离子及分子离子进一步裂解后形成的带正电荷的碎片离子等。

质谱图：一般都采用"条图"。在图中横坐标表示质荷比(m/z)。因为 z 值常为 1，所以实际上 m/z 值多为该离子的质量数。纵坐标则表示峰的相对强度(RI)或称相对丰度(RA)。纵坐标是以图中最强的离子峰(称为基准峰，也称基峰)的峰高作为 100%，而以对它的百分比来表示其他离子峰的强度，谱线的强度与离子的多少成正比。

2. 质谱仪

质谱仪一般由进样系统、离子源、质量分析器、检测器组成，此外还包括真空系统、供电系统和数据处理系统等辅助设备。其中，离子源和质量分析器是质谱仪的重要组成部分。

离子源是指将样品分子或原子电离产生离子的装置。离子源要与进样系统配套使用。在质谱仪中，要求离子源产生的离子多、稳定性好、质量歧视效应小。有机质谱中最常用的离子源包括以下 8 种。

(1) 电子轰击(EI)源：结构简单，电离效率高，灵敏度高，可作质量校准。质谱中离子峰多，结构信息丰富，重现性好，有标准质谱图库可以检索(目前所有的标准质谱图大多是在 EI 源 70 eV 下获得)，应用最广泛。缺点是不适用于难挥发、热稳定性差的样品。

(2) 化学电离(CI)源：有正离子 CI 和负离子 CI。对于多数有机化合物，负离子 CI 谱图灵敏度较高。负离子 CI 谱图可用于某些复杂混合物的定量分析。CI 源一般不适用于热不稳定或极性较大的有机化合物(如非衍生的多肽、多羟基苷六糖、重金属有机盐等)。解吸化学电离源可以使有机化合物在热分解前气化，并与反应气离子发生离子-分子反应，生成准分子离子，方便了 CI 源在生物化学研究中的应用。

(3) 场电离(FI)源和场解吸(FD)源：FI 是气态分子在强电场作用下发生的电离，对液态或固态样品需要气化。FD 则没有气化要求，适用于难气化和热稳定性差的固体样品。二者共同的特点是准分子离子峰的丰度高，碎片离子峰少。这两种离子源应用已不多。

(4) 二次离子质谱(SIMS)和快速原子轰击(FAB)源：都属于"软"电离源。SIMS 应用有限。FAB 更加适用于热不稳定的、难气化、分子量大的有机化合物分析，如多肽、核苷酸、有机金属配合物及磺酸盐类等。

(5) 基质辅助激光解吸电离(MALDI)源：结构简单、灵敏度高，适用于生物大分子、肽类化合物和核酸等样品。可与飞行时间质谱仪和离子阱类的质量分析器匹配。

(6) 热喷雾电离(TSI)源：既可单独作为电离源，也可以作为 HPLC-MS 联用仪的接口。适用于大分子样品。目前，TSI 已经被 ESI 所代替。

(7) 电喷雾电离(ESI)源和大气压化学电离(APCI)源：二者都可以作为 HPLC-MS 的接口，又可作为单独的电离源。ESI 是一种软电离源，适用于极性强的大分子化合物及分子量较大的化合物。APCI 得到的主要是准分子离子，适用于分子量较小(一般小于 1000)的中等极性或非极性化合物，常用作 ESI 的补充手段。

(8) 锎-252 等离子体解吸电离(^{252}Cf PDI)源：适用于热不稳定的、难气化的有机化合物。采用硝化纤维素作为底物，可分析分子量高达 14 000 的多肽和蛋白质样品。

质量分析器是指将离子源产生的离子按 m/z 顺序分开的装置。应用比较广泛的质量分析器有以下 6 种。

(1) 单聚焦质量分析器：结构简单、体积小、安装及操作方便，广泛应用于气体分析质谱仪和同位素分析质谱仪。缺点是分辨率低，只适用于分辨率要求不高的质谱仪。

(2) 双聚焦质量分析器：广泛用于无机材料分析和有机结构分析。优点是分辨率高，缺点是价格昂贵，操作调整比较困难。

(3) 四极质量分析器：优点是体积小、质量轻、成本低、操作容易、扫描速度快、谱峰容易识别、离子流通量大、灵敏度高。缺点是分辨率低、对较高质量区域的离子有质量歧视效应。可用于残余气体分析、生产过程控制和反应动力学研究等。

(4) 飞行时间质量分析器：扫描速度快，仪器体积小、质量轻、结构简单，分辨率较高，扫描质量范围宽，灵敏度高，可检测生物大分子。广泛应用于气-质联用、液-质联用和基质辅助激光解吸电离-飞行时间质谱仪。

(5) 离子阱质量分析器：结构简单，价格较低，灵敏度高，质量范围宽。可作为一般质谱分析器，也可用于气相离子-分子反应研究，实现多级质谱功能，还可与 GC 和 HPLC 联用。

(6) 傅里叶变换离子回旋共振质量分析器：分辨率高，灵敏度高，质量范围宽。分辨率是所有质谱分析器中最高的，价格也最贵。具有多级质谱功能，可与任何离子源连接。

有机质谱仪按质量分析器可称为磁质谱仪(包括使用单聚焦质量分析器和双聚焦质量分析器的质谱仪)、四极质谱仪、飞行时间质谱仪、离子阱质谱仪和傅里叶变换离子回旋共振质谱仪。

3. 质谱仪的性能指标

一般用质量范围、分辨率、灵敏度、准确度、精密度、质量精度和质量稳定性等衡量质谱仪的性能。

质量范围：仪器可测量离子的质荷比范围。

分辨率：仪器分开两个相邻离子的能力，通常用 R 表示。质谱仪的分辨率主要与离子通道的半径、加速器与收集器狭缝宽度和离子源的性质有关。

灵敏度：仪器对样品量感测能力。有机质谱仪常采用绝对灵敏度。它表示对于一定的样品，在一定分辨率的情况下，产生具有一定信噪比的分子离子峰所需的样品量。

准确度：质谱分析的测量值与真实值的偏差，是质谱定性的重要依据。

精密度：质谱分析所得各测量值之间的偏差。

质量精度：质量测定的精确程度，常用相对百分比表示。

质量稳定性：仪器在工作时质量稳定的情况。通常用一定时间内的质量漂移来表示。

4. 质谱仪的联用技术

质谱仪的联用包括气相色谱-质谱联用(GC-MS)、高效液相色谱-质谱联用(HPLC-MS)和多级质谱(MS-MS)等。

GC-MS 由气相色谱仪、接口和质谱仪等组成。目前最常见的接口有 3 种。①毛细管柱直接导入接口：结构简单、产率高，但无浓缩作用；②开口分流接口：结构简单、操作方便，不足之处是当色谱仪流量大时产率较低，不适用于填充柱色谱仪；③浓缩型接口：可以除去载气、浓缩样品。GC-MS 广泛用于环境分析、食品分析、香料成分分析及法医毒品和兴奋剂检测等。

HPLC-MS 使用 HPLC 作为分离设备，大气压电离源(APCI 和 ESI)作为常用的接口装置和离子源，MS 作为鉴定器，其中 ESI 接口应用较为广泛。适用于有机混合物、药物及生物大分子等的分析。

MS-MS 是指用质谱作为质量分离的质谱技术，分为空间串联和时间串联两种方式。

5. 氮规则

判断碎片离子含偶数个电子还是奇数个电子使用下列氮规则：

(1) 由 C、H、O、N 组成的离子，其中 N 为偶数(包括零)个时，如果离子的质量数为偶数，则必含奇数个电子；如果离子的质量数为奇数，则必含偶数个电子。

(2) 由 C、H、O、N 组成的离子，其中 N 为奇数个时，如果离子的质量数为偶数，则必含偶数个电子；如果离子的质量数为奇数，则必含奇数个电子。

其中，分子中出现卤素时按照氢对待，出现负二价硫时按照氧对待。

如果碎片离子中 N 为偶数，则该碎片质量数与电子数奇偶性相反；如果 N 为奇数，则该碎片质量数与电子数奇偶性相同。

6. 质谱裂解表示法

正电荷表示法：正电荷用"+"或"+·"表示，前者表示含有偶数个电子的离子(EE)；后者表示含有奇数个电子的离子(OE)。正电荷一般标在分子中的杂原子、不饱和键π电子体系和苯环上。

正电荷的位置不十分明确时，可以用[　]$^+$或[　]$^{+\cdot}$表示(离子的化学式写在括号中)；如果碎片离子的结构复杂，可以在结构式右上角标出正电荷。

电子转移表示法：用单箭头(⇀)表示一个电子的转移；用双箭头(→)表示一对电子的转移。

共价键的断裂有三种方式：均裂(价键断裂时两个价电子一边一个)、异裂(价键断裂时两个价电子转移到一边)和半异裂(已失去一个价电子的离子再裂解时，剩下的一个电子转移到一边)。

7. 偶电子规则

离子裂解必须按"偶电子规则"进行裂解，即奇电子离子裂解时，可以产生自由基与一个偶电子离子，或者产生中性分子与一个奇电子离子；偶电子离子裂解时，只能产生偶电子离子和中性分子，通常不会产生自由基。

8. 影响离子丰度的主要因素

(1) 键的相对强度。分子裂解时首先从分子中键强度最弱处断裂。一个分子中含有单键和重键时，单键先断裂。

(2) 产物离子的稳定性。影响产物离子丰度的最重要因素是它的稳定性。稳定的正离子可以是共轭效应、诱导效应和共享邻近杂原子上的电子使正电荷分散的缘故。

(3) 原子或基团相对的空间排列(空间效应)。空间效应以多种方式影响单分子反应途径的竞争性，也影响产物的稳定性。

(4) 史蒂文森(Stevenson)规则。该规则可推断奇电子离子(OE)裂解成碎片离子时两种裂解方式的概率大小。在奇电子离子经裂解产生自由基和离子两种碎片的过程中，电离电势(IP)值较高的碎片趋向保留孤电子，而将正电荷留在电离电势值较低的碎片上。

(5) 最大烷基优先丢失原则。在反应中优先失去最大烷基自由基是一个普遍的倾向，离子丰度随着它的稳定性的增加而降低。

(6) 是否产生电中性小分子。产生电中性小分子的优先断裂，相应的碎片离子峰丰度也就比较高。

9. 质谱裂解的方式

按照有机分子的键断裂特点，质谱裂解的方式可分为简单裂解、重排裂解、多中心裂解和随机裂解 4 类。其中，裂解引发的机制包括自由基中心引发的裂解和电荷中心引发的裂解两大类。

1) 简单裂解

简单裂解是仅一个共价键发生断裂的裂解，包括α 裂解、σ 裂解和 i 裂解三种。

a. α 裂解

α 裂解是自由基引发的均裂，即由自由基中心提供一个奇电子与邻近原子形成一个新键，与此同时邻近的α 原子的另一个键断裂。反应的动力是自由基强烈的配对倾向。

含杂原子的饱和化合物，如醇、醚、硫醇、硫醚和胺，或者含杂原子的不饱和化合物，如醛、酮、酯等含羰基化合物都容易发生α 裂解。

烯烃双键的 C_α—C_β 键也经常发生α 裂解，得到一个十分稳定的烯丙基正离子，也称为烯丙基裂解。含侧链芳烃的 C_α—C_β 键也容易发生α 裂解，生成的苄基正离子立即转化为更稳定的䓬鎓离子，也称为苄基裂解。这两种裂解产生的正离子很稳定，通常是基峰。

b. σ 裂解

当化合物不含 O、N 等杂原子和不饱和键时，C—C 键之间的σ 键断裂，称为σ 裂解，属于半异裂。饱和烃中只有σ 键，只能发生σ 裂解。

第三周期以后的杂原子与碳之间的共价键也可以发生σ 断裂，当杂原子是卤素、烷氧基和烷硫基时，会发生下面的 i 裂解。

c. i 裂解

i 裂解是正电荷对一对电子的吸引而发生的异裂，可分为两类：①奇电子离子型 i 裂解，其中由 RY 形成 R^+的倾向是 Y=卤素＞O、S≫N、C；②偶电子离子型 i 裂解，占优势的是产生偶电子离子和中性分子的反应，裂解产生的偶电子离子还可进一步裂解成 m/z 较小的偶电子离子。

羰基的α 裂解和 i 裂解相互竞争，一般情况下，α 裂解趋势较大；含有孤对电子的杂原子化合物，定位于杂原子上的正电荷自由基引发的均裂反应称为α 裂解，引发的异裂反应(一对电子转移)称为 i 裂解，其中α 裂解比较容易发生。脂肪族硝基化合物容易发生 i 裂解，芳香族硝基化合物相应的 i 裂解大为减少。烃基正离子可能相继发生 i 裂解。

d. 最大烷基优先丢失原则

在简单裂解中，当可能丢失的基团具有类似的结构时，总是优先丢失较大基团而得到较小的正离子碎片，即最大烷基自由基优先丢失原则。

2) 重排裂解

重排裂解在共价键断裂的同时，发生氢原子的转移。一般有两个键发生断裂，少数情况下有碳骨架重排发生。断两个键、脱去一个中性小分子，且无氮原子变化的重排裂解前后，离子的电子奇偶性及质量奇偶性不发生变化。从质谱中母离子与子离子的质荷比奇偶性的变化得知该裂解是简单裂解还是重排裂解。重排裂解分为以下三种。

a. 自由基中心引发的重排裂解

(1) γ-H 重排到不饱和基团上并伴随发生 C_α—C_β 断裂。这类裂解反应典型的代表是麦氏重排，当满足含有不饱和键、苯环或三元环以及与重键相连的 γ-C 上有氢原子这两个条件时，便可发生麦氏重排。由单纯开裂或重排产生的碎片离子，如果符合麦氏重排的两个条件，也能发生麦氏重排；若 C=X 基团两边均有 γ-H，可发生二次麦氏重排。

(2) 氢原子重排到饱和杂原子 Y 上并伴随邻键(Y—C)断裂。该裂解反应中一个饱和杂原子上的正电荷自由基的未成对电子与一个邻近的、处于适当构型的氢原子形成一个新键，随后杂原子的一个键断裂形成(M–HYR)$^{+\bullet}$ 或 HYR$^{+\bullet}$ 离子。含杂原子的邻位取代苯可发生类似重排反应，又称为邻位效应。其中，一个适于重排的活泼氢和一个由电荷转移产生的稳定离子，这两个因素协同作用引发该邻位效应。

(3) 消除重排(re)。该重排随着基团的迁移同时消除小分子或自由基碎片，属于非氢重排。消除的中性碎片通常是电离能较高的小分子或自由基。该消除重排产生的离子或中性碎片往往不存在于原来的分子中，而是经过重排后形成的。

(4) 取代重排(rd)。又称置换反应，也属于非氢重排。在分子内部两个原子或基团(通常是带自由基的)能够相互作用，形成一个新键，与此同时其中一个基团的另一键断裂，在取代的同时发生环化反应并失去一个自由基碎片。该取代重排和上面的消除重排都可称为骨架重排。

b. 电荷引发的重排裂解

在伯、仲、叔碳原子上有 OH、NH_2 或 SH 时，发生 α 裂解产生的碎片离子如果能形成四元环过渡态，就会发生四元环重排；由醚、硫醚、仲胺和叔胺的单纯开裂产生的𬭩离子，如果含有乙基以上的烷基，会进一步经过四元环重排而脱离链烯；取代芳香化合物的正离子可借四元环过渡态重排，失去中性分子。

c. 双氢重排

与单纯开裂相比，脱离基团的两个氢原子转移到碎片离子上，从而出现多两个质量单位碎片离子的重排称为双氢重排或双重重排。带奇数个电子的离子经双氢重排后得到带偶数个电子的碎片离子。乙酯以上的酯和碳酸酯会发生双氢重排；相邻碳原子上有适当取代基的化合物也会发生双氢重排。用单纯裂解或一般重排无法解释的离子峰，有可能是由双氢重排产生的。

3) 环裂解-多中心裂解

在复杂的分子中，各种官能团的相互作用能给出复杂的裂解反应，这些反应涉及一个以上的键的断裂称为多中心裂解。

a. 一般的多中心裂解

一个环必须断裂两个键，才能产生碎片离子；一般的环状化合物常发生简单裂解和氢重排相互组合的多键断裂；环己烷和环戊烷衍生物可以，环丁烷衍生物不可以；不饱和环状化合物，离子定位于重键处发生多键裂解；苯酚和苯胺有类似的裂解过程。

b. 逆第尔斯-阿尔德(RDA)裂解

这是以双键为起点的重排，在脂环化合物、生物碱、萜类、甾体和黄酮等化合物的质谱中经常出现。正电荷通常是在含共轭二烯的碎片上，在个别情况下，也可以是含一个双键的正电荷离子碎片。

4) 随机裂解

在电子流轰击有机化合物的分子时也会发生随机的裂解，因此质谱图中的每一个峰未必都能解释清楚。

10. 质谱中离子的类型

有机质谱中出现的阳离子一般有以下 7 种类型。

1) 分子离子

有机分子失去一个电子所得的离子称为分子离子，是奇电子离子，其质量数是该化合物的分子量，用"$M^{+\cdot}$"表示，经常简写为 M 或 P。分子离子一般位于质荷比最高端，但不一定是质荷比最大的离子，它是一切碎片离子的母离子，质量奇偶性受氮规则支配。

2) 简单裂解离子

分子离子或其他碎片离子经过共价键的简单开裂，失去一个自由基或一个中性分子后形成的离子即为简单裂解离子。裂解时并不发生氢原子转移或碳骨架的改变。

3) 重排裂解离子

一个离子经过重排裂解得到一个新离子时，一般会脱离含有偶数个电子的中性分子。根据离子的质量与电子奇偶性的变化就可以判断离子是否由重排产生。

4) 络合离子

在离子源中离子与未电离的分子互相碰撞发生二级反应形成络合离子。络合离子可能是分子离子夺取中性分子中一个氢原子形成(M + 1)峰。也可能是碎片离子与整个分子形成(M + F)峰(F 表示碎片离子质量数)。离子源中压力越高，或者推斥电压越低，形成络合离子的概率越高。可利用这一特征辨别分子离子峰和络合离子峰。能产生络合离子的化合物是醇、醚、酯、脂肪胺、腈和硫醚等含杂原子的样品。

5) 亚稳离子

质谱中有时会出现个别极弱但很宽的峰(可能跨 2~5 个质量单位)，它的峰形有凸起、凹落和平缓等形状，其质荷比不是整数，这种峰称为亚稳离子峰。亚稳离子的"表观质量"为子离子质量 m_2 的平方除以母离子质量 m_1，可以证明 $m_1 \longrightarrow m_2$ 这一裂分的"亲缘"关系，从而确定裂解途径。

6) 同位素离子

由于同位素峰的存在，每种组成的质谱峰是丰度不一的一簇峰。

只考虑一种元素的两种同位素组成的碎片离子，用下列二项式展开公式就可以算出同位素离子的大概丰度比：

$$(a+b)^m = a^m + ma^{m-1}b + m(m-1)a^{m-2}b^2/2! + m(m-1)(m-2)a^{m-3}b^3/3! + \cdots + b^m$$

式中：a 和 b 分别为轻同位素和重同位素的丰度；m 为分子中该元素原子的数目。同位素离子的丰度比等于二项式展开的各项计算值之比。

两类不同元素的同位素同时存在时，同位素离子丰度比可利用公式 $(a+b)^m(c+d)^n$ 计算。第一个括号表示一类同位素，第二个括号表示另一类同位素，m 和 n 表示原子个数。

7) 多电荷离子

有些化合物在电离过程中失去两个或更多的电子，或者有些离子源中化合物结合多个质子均可形成多电荷离子。多电荷离子峰的质荷比相应下降，而且不一定是整数，对测定大分子的分子量很有用。

11. 各类化合物的质谱

1) 烷烃

直链烷烃的分子离子峰常可观察到，其强度随分子量增大而减少；M−15 峰弱，有典型的 $C_nH_{2n+1}^+$ 系列离子，其中 m/z 43($^+C_3H_7$)和 m/z 57($^+C_4H_9$)峰总是很强(基准峰)。支链烷烃在分支处裂解形成的峰强度较大，而且优先失去的是最大的烷基。

环烷烃的分子离子峰一般较强。常出现 m/z 28 ($C_2H_4^{+\cdot}$)，m/z 29 ($C_2H_5^{+\cdot}$)和 M−28、M−29 的峰。含环己基的化合物出现 m/z 83、m/z 82、m/z 81 峰($C_6H_{11}^+$、$C_6H_{10}^{+\cdot}$、$C_6H_9^+$)，而含环戊基的化合物则出现 m/z 69 峰($C_5H_9^+$)。

2) 烯烃

分子离子峰明显，峰强度随分子量增大而减弱；烯丙基型裂解产生的 $C_nH_{2n-1}^+$ 系列的离子峰通常是基峰。易发生麦氏重排裂解，产生 C_nH_{2n} 离子。环己烯类可发生逆第尔斯-阿尔德裂解；由质谱碎片峰并不能确定烯烃异构体分子中双键的位置；顺式和反式异构体通常有十分相似的质谱图。

3) 芳烃

分子离子峰明显，带烃基侧链的芳烃发生苄基裂解产生的䓬鎓离子($m/z = 91+14n$)等往往是基峰，䓬鎓离子可进一步裂解形成环戊烯基正离子(m/z 65)和环丙烯基正离子(m/z 39)；带有正丙基或丙基以上侧链的芳烃(含 γ-H)经麦氏重排产生 $C_7H_8^{+\cdot}$ (m/z 92)；也有可能侧链发生 α 裂解，出现 m/z 77(苯基 $C_6H_5^+$)、m/z 78(苯重排产物)和 m/z 79(苯加 H)的离子峰。

4) 醇

分子离子峰很弱或者看不到；所有伯醇(甲醇例外)及高分子量的仲醇和叔醇易脱水形成 M−18 峰，开链伯醇当含碳数大于 4 时，可同时发生脱水和脱烯，产生 M−46 的峰；若 R 较大，M−46 的链烯还会进一步脱 $CH_2{=}CH_2$ 产生(M−18−28n)的峰；若 β 碳上有甲基取代，则失去丙烯形成 M−60 峰。

羟基的 C_α—C_β 键断裂形成极强的 m/z 31 峰(伯醇)，m/z 45+14n 峰(仲醇)，或者 m/z 59+14n 峰(叔醇)可用于醇的鉴定；烯丙醇型不饱和醇的质谱有 M−1 强峰；环己醇类的裂解属于多中心裂解。

5) 酚和芳香醇

酚和芳香醇的分子离子峰很强，酚的分子离子峰往往是基准峰。苯酚的 M−1 峰不强，而甲基苯酚和苄醇的 M−1 峰很强。苯酚可形成 M−CO、M−HCO 的碎片离子。

6) 卤化物

脂肪族卤化物的分子离子峰不明显，芳香族卤化物的分子离子峰明显。卤化物质谱中通常有明显的 X、M−X、M−HX、M−H₂X 峰和 M−R 峰；芳香族卤化物中，当 X 与苯环直接相连时，M−X 峰显著。氯化物和溴化物可根据同位素峰估计试样中卤素原子的数目；多氟烷烃质谱中，$m/z\ 69(CF_3^+)$ 是基准峰，$m/z\ 131(C_3F_5^+)$ 和 $m/z\ 181(C_4F_7^+)$ 峰也明显。

7) 醚

醚的分子离子裂解方式与醇相似，脂肪醚的分子离子峰很弱但可观察到，芳香醚的分子离子峰较强。脂肪醚发生 α 裂解，形成 $m/z\ 45$、59、73 等强峰；发生 i 裂解，形成 $m/z\ 29$、43、57、71 等峰；发生重排裂解，形成 $m/z\ 28$、42、56、70 等峰。

芳香醚经常发生 $O—C_\alpha$ 键断裂的裂解；缩醛是一类特殊的醚，中心碳原子的四个键都可裂解，概率相差不大；环醚裂解脱去中性碎片醛。

8) 醛、酮

醛和酮的分子离子峰比较明显，脂肪族醛、酮的分子离子峰不及芳香族的强。

醛、酮发生麦氏重排产生的离子是主要碎片峰之一，同时也可以发生羰基碳 α 裂解和 i 裂解。脂肪醛的 M – 1 峰强度一般与 M 峰近似，而 $m/z\ 29$ 往往很强；芳香醛则易产生 $R^+(M – 29)$，芳香酮发生 i 裂解最终产生苯基离子。$M – 18(M – H_2O)$、$M – 28(M – CO)$ 碎片离子峰有利于鉴定醛。环状酮的裂解较为复杂。

9) 羧酸

脂肪羧酸的分子离子峰一般可看到。最特征的峰由麦氏重排裂解产生($m/z\ 60$)。$m/z\ 45$ 峰（α 裂解，失去 R' 形成的 $^+CO_2H$)通常也很明显。低级脂肪酸常有 M – 17(失去 OH)、M – 18(失去 H_2O)和 M – 45(失去 CO_2H)峰等。长链酸谱图集中在质量单位相隔 14 的烃类峰簇上，在每一峰簇中，$C_nH_{2n-1}O_2$ 是主要的。

芳香羧酸的分子离子峰相当强，M – 17、M – 45 峰比较明显，也会出现由重排裂解产生的 M – 44 峰。邻位取代的芳香羧酸会形成 M –18 峰。

10) 羧酸酯

直链一元羧酸酯的分子离子峰通常可观察到，且随分子量的增大(碳原子数>6)而增大。芳香羧酸酯的分子离子峰较明显。

羧酸酯的强峰(有时为基准峰)通常来源于 α 裂解或 i 裂解；由于麦氏重排，甲酯可形成 $m/z\ 74$，乙酯可形成 $m/z\ 88$ 的基准峰。若 α-碳上有烃基取代，则将形成 $m/z\ 74$、88、102、116 等同系列峰；羧酸酯也可以发生双氢重排裂解，产生质子化的羧酸离子碎片峰；二元羧酸及其甲酯形成强的分子离子峰，其强度随两个羧基接近程度增大而减弱。二元酸酯会失去两个羧基形成 M – 90 峰；邻位取代的苯甲酸酯可能失去一分子醇形成相应的基峰。

11) 胺

伯胺的质谱与醇的质谱有某些相似，仲胺的质谱与醚的质谱有些相似；脂肪开链胺的分子离子峰很弱，或者消失。脂环胺及芳胺分子离子峰较明显；低级脂肪胺、芳香胺可能出现 M –1 峰(失去 ·H)。

胺最重要的峰是 α 裂解得到的峰。在大多数情况下，这种裂解离子往往是基峰。α-碳无取代的伯胺 $R—CH_2NH_2$ 可形成 $m/z\ 30$ 的强峰($CH_2=N^+H_2$)。这一峰可作为分子中有伯胺基存在的有用佐证，不能作为确证。

脂肪胺和芳香胺可能发生 N 原子的双侧 α 裂解。有烃基侧链的苯胺有可能形成氨基鎓离子($m/z\ 106$)；胺类也产生质荷比为 31、45、59 等重排峰。

可以根据胺质量数 18 与 17($^+NH_3$)峰的比值远大于醇类的比值来区分胺和醇。α-氨基酸乙酯主要发生丢失 $CO_2CH_2CH_3$ 的裂解，也可发生失去 α 位烷基的裂解，形成中等强度的 $m/z\ 102$ 峰。

12) 酰胺

酰胺的质谱与羧酸相似，分子离子峰一般可观察到。

最重要碎片离子峰(往往是基峰)是羰基碳α裂解产物；凡含有γ-H 的酰胺通常可发生麦氏重排，得到 m/z 59 + 14n 的峰；长链脂肪伯酰胺在羰基的 C_β—C_γ 间发生裂解，产生较强的峰 m/z 72(无重排)或 m/z 73(有重排)；四个碳以上的伯酰胺通过羰基或 N 的α裂解产生 m/z 44 的强峰。

13) 腈

高级脂肪腈的分子离子峰看不见。增大样品量或增大离子化室压力可看到 M 峰和 M+1 峰。腈的 M−1 峰明显，可利用该特征鉴定腈。$C_4 \sim C_{10}$ 的直链腈由于麦氏重排可产生 m/z 41 的基峰(CH_3CN^+或 $CH_2\!=\!C\!=\!N^+H$)。

14) 硝基化合物

脂肪族硝基化合物一般看不到分子离子峰，强峰出现在 m/z 46(NO_2^+)及 30(NO^+)；高级脂肪族硝基化合物一些强峰是烃基离子，还有γ-H 的重排引起的 M − OH、M − (OH+H_2O)和 m/z 61 的峰；芳香族硝基化合物显出强的分子离子峰，此外有 m/z 30(NO^+)及 M − 30、M − 46、M −58 等峰。

12. 分子离子峰和分子量的测定

化合物分子离子峰如果比较稳定，就会出现在质谱图中，如果不稳定或者形成了络合离子等，就不会出现在质谱图中。

在一个纯化合物质谱(不含本底和离子分子反应等产生的附加峰)图中，分子离子峰必要但非充分的条件是：①必须是谱图中最高质量端的离子(分子离子峰的同位素峰及某些络合离子除外)；②必定是奇电子离子；③必须能够通过丢失合理的中性碎片，产生谱图中高质量区的重要离子。

确认分子离子峰时需考虑以下几点：①此最高质量端的离子质量数是否符合氮规则；②该峰与质荷比比它小的邻近峰之间的质量差是否合理；③是否 M + 1峰；④是否 M − 1峰；⑤当化合物含有氯和溴元素时，同位素峰强度比也有助于识别分子离子峰。

也可以通过改变实验条件的方法增大分子离子峰的强度，从而方便分子离子峰的检出。①降低冲击电子流的电压，质谱上会出现所有碎片峰都减弱，而分子离子峰的相对强度会增加；②制备容易挥发的衍生物，分子离子峰就容易出现；③对于高温下容易分解的有机化合物，降低加热温度，分子离子峰的相对强度显著增加；④对于一些分子量较大难以挥发的有机化合物，用直接进样法往往可以使分子离子峰强度增加；⑤用化学电离源、快速原子轰击源或电喷雾电离源代替电子轰击源，使分子离子峰增强，特别是对热不稳定的化合物更为适用。

确定了分子离子峰，其质荷比即为分子量。

13. 分子式的确定

利用质谱确定分子式有两种方法。

1) 同位素峰相对强度法

该方法适用于低分辨质谱仪，包括查贝农(Beynon)表法和估算法。

根据分子离子峰及其同位素峰推测该分子或碎片元素组成的步骤：

(1) 确定分子离子峰及其同位素峰。

(2) 将数据全部归一化(将 M 峰作为 100,求出 M+1、M+2 峰的相对丰度)。

(3) 检查 M+2 峰,若其丰度≤3%,则说明该化合物中不含 Si、S、Cl 和 Br 等元素;若其丰度>3%,要先确定含比轻同位素大两个单位的重同位素的种类和个数。

(4) 由 M+1 峰的相对丰度确定可能的碳原子数。

(5) 确定氢的个数及氧的个数。

(6) 由不饱和度或其他因素判断所求元素组成是否合理。

2) 高分辨质谱法

用高分辨质谱仪测得分子的质量数精确到小数点后 3~4 位数字时,与此质量数一样或相近的分子式个数已很少。仪器可根据分子的精确质量数,给出可能的几个或一个分子式,再根据其他数据确定分子式。

14. 质谱的解析

(1) 确认分子离子峰,并由其求得分子量和分子式;计算出不饱和度。

(2) 找出主要的离子峰,并根据各类化合物的质谱特征和裂解规律对这些主要离子峰进行归属。

(3) 分析质谱中分子离子峰或其他碎片离子峰丢失的中性碎片,推断分子中可能含有的官能团。

(4) 用 MS-MS 找出母离子和子离子,或用亚稳扫描技术找出亚稳离子,由此推断裂解过程,进一步确认官能团和碳骨架。

(5) 配合元素分析、UV、IR、NMR 和样品理化性质提出试样的结构式,并将质谱图与所推定的结构相应化合物的裂解规律对照,若一致,即可得到可能的结构式。

(6) 已知化合物可用标准谱图对照来确定结构是否正确。新化合物要用合成此化合物并做波谱分析的方法来确证。

6.3 例 题 分 析

【例 6-1】 某化合物的元素分析值为 C:45.09%、H:6.62%,质谱数据为 106(M,100%)、108(M+2,32.2%),试推测该化合物的分子式。

解 (1) 元素分析显示碳、氢含量之和不足 100%,因此分子中一定含有杂原子。

(2) 106(M,100%),108(M+2,32.2%),峰强度(M+2)/M≈1/3,推断该化合物含有一个氯原子。

(3) 根据质谱分子离子峰 m/z 106 和元素分析结果可得

碳原子个数:106×45.09%/12=4

氢原子个数:106×6.62%/1=7

剩余质量数:106–12×4–1×7–35=16

推断分子中还含有一个氧原子。

因此,该化合物的分子式为 C_4H_7ClO。

【例 6-2】 某化合物的质谱数据为 174(M,17.3%),175(M+1,2.09%),176(M+2,0.91%),试推测该化合物的分子式。

解 (1) 数据归一化:

m/z	相对丰度/%	归一化
174(M)	17.3	100
175(M+1)	2.09	12.1
176(M+2)	0.91	5.25

(2) 根据(M+2)/M=5.25%＞4.40%，可推测该化合物含有一个硫原子。

(3) 贝农表由 C、H、O、N 组成，因此必须把 ^{33}S 和 ^{34}S 的丰度减掉。

M+1：12.1−0.78＝11.3；M+2：5.25－4.40＝0.85；M：174－32＝142

从贝农表查找 M=142，M+1、M+2 丰度分别与 11.3、0.85 接近的分子式有 $C_9H_{20}N$、$C_{10}H_6O$、$C_{10}H_8N$、$C_{10}H_{22}$ 和 $C_{11}H_{10}$，其中 $C_9H_{20}N$ 和 $C_{10}H_8N$ 都有一个氮，与分子量为偶数的事实不符，因此这两个分子式可以排除。剩下三个分子式中，$C_{10}H_6O$ 和 $C_{10}H_{22}$ 的 M+1 和 M+2 丰度很接近 11.3 和 0.85。因此，该化合物可能的分子式为 $C_{10}H_6OS$ 和 $C_{10}H_{22}S$。

注：采用同位素相对强度法应该注意 M+1、M+2 的丰度全部来自于分子离子峰中重同位素原子的贡献。若有 M−1 峰，必须扣除 M−1 峰中重同位素对 M+1 的贡献。另外，若有络合离子 M+H 或 M+2H，则不能使用该方法推导分子式。

【例 6-3】　用高分辨质谱仪测得某未知分子离子的分子量为 67.0582，求它的分子式。

解　如果质谱测定分子离子的分子量的误差是 ± 0.006，则小数部分可以是 0.0582 ± 0.006，即小数部分应为 0.0522～0.0642。查贝农表，分子量整数部分为 67，其小数部分在这个范围内的分子式有下列三个：

分子式	分子量
$C_6H_7N_4O_2$	167.0570
$C_8H_9NO_3$	167.0583
$C_{11}H_7N_2$	167.0610

其中，$C_6H_7N_4O_2$ 和 $C_{11}H_7N_2$ 含有偶数个氮原子，与未知分子的分子量为奇数的事实不符，可排除。所以分子式只能是 $C_8H_9NO_3$。

注：目前高分辨质谱发展很快，Q-TOF 型质量分析器的质量准确度可以达到＜$2×10^{-6}$(内标法)和＜$5×10^{-6}$(外标法)，并且质谱的应用程序可以根据精准质量和同位素峰形匹配给出分子式。

【例 6-4】　图 6-1 是 $Ph(CH_2)_3CH_3$ 还是 $PhCH(CH_3)CH_2CH_3$ 的质谱？说明理由。

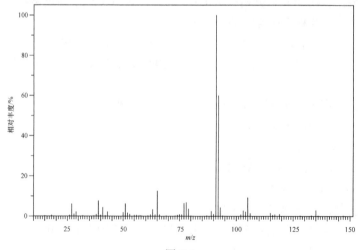

图 6-1

解 应为 Ph(CH$_2$)$_3$CH$_3$。因为苄基型裂解往往形成烷基取代苯的基峰，谱图中基峰为 91，说明苯环 α 位为烷基取代，且 α-碳上无侧链。无 M–15 峰，说明烷基为正烷基，没有甲基侧链。另外，谱图中 m/z 92 峰为带有侧链的芳烃经麦氏重排产生，进一步确定该化合物苯环的 α-碳上无侧链。

如果为 PhCH(CH$_3$)CH$_2$CH$_3$，苄基型裂解则会形成 α 位为甲基取代的基峰 105，α-碳上有甲基取代，会在 M–15 即 119 处出峰，同时麦氏重排会产生 m/z 106 的峰。

Ph(CH$_2$)$_3$CH$_3$ 裂解如下：

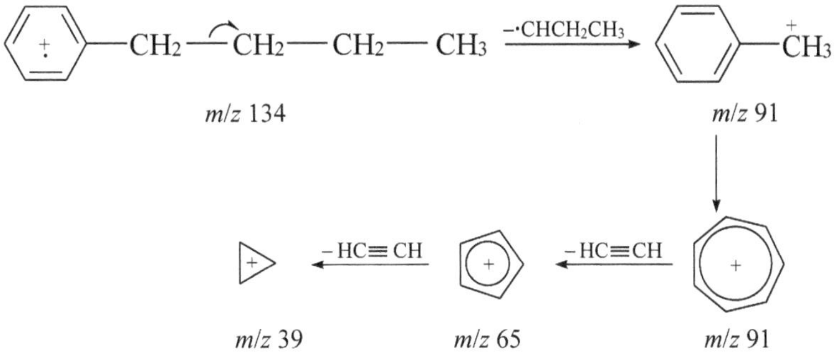

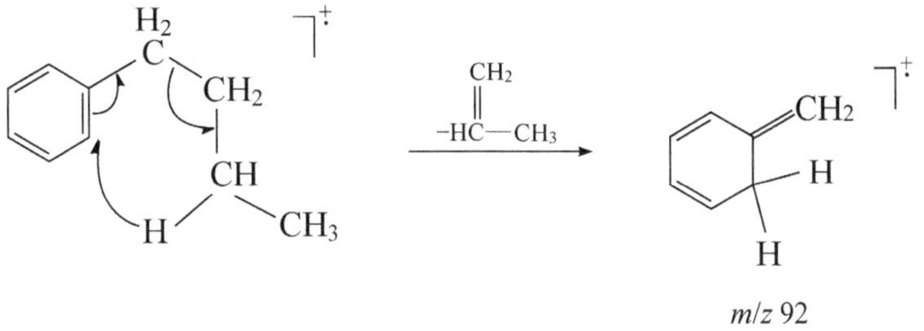

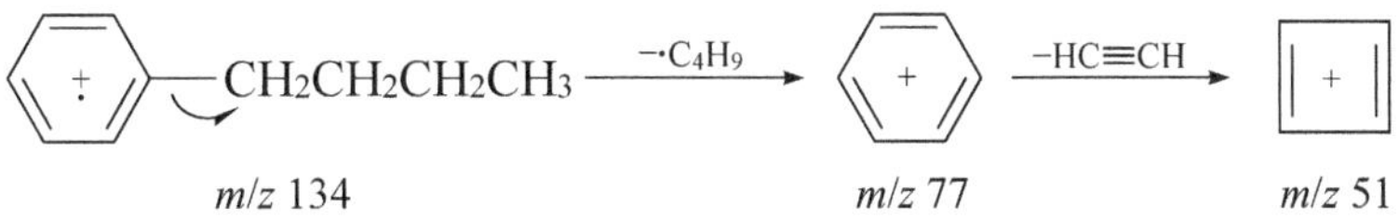

【例 6-5】 根据裂解机理，推测同分异构体化合物 1-戊醇、2-戊醇和 2-甲基-2-丁醇在质谱图上的差异。

解 醇类化合物质谱的基峰一般都是羟基的 C$_\alpha$—C$_\beta$ 键断裂而形成的强峰，该 C$_\alpha$—C$_\beta$ 键断裂符合最大烷基优先丢失原则。1-戊醇、2-戊醇、2-甲基-2-丁醇分别属于伯、仲、叔醇，因此这三个醇类化合物结构的不同反映在质谱图上最明显的差异是羟基的 C$_\alpha$—C$_\beta$ 键断裂所产生的谱图基峰对应的碎片质量不同。具体差异如下：

醇	基峰(C$_\alpha$—C$_\beta$ 键断裂)m/z	对应碎片结构
1-戊醇	31	H$_2$C$=\overset{+}{O}$H
2-戊醇	45	H$_3$C—$\overset{\underset{H}{\mid}}{C}$$=\overset{+}{O}$H
2-甲基-2-丁醇	59	H$_3$C—$\overset{\underset{CH_3}{\mid}}{C}$$=\overset{+}{O}$H

【**例 6-6**】　根据质谱裂解机理，推测化合物 2-甲基丁醛质谱的主要裂解峰。

解　醛羰基氧原子上的未配对电子很容易被轰击掉一个电子，所以分子离子峰很明显；该醛发生麦氏重排，产生质荷比为 58 的峰；醛羰基碳以不同方式裂解，分别产生质荷比为 57 和 29 的峰。因此，2-甲基丁醛质谱的主要裂解峰为 86、58、57、29。裂解过程如下：

【**例 6-7**】　根据化合物正丁酸甲酯的质谱图(图 6-2)，推测可能的裂解机理。

图 6-2

解

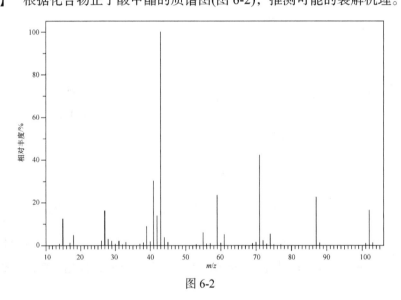

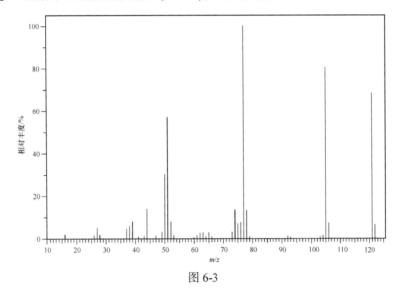

【例 6-8】 根据苯甲酰胺的质谱图(图 6-3)，写出产生 m/z 105、77、51 碎片的裂解过程。

图 6-3

解

m/z 121 $\xrightarrow{-\dot{N}H_2}$ m/z 105 $\xrightarrow{-CO}$ m/z 77 $\xrightarrow{-C_2H_2}$ m/z 51

【例 6-9】 某化合物($C_{11}H_{12}O_3$)的质谱图如图 6-4 所示，试推测该化合物可能的结构。

解 该化合物不饱和度为 6，分子离子峰 m/z 为 192，质谱图中在 m/z 为 147=192−45 处出峰，说明分子结构中存在乙氧基(CH_3CH_2O—)；m/z 为 91 和 43 出峰很小，说明该化合物结构中没有苄基和乙酰基。m/z 为 105=77(苯环)+28(羰基)，说明分子中含有苯甲酰基(C_6H_5CO—)；质谱图中出现 m/z 为 73=192−105−14，14 应该为 CH_2。m/z 73 与 m/z 45 差为 28，应该为羰基(—CO—)，因此该化合物的结构为 $C_6H_5COCH_2COOCH_2CH_3$。

【例 6-10】 某化合物($C_5H_8O_2$)的质谱图如图 6-5 所示，试推测该化合物可能的结构。

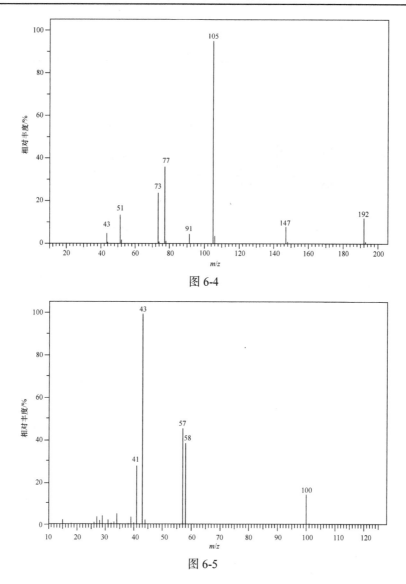

图 6-4

图 6-5

　　解　该化合物不饱和度为 2，分子离子峰 m/z 100 较弱，质谱在 m/z 为 57 和 58 处出现一对峰，其中 57=100–43(基峰)，m/z 43 为基峰，极有可能为乙酰基(CH₃CO)，该片段不饱和度为 1。与分子式比较可知 m/z 57 为 C₃H₅O，片段不饱和度为 1，可能的结构为 OCH₂CH═CH₂ 或 OCH═CHCH₃。这两种可能的结构都能产生 m/z 41 的峰。m/z 58 对应 m/z 57 质子化后的阳离子自由基碎片。因此，该化合物可能的结构为 CH₃COOCH₂CH═CH₂ 或 CH₃COOCH═CHCH₃，可根据 ¹H NMR 和 ¹³C NMR 谱图进一步确定其结构。

6.4　综　合　练　习

一、判断题

1. 分子离子峰一定是质谱图中质荷比最大的峰，但质荷比最大的峰不一定是分子离子峰。(　　)
2. 分子离子峰的强度与化合物的类型有关，一般含有芳环的化合物稳定性较低，分子离子峰

的强度较小。( )

3. 分子离子可以是偶电子离子，也可以是奇电子离子。( )

4. 降低冲击电子流的电压，会使分子离子峰的相对强度增加。( )

5. 当化合物分子中含有碳碳双键，而且与碳碳双键相连的链上有 γ 氢原子，该化合物的质谱会出现麦氏重排离子峰。( )

6. 含奇数个电子的离子重排断裂后产生的离子一定含有偶数个电子，而含偶数个电子的离子重排断裂后产生的离子一定含有奇数个电子。( )

7. 由于不能生成带正电荷的溴离子，因此在质谱中无法确定分子结构中是否含有溴。( )

8. 奇电子离子断裂后可以产生奇电子离子，也可以产生偶电子离子；偶电子离子断裂后只能产生奇电子离子。( )

9. 在化学电离源质谱中，最强峰通常是准分子离子峰。( )

10. 通过亚稳离子峰，可以研究某些离子之间的相互关系。( )

11. 在简单裂解中，电子的奇偶性在反应前后不一致，而重排裂解中电子奇偶性在反应前后都一致。( )

12. 在质谱中离子断裂若能产生 H_2O、C_2H_4、CO、$CH_2=C=O$、CO_2 等小分子产物，则一般会产生比较强的碎片离子峰。( )

13. 在 EI-MS 中，当样品的分子量较大或稳定性差时，通常得不到分子离子，因此不能测定该样品的分子量。( )

14. 最大烷基优先丢失原则是指有机化合物在简单裂解中，当可能丢失的基团具有类似的结构时，总是优先丢失较大基团而得到较小的正离子碎片。( )

二、选择题

1. 在质谱图中，CH_3Cl 的 M+2 峰的强度约为 M 峰的( )。
   A. 1/3　　　　　　 B. 1/2　　　　　　 C. 1/4　　　　　　 D. 相当

2. 以下关于分子离子峰的说法正确的是( )。
   A. 增加进样量，分子离子峰强度不变
   B. 谱图中的基峰
   C. 质荷比最大的峰
   D. 降低电子轰击电压，分子离子峰强度会增加

3. 在质谱图的中部质量区，一般来说与分子离子质荷比奇偶不相同的碎片离子是( )。
   A. 由简单裂解产生　　　　　　 B. 由重排反应产生
   C. 在无场区断裂产生　　　　　　 D. 在飞行过程中产生

4. 要想获得较多碎片离子，应采用( )离子源。
   A. EI　　　　　 B. FAB　　　　　 C. APCI　　　　　 D. ESI

5. 有机化合物的分子离子峰的稳定性顺序正确的是( )。
   A. 芳香化合物>醚>环状化合物>烯烃>醇
   B. 烯烃>醇>环状化合物>醚
   C. 醇>醚>烯烃>环状化合物
   D. 芳香化合物>烯烃>环状化合物>醚>醇

6. 某含氮化合物的质谱图上，其分子离子峰 m/z 为 243，则可提供的信息是( )。

　A. 该化合物含奇数个氮　　　　　　　　　　B. 该化合物含偶数个氮

　C. 不能确定氮奇偶数　　　　　　　　　　　D. 不能确定是否含有氮

7. 除同位素离子峰外, 如果质谱中存在分子离子峰, 则其一定是(　　)。

　A. 基峰　　　　　　　B. 质荷比最高的峰　　C. 偶数质量峰　　　　D. 奇数质量峰

8. 辨认分子离子峰, 以下说法正确的是(　　)。

　A. 分子离子峰通常是基峰

　B. 某些化合物的分子离子峰可能在质谱图上不出现

　C. 分子离子峰一定是质量最大、丰度最大的峰

　D. 分子离子峰的丰度大小与其稳定性无关

9. 某碳氢化合物的质谱图中若 M+1 和 M 峰的强度比为 29 : 100, 预计该化合物中存在碳原子的个数为(　　)。

　A. 2　　　　　　　　　B. 8　　　　　　　　　C. 22　　　　　　　　D. 26

10. 在质谱图中, CH_2Cl_2 的 M : (M+2) : (M+4) 的值约为(　　)。

　A. 1 : 2 : 4　　　　　　B. 1 : 3 : 1　　　　　　C. 9 : 6 : 1　　　　　　D. 3 : 1 : 3

11. 在质谱图中, $C_6H_4Br_2$ 的 M : (M+2) : (M+4) 的值约为(　　)。

　A. 1 : 2 : 1　　　　　　B. 1 : 3 : 1　　　　　　C. 9 : 6 : 1　　　　　　D. 1 : 1 : 1

12. 如果母离子和子离子的 m/z 分别为 120 和 102, 则其亚稳离子 m^* 的 m/z 是(　　)。

　A. 105　　　　　　　　B. 120　　　　　　　　C. 86.7　　　　　　　D. 91.9

13. 质谱中多电荷离子出现在同质量单位单电荷离子的(　　)。

　A. 相同质量处　　　　B. 较小质量处　　　　C. 多倍质量处　　　　D. 较大质量处

14. 某化合物的分子量为偶数, 下列分子式中不可能的是(　　)。

　A. $C_9H_{12}NO$　　　　　　B. $C_9H_{14}N_2$　　　　　　C. $C_{10}H_{20}Cl_2$　　　　　D. $C_{10}H_{14}O$

15. 目前质量范围最大的质谱仪是基质辅助激光解吸电离飞行时间质谱仪(MALDI-TOF-MS), 该仪器测定的分子量可高达(　　)以上。

　A. 1 000 000 u　　　　B. 100 000 u　　　　C. 10 000 u　　　　　D. 1000 u

16. 具有一个正电荷的下列离子的电子个数分别是(　　)。

　$C_8H_{10}N_2O$　　　　　　CH_3CO　　　　　　$C_6H_5COOC_2H_5$　　　　C_4H_4N

　A. 奇, 偶, 奇, 偶　　B. 奇, 偶, 偶, 奇　　C. 奇, 奇, 偶, 偶　　D. 偶, 奇, 偶, 奇

17. 在质谱中, 同位素峰的用途有(　　)。

　A. 确定化合物的分子式　　　　　　　　　B. 确定化合物的结构

　C. 确定分子离子峰　　　　　　　　　　　D. 确定基峰

18. 关于分子离子峰的论述正确的是(　　)。

　A. 它一定是谱图中最高质量端的离子

　B. 它必须是奇电子离子

　C. 它必须能够通过丢失合理的中性碎片, 产生谱图中所有高质量区的重要离子

　D. 不一定符合氮规则

19. 某化合物的质谱图上出现 m/z 31 的强峰, 则该化合物不可能是(　　)。

　A. 醚　　　　　　　　B. 醇　　　　　　　　C. 胺　　　　　　　　D. 醚或醇

20. 在丁烷的质谱图中，M：(M+1)为(   )。

    A. 100：1.1   B. 100：2.2   C. 100：3.3   D. 100：4.4

21. 一种酯类(M=116)，质谱图上在 m/z 57(100%)、29(27%)及 43(27%)处均有离子峰，初步推测其可能结构如下，则该化合物结构为(   )。

    A. $(CH_3)_2CHCOOC_2H_5$ B. $CH_3CH_2COOCH_2CH_2CH_3$

    C. $CH_3(CH_2)_3COOCH_3$ D. $CH_3COO(CH_2)_3CH_3$

22. 在 C_2H_5F 中，F 对下列离子峰有贡献的是(   )。

    A. M   B. M+1   C. M+2   D. M 及 M+2

23. 某化合物的质谱图上出现 m/z 74 的强峰，IR 谱图在 3400~3200 cm^{-1} 有一宽峰，1750~1700 cm^{-1} 有一强峰，则该化合物可能是(   )。

    A. $R_1CH_2(CH_2)_2COOCH_3$ B. $R_1CH_2(CH_2)_3COOH$

    C. $R_1CH_2CH_2CH(CH_3)COOH$ D. B 或 C

24. 裂解过程中，若优先消去中性分子如 CO_2，则裂解后离子所带电子的奇偶数(   )。

    A. 发生变化   B. 不变   C. 不确定

25. 裂解过程中，若优先消去自由基如羟基，则裂解后离子所带电子的奇偶数(   )。

    A. 发生变化   B. 不变   C. 不确定

26. 在辛胺($C_8H_{19}N$)的质谱图上，出现 m/z 30 基峰的是(   )。

    A. 伯胺   B. 仲胺   C. 叔胺

三、简答题

1. 如何判断分子离子峰？当分子离子峰不出现时，质谱中为了检出分子离子峰，可以采取哪些办法？

2. 有机质谱离子源的作用是什么？常用的离子源有哪些？其中哪些属于软电离源？

3. 常见的质量分析器有哪些？各有什么特点？

4. 什么是简单裂解？简单裂解有哪几种类型？

5. 质谱仪为什么需要高真空条件？

6. 什么是准分子离子峰？哪些离子源容易得到准分子离子？

7. 影响离子丰度的主要因素有哪些？

8. 取代重排和消除重排有什么不同？

9. 解释化合物 ⬡ 质谱中出现 m/z 81、54 峰的裂解过程。

10. 3-甲基-3-庚醇质谱基峰的 m/z 是多少？为什么？谱图中是否会出现 m/z 59、45、31 峰？如果有，给出可能的裂解过程。

11. 邻苯二甲酸二乙酯的质谱出现 m/z 149 基峰是否合理？试解释。

四、结构推导

1. 鉴别质谱图(图 6-6)是 2-己酮还是 3,3-二甲基-2-丁酮，说明理由并归属。

2. 鉴别质谱图(图 6-7)是苯甲酸甲酯还是乙酸苯酯，说明理由并归属。

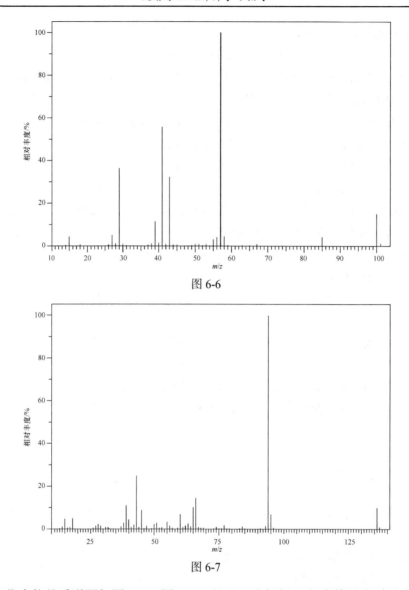

图 6-6

图 6-7

3. 下列四个化合物的质谱图如图 6-8~图 6-11 所示，试判断四个质谱图分别对应下列哪个化合物，说明理由并归属。

HO—⬡—$\overset{\overset{\displaystyle O}{\|}}{C}CH_3$ ⬡—$CH_2\overset{\overset{\displaystyle O}{\|}}{O}CH$ ⬡—$O\overset{\overset{\displaystyle O}{\|}}{C}CH_3$ H_3CO—⬡—$\overset{\overset{\displaystyle O}{\|}}{C}H$

A   B   C   D

4. 鉴别质谱图图 6-12 和图 6-13 哪个是二异丁基胺的质谱图，说明理由并归属。

5. 将下列两个化合物分别与图 6-14 和图 6-15 对应，说明理由并归属。

$(CH_3CH_2)_2NCH_3$ $(CH_3)_2NCH(CH_3)_2$

A   B

6. 根据质谱图(图 6-16)确定化合物 $C_6H_{15}NO$ 的结构，并写出主要裂解过程。

7. 根据质谱图(图 6-17)确定化合物 $C_6H_{12}O_2$ 的结构，并写出主要裂解过程。

8. 根据质谱图(图 6-18)确定化合物 C_8H_8O 的结构，并写出主要裂解过程。

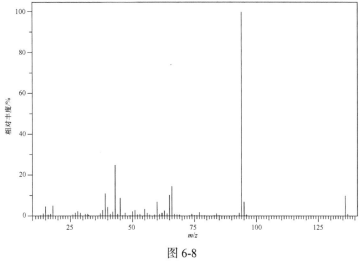

图 6-8

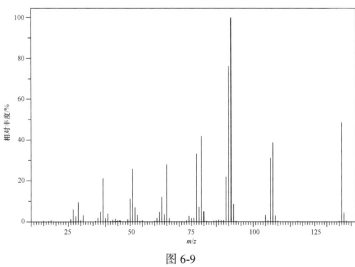

图 6-9

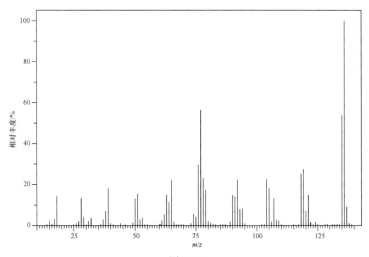

图 6-10

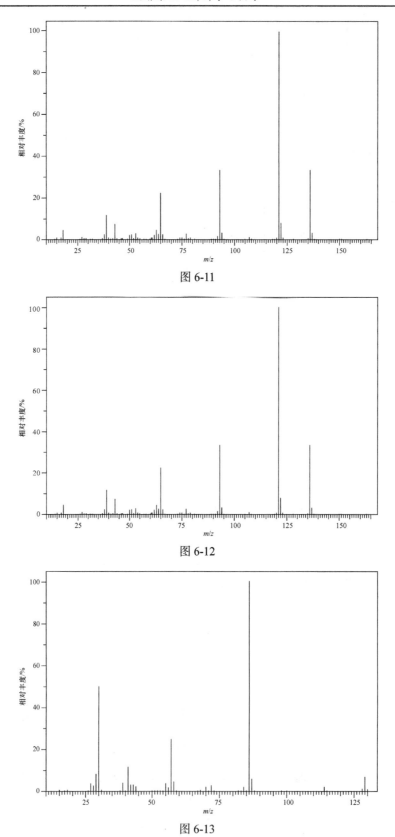

图 6-11

图 6-12

图 6-13

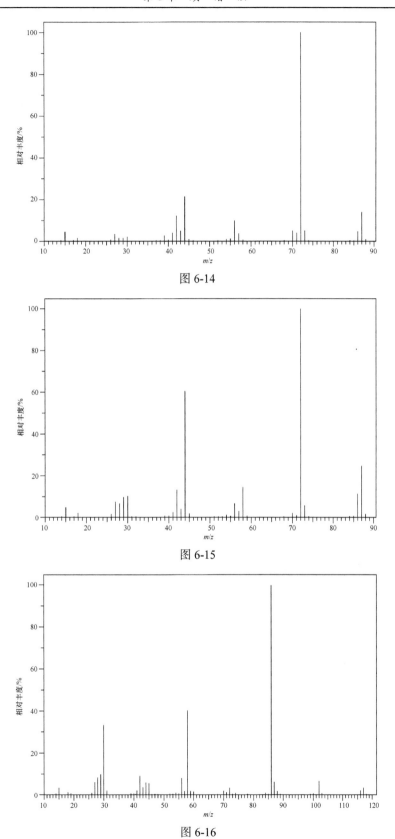

图 6-14

图 6-15

图 6-16

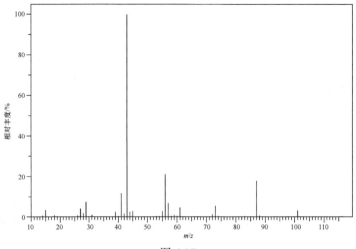

图 6-17

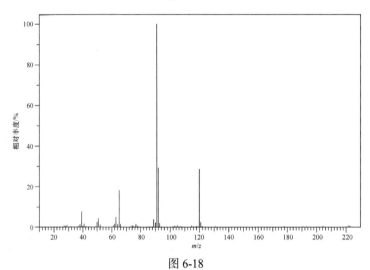

图 6-18

9. 根据质谱图(图 6-19)确定化合物 $C_5H_{12}O$ 的结构，并写出主要裂解过程。

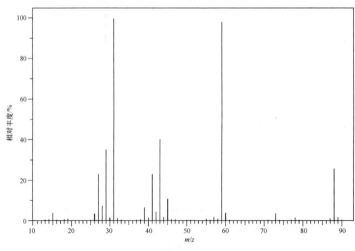

图 6-19

10. 根据质谱图(图 6-20)确定化合物 $C_8H_{10}O$ 的结构，并写出主要裂解过程。

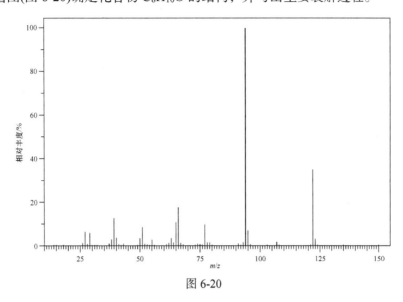

图 6-20

11. 一个有机化合物，初步判断结构如下，试根据其质谱图(图 6-21)验证该推断是否正确。

$$CH_2\!=\!CHCH_2OH$$

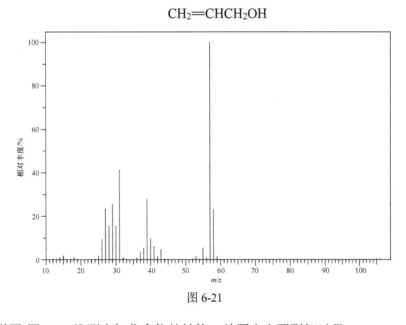

图 6-21

12. 根据质谱图(图 6-22)推测未知化合物的结构，并写出主要裂解过程。

13. 根据质谱图(图 6-23)推测未知液体化合物的结构，并写出主要裂解过程。

14. 根据质谱图(图 6-24)推测化合物 C_7H_7Cl 的结构，并写出主要裂解过程。

15. 某未知化合物 $C_8H_{16}O$ 的 IR 谱图在 1380 cm^{-1} 附近有裂分，根据质谱图(图 6-25)推测其结构，并写出主要裂解过程。

16. 根据质谱图(图 6-26)推测未知化合物的结构，并写出主要裂解过程。

17. 根据质谱图(图 6-27)推测未知化合物的结构，并写出主要裂解过程。

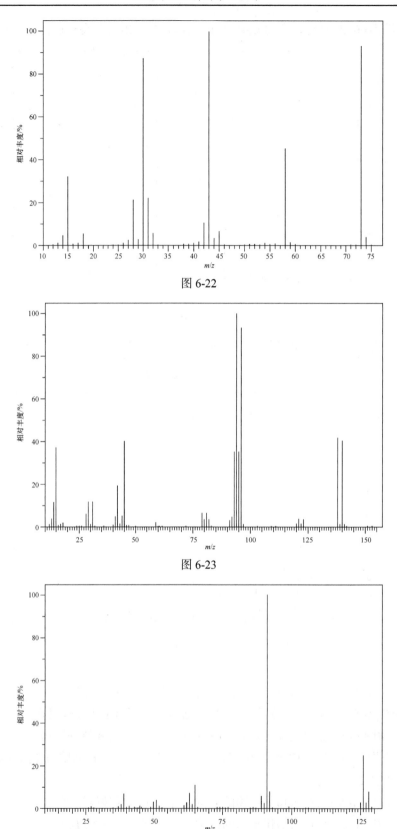

图 6-22

图 6-23

图 6-24

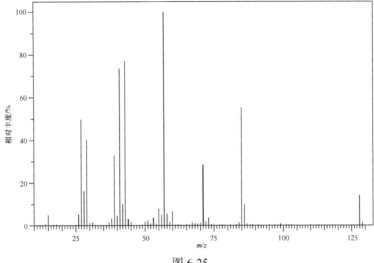

图 6-25

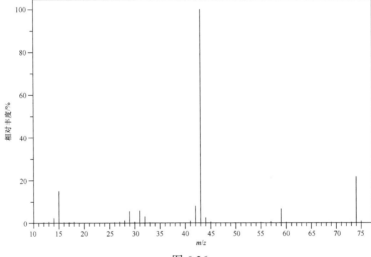

图 6-26

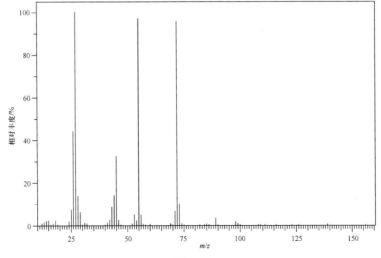

图 6-27

18. 根据质谱图(图 6-28)推测未知化合物的结构，并写出主要裂解过程。

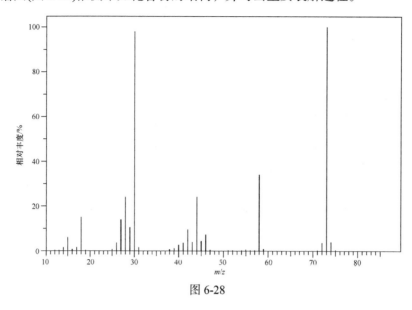

图 6-28

19. 根据质谱图(图 6-29)推测化合物 $C_4H_{10}O$ 的结构，并写出主要裂解过程。

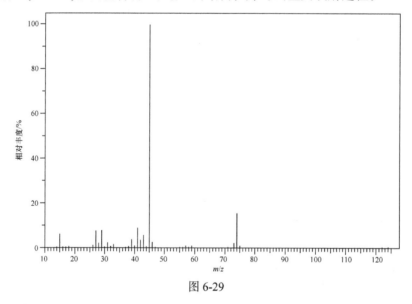

图 6-29

20. 根据质谱图(图 6-30)推测未知化合物的结构，并写出主要裂解过程。

21. 根据质谱图(图 6-31)推测化合物 $C_3H_6O_2$ 的结构，并写出主要裂解过程。

22. 根据质谱图(图 6-32)推测未知化合物的结构，并写出主要裂解过程。

23. 根据质谱图(图 6-33)推测未知化合物的结构，并写出主要裂解过程。

24. 某化合物的分子式为 $C_{10}H_{12}O$，其质谱图给出 m/z 为 15、43、57、91、105 和 148，试推测其结构。

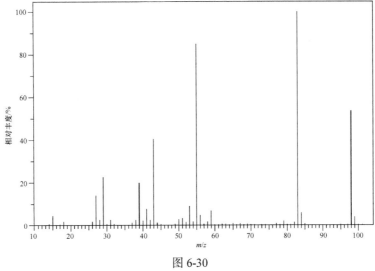

图 6-30

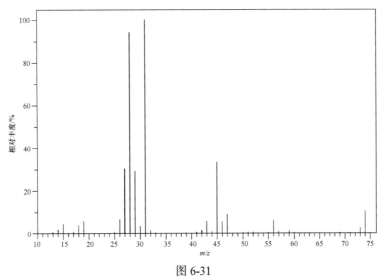

图 6-31

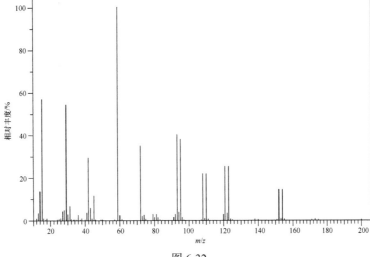

图 6-32

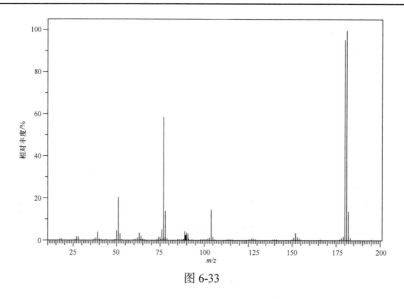

图 6-33

6.5　参　考　答　案

一、判断题

1. T；2. F；3. F；4. T；5. T；6. F；7. F；8. F；9. T；10. T；11. F；12. T；13. T；14. T

二、选择题

1. A；2. D；3. A；4. A；5. D；6. A；7. B；8. B；9. D；10. C；11. A；12. C；13. B；14. A；
15. A；16. A；17. A；18. B；19. C；20. D；21. B；22. A；23. C；24. B；25. A；26. A

三、简答题

1. 有机化合物分子离子都是奇电子离子，分子离子的质量奇偶性受氮规则的支配；分子离子
   峰一般位于质荷比最高位置的那一端，是由各种元素的最丰同位素组成；辨认在质谱中出
   现的质量最大端的主峰是分子离子峰还是碎片峰，可根据以下几点来操作：注意质量数是
   否符合氮规则；与邻近峰之间的质量差是否合理；注意 M+1 峰，某些化合物(如醚、酯、
   胺、酰胺、腈、氨基酸酯和胺醇等)的质谱上分子离子峰很小，或者根本找不到，而 M+1 峰
   却相当大，这是由分子离子和中性分子相撞而结合生成的络合离子，其强度可随实验条件
   而改变，在分析谱图时要注意，化合物的分子量应该比此峰质量小 1；注意 M−1 峰，有些
   化合物没有分子离子峰，但 M−1 的峰较大，某些醛、醇或含氮化合物往往发生这种情况。
   当分子离子峰不出现时，质谱中为了检出分子离子峰，可以采取以下办法：
   (1) 降低冲击电子流的电压。所有碎片峰都减弱，而分子离子峰的相对强度会增加。
   (2) 制备容易挥发的衍生物，分子离子峰就容易出现。
   (3) 降低加热温度。
   (4) 对于一些分子量较大难以挥发的有机化合物，若改用直接进样法而不是加热进样法，往
   往可以使分子离子峰强度增加。
   (5) 改变电离源。现在一般采用化学电离源、场电离源或场解吸源及快速原子轰击源来代替

电子轰击源。这样得到的质谱,分子离子峰增强,碎片离子大大减少,特别是对热不稳定的化合物更为适用。

2. 使样品产生离子的装置称为离子源,有机质谱中最常用的离子源有以下五种:①电子轰击源;②化学电离源;③场电离和场解吸;④快速原子轰击源和二次离子质谱;⑤其他,如近年来的基质辅助激光解吸电离、电喷雾电离和热喷雾电离、大气压化学电离等。其中,化学电离源、场电离和场解吸、快速原子轰击源、基质辅助激光解吸电离、大气压化学电离、电喷雾电离属于软电离源。

3. 质量分析器是质谱仪中的重要组成部分,由它将离子源产生的离子按 m/z 分开。常见的质量分析器有以下几种:

(1) 单聚焦质量分析器:主要根据离子在磁场中的运动行为,将不同质量的离子分开。

(2) 双聚焦质量分析器:通常在扇形磁场前附加一个扇形电场,把静电分析器和磁分析器配合使用,同时实现质量和能量聚焦的分析器。该质量分析器广泛用于无机材料分析和有机结构分析,其最大优点是分辨率高,一般可达几万或更高,缺点是价格昂贵,操作调整比较困难。

(3) 四极质量分析器:将从离子源出来的离子流引入由四极杆组成的四极场(电场)中,在电极上加一个直流电压和一个射频电压。改变直流电压与射频电压并保持比值不变,就可进行质量扫描。这种质量分析器体积小、质量轻、操作容易、扫描速度快,适用于 GC-MS 仪器。而且它的离子流通量大、灵敏度高,可用于残余气体分析、生产过程控制和反应动力学研究,其主要缺点是分辨率低和有质量歧视效应。

有机质谱仪常用的质量分析器除上述几种外,还有离子阱质量分析器、飞行时间质量分析器、傅里叶变换离子回旋共振质量分析器等。

4. 简单裂解一般只有一个共价键发生断裂,根据引发机制不同可分为三种类型:①自由基引发(α 裂解),发生均裂或半异裂,反应的动力是自由基强烈的配对倾向;②电荷引发的裂解(诱导裂解,i 裂解),发生异裂,其重要性小于α 裂解;③没有杂原子或不饱和键时,发生 C—C 键之间的σ 断裂,第三周期以后的杂原子与碳之间的 C—Y 键也可以发生σ 断裂。

5. 质谱仪需要在高真空下工作,其中离子源要求 $10^{-5}\sim10^{-3}$ Pa,质量分析器要求 10^{-6} Pa,因为:①空气中大量氧会烧坏离子源的灯丝;②在空气中用作加速离子的几千伏高压会引起放电并引起额外的离子分子反应,改变裂解模型,使谱图复杂化。

6. 在离子源中分子离子与未电离的分子互相碰撞发生二级反应形成的络合离子称为准分子离子,相应的质谱峰称为准分子离子峰。络合离子可能是分子离子夺取中性分子中一个氢原子形成(M+1)峰,也可能是碎片离子与整个分子形成(M+F)峰(F 表示碎片离子质量数)。在解析质谱时要注意,不要将络合离子峰误当作分子离子峰。离子源中压力越高,中性分子与离子碰撞机会就越多,产生络合离子的概率也就越高。因此,这种络合离子峰的强度随离子源中的压力改变而改变,而且也随离子源中推斥电压改变而改变。化学电离源容易得到准分子离子。

7. (1) 键的相对强度:首先从分子中键强度最弱处断裂,含有单键和重键时,单键先断裂。最弱的是 C—X 型(X=Br、I、O、S),该键易发生断裂。

(2) 产物离子的稳定性:质谱反应产生的离子稳定性越高,其丰度越大。这是影响产物离子丰度的最重要因素。产物的稳定性主要考虑正离子,还要考虑脱去的中性分子和自由基。

(3) 原子或基团相对的空间排列(空间效应):空间效应影响竞争性的单分子反应途径,也影响产物的稳定性。需要经过某种过渡态的重排裂解,若空间效应不利于过渡态的形成,重排裂解往往不能进行。

(4) 史蒂文森规则: 在奇电子离子(OE)经裂解产生自由基和离子两种碎片的过程中, 电离电势(IP)值较高的碎片趋向保留孤电子, 而将正电荷留在电离电势值较低的碎片上。

(5) 最大烷基优先丢失原则: 在反应中优先失去最大烷基自由基是普遍的倾向。

8. 取代重排是一种非氢重排, 在分子内部两个原子或基团(通常是带自由基的)能够相互作用, 形成一个新键, 与此同时, 其中一个基团(或者两者)的另一键断裂, 在置换的同时发生环化反应, 在这一过程中会断掉一个键而形成新键。消除重排的特点是随着基团的迁移同时消除小分子或自由基碎片, 反应与氢重排相似, 只是迁移的不是氢而是一种基团, 也称"非氢重排", 在消除重排中, 消除的中性碎片通常是电离能较高的小分子或自由基。

9.

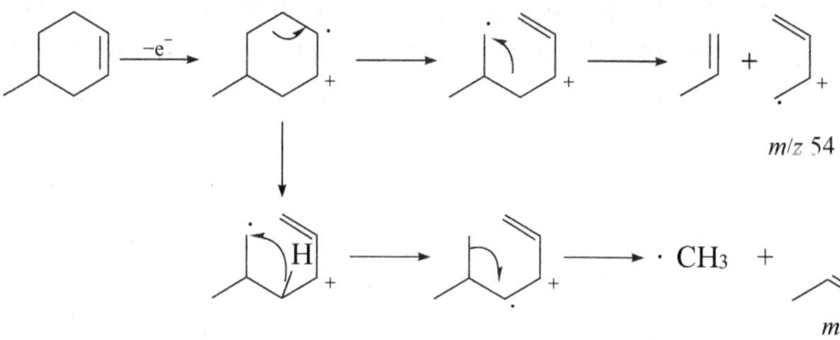

10. 基峰 m/z 为 73, 醇类化合物典型裂解是羟基的 C_α—C_β 键断裂, 形成极强的 m/z 31 系列峰, 此处化合物为叔醇, 按照最大烷基优先丢失原则, 失去丁基形成 m/z 73 的基峰, 谱图中会出现 m/z 59、45、31峰。其裂解过程如下:

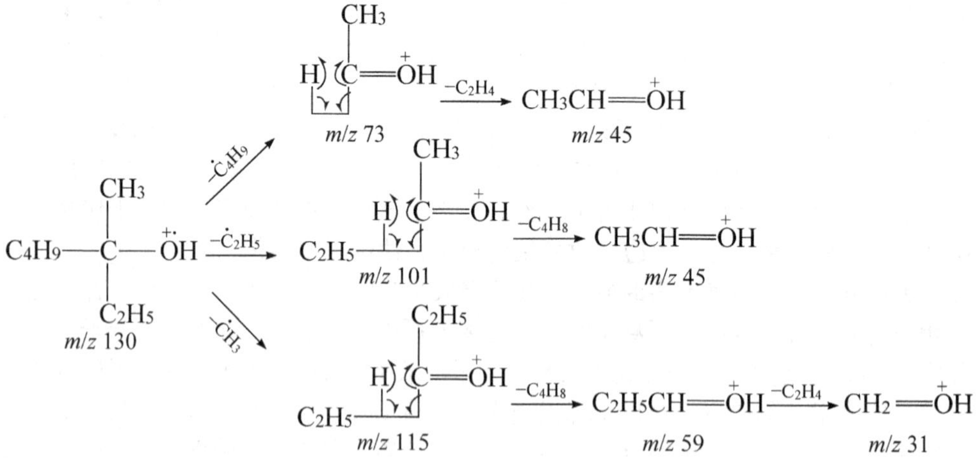

11. 合理。

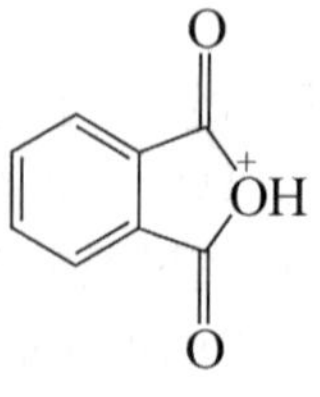

四、结构推导

1. 3,3-二甲基-2-丁酮
2. 乙酸苯酯
3. 图 6-8(C)，图 6-9(B)，图 6-10(D)，图 6-11(A)
4. 图 6-13
5. 图 6-14(B)，图 6-15(A)
6. $(C_2H_5)_2NCH_2CH_2OH$
7. $CH_3COOCH(CH_3)CH_2CH_3$
8. $C_6H_5CH_2CHO$
9. $CH_3CH_2CH_2OCH_2CH_3$
10. $C_6H_5OCH_2CH_3$
11. 正确
12. $CH_3CONHCH_3$
13. $BrCH_2COOH$
14. $C_6H_5CH_2Cl$
15. $(CH_3)_2CHCOCH_2CH_2CH_3$
16. CH_3COOCH_3
17. $CH_2{=}CHCOOH$
18. CH_3CH_2NHCHO
19. $CH_3CH_2CH_2OCH_3$
20. $(CH_3)_2C{=}CHCOCH_3$
21. $HCOOCH_2CH_3$
22. $BrCH_2COOCH_3$
23. $C_6H_5CH{=}NC_6H_5$
24. $CH_3COCH_2CH_2C_6H_5$

第7章 综合解析

7.1 内容与要求

1. 各种谱图解析时的要点

掌握 ^1H NMR、^{13}C NMR、IR、MS、UV 等谱图在结构解析中的功能和解析要点。

了解 2D NMR 谱图及其应用。

2. 波谱解析的一般程序

掌握波谱综合解析的一般程序。

熟悉主要结构单元与各种谱图之间的关系。

3. 化学方法与其他经典分析方法的应用

了解化学方法与其他经典分析方法的应用。

4. 波谱综合解析例题

掌握简单化合物的波谱综合解析。

7.2 重点内容概要

1. 各种谱图解析时的要点

1) ^{13}C NMR、2D NMR 法

根据 ^{13}C NMR 可以确定碳原子个数、级数、杂化类型及碳原子所连接取代基的情况等。结合 2D NMR 可以确定碳链连接顺序和碳链骨架，并可以推测分子构型、构象和空间结构信息等。

2) ^1H NMR 法

根据分子质子总数和各组质子积分曲线面积比，确定每组峰的质子个数；由化学位移值及峰形推测质子相连的原子类型；由峰的裂分数与耦合常数确定质子相邻的取代基；用重水交换法鉴定活泼氢。

3) IR 法

主要用于官能团特别是含氧官能团、含氮官能团、芳香环、炔烃和烯烃的判断，推测双键类型。

4) MS 法

分子离子峰和分子量的确定；分子式的确定；由同位素峰进行氯、溴、硫等元素是否存在以及存在原子个数的确定；含氮原子的推断；由典型碎片离子推测可能的官能团及结构片段。

5) UV-Vis 法

判断芳香环、共轭体系或某些羰基的存在情况，并由经验规则估算共轭双键或 α, β 不饱和醛、酮和酸的 λ_{max}。

2. 波谱解析的一般程序

1) 分子量及分子式的确定

(1) 经典的分子量和分子式测定方法。经典方法所得数据都不够精确，已很少使用。通过元素分析可以获得 C、H、N 等元素含量，结合分子量，经过合理的调整可以确定分子式。

(2) 质谱法。高分辨质谱可以测定精确的分子量，还能推出可能的分子式；低分辨质谱由测得分子离子峰的同位素丰度比也可推测分子中元素的组成；或由低分辨质谱得到分子离子峰，结合元素分析进而推测可能的分子式。

(3) 结合 ^{1}H NMR 和 ^{13}C NMR 推测烃类化合物的分子式。

(4) 综合波谱数据确定分子式。

碳原子数的确定：从 ^{13}C NMR 宽带去耦谱得出碳原子数，无对称因素和其他对碳有耦合裂分的原子(如 F、P)存在时，峰数即碳原子数；用反转门控去耦谱可获得碳原子数。

氢原子数的确定：从 ^{13}C NMR 及二维谱得到碳上质子的总数 H_C。从 ^{1}H NMR 得到氢原子总数 H_H，通过氢数对比和重水交换实验确认活泼氢。

氧原子数的确定：由 IR 确定有无含氧官能团，根据活泼氢确定含氧原子的可能性，并可进一步用 ^{13}C NMR、^{1}H NMR 和 MS 等来确定。若分子含氮，应注意是否含硝基或亚硝基等含氧基团。

氮原子数的确定：由元素分析、MS、IR 及上述 C、H、O 原子数推测结论，综合确定氮原子数。

卤素原子数的确定：由 MS 确定是否含有 Cl 和 Br 原子及它们的个数。由 ^{13}C NMR 中碳原子的裂分可以确定碳原子上的氟。

硫、磷原子的确定：用 IR 检查是否含有硫、磷的官能团，用 MS 同位素峰判断是否含硫原子，用 ^{13}C NMR 确定磷原子存在与否，并从整体综合判断确定硫和磷原子。

2) 计算不饱和度

由分子式计算不饱和度，推测样品有无不饱和键或环，是芳香族还是脂肪族等。

3) 各部分结构的确定

根据官能团和结构片段在各种图谱中的出峰特征，详细解析每种谱图，推断结构单元；各种谱图要交替参照，相互论证，以增加判断的可靠性；从化合物分子式扣除已分析出的结构单元，得到剩余的结构单元，进一步在谱图中进行推断查找和印证；化合物的物理化学性质及其他有关数据也有助于剩余结构单元的确定。

4) 结构式的推定

列出所有的官能团和结构片段，找出各结构单元的关系。用 2D NMR 可确定基团之间的关系，如碳链的连接顺序、基团空间排列的位置。若无 2D NMR，可以用 ^{1}H NMR 提供的化学位移和耦合裂分情况推测结构片段的合理连接。用 ^{13}C NMR 提供的化学位移和出峰情况判断分子对称性及取代基位置。用 IR 提供的特征官能团出峰位置的偏移或裂分信息判断相邻基团的性质及连接方式。紫外光谱可提供基团间是否共轭的信息，考察 MS 中的特征峰，再结合其他化学分析和理化性质，提出一种或几种可能结构式。

5) 核对并确定结构式

用全部数据核对推定的结构式，确定一种可能性最大的结构。

检查推定的结构式是否与分子式相符，再将推定的结构式与掌握的谱图资料逐一对比，最后确定一种可能性最大的结构，并用质谱断裂方式证明结构式推断无误。

已知化合物用标准谱图、标准品或物理常数等进行比对；未知化合物和新化合物用类似化合物的谱图数据、软件模拟等参考解析。

3. 化学方法与其他经典分析方法的应用

实际工作中，可通过化学反应改造化合物的结构，获得更有特征的波谱，方便化合物结构的推断。结构复杂的化合物经常需要波谱法与化学手段相结合进行结构确定。

7.3　例题分析

【例 7-1】　某化合物的 IR 谱图和 ^{1}H NMR 谱分别如图 7-1 和图 7-2 所示，试推测该化合物的结构。

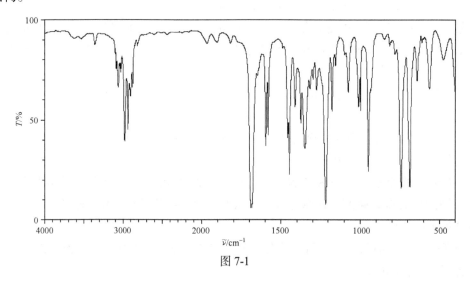

图 7-1

解　(1) IR：1688 cm^{-1} 表明有—C=O，比正常羰基数值小，推测可能与其他双键或芳环共轭。1600 cm^{-1}、1580 cm^{-1}、1450 cm^{-1} 为苯环骨架振动，证实有苯环存在，并且 1600 cm^{-1} 裂分，证明苯环与—C=O 直接相连。746 cm^{-1}、691 cm^{-1} 说明苯环为单取代。故推测化合物有 $C_6H_5C=O$ 基团。

(2) ^{1}H NMR：三种氢，化学位移 δ 7~8 为苯环质子，积分值总和为 5，因此为单取代苯环，苯环上质子在谱图中分为两组，表明苯环上连有的取代基影响较大。δ 3.00(q，2H)为 CH_2，与吸电子基团相连，并且邻碳上有 3 个氢，δ 1.20(t，3H)为 CH_3，并且邻碳上有 2 个氢，因此分子中有 CH_2CH_3 片段。

(3) 综上可知，该化合物的结构为苯丙酮。

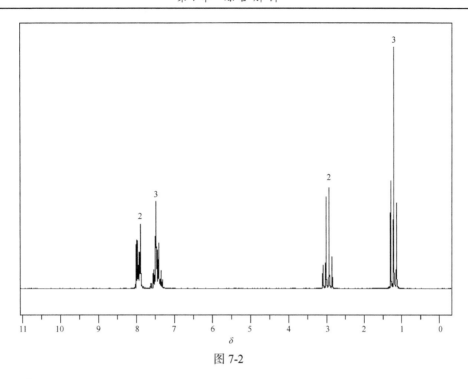

图 7-2

【例 7-2】 某个由 C、H、N 元素组成的化合物的 IR、^{1}H NMR、^{13}C NMR 和 MS 分别如图 7-3～图 7-6 所示，试推测其结构。

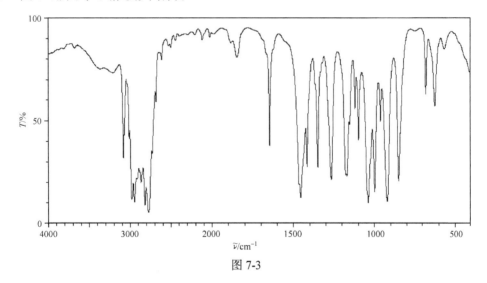

图 7-3

IR 谱图出峰位置和透射率：

$\tilde{\nu}$/cm^{-1}	T/%	$\tilde{\nu}$/cm^{-1}	T/%	$\tilde{\nu}$/cm^{-1}	T/%	$\tilde{\nu}$/cm^{-1}	T/%	$\tilde{\nu}$/cm^{-1}	T/%
3679	81	2864	18	2607	84	1349	26	997	14
3219	70	2816	8	2496	81	1266	20	962	47
3209	70	2767	4	1843	77	1179	22	919	9
3080	30	2726	32	1646	36	1171	21	860	19
3010	39	2679	57	1466	17	1121	53	678	60
2979	10	2671	77	1455	11	1096	38	624	55
2944	9	2629	84	1416	26	1036	9	567	81

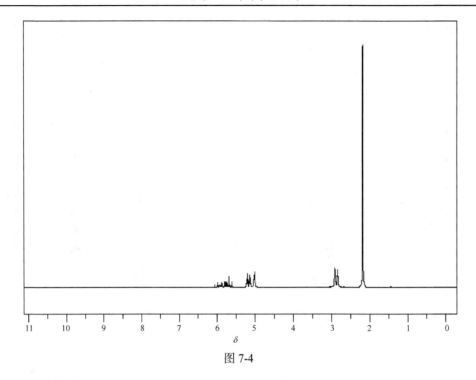

图 7-4

¹H NMR 数据δ：5.83(m，1H)，5.14(m，1H)，5.10(m，1H)，2.91(m，2H)，2.22(s，6H)

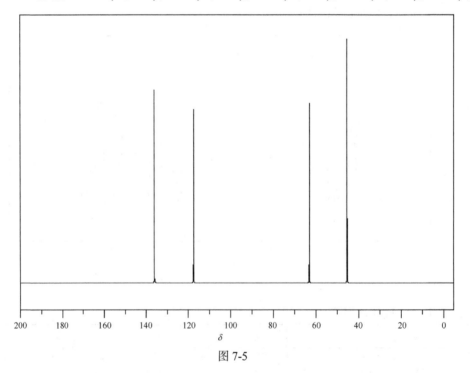

图 7-5

¹³C NMR 数据δ：136.0(d)，117.3(t)，63.0(t)，45.2(q)

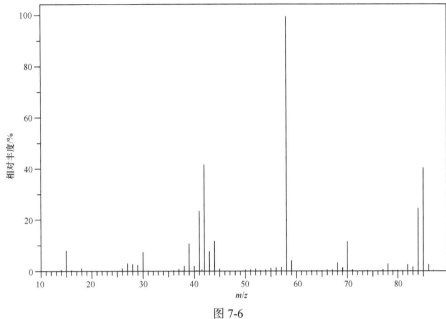

图 7-6

MS 碎片离子质荷比和相对丰度：

m/z	相对丰度/%	m/z	相对丰度/%	m/z	相对丰度/%	m/z	相对丰度/%	m/z	相对丰度/%
15.0	8.0	30.0	7.4	43.0	7.7	59.0	4.1	83.0	1.6
18.0	1.1	38.0	1.8	44.0	11.6	68.0	3.2	84.0	24.6
26.0	1.0	39.0	10.5	55.0	1.0	69.0	1.3	85.0	40.5
27.0	3.1	40.0	2.0	56.0	1.3	70.0	11.3	86.0	2.5
28.0	2.8	41.0	23.5	57.0	1.4	78.0	2.6		
29.0	2.4	42.0	41.9	58.0	100.0	82.0	2.5		

解　(1) 分子式推导。

^{1}H NMR 谱显示氢数为 11，^{13}C NMR 谱显示有 4 种碳，根据碳的裂分判断与碳相连的氢的数目是 8 个，少于 ^{1}H NMR 谱所显示的氢的数目。根据 IR 谱图及 ^{1}H NMR 谱判断化合物中不存在活泼氢，因此分子有对称因素。

^{13}C NMR 与 ^{1}H NMR 相比，少 3 个氢，与 ^{1}H NMR δ2.22(s，6H)相联系，化合物应有 2 个等价甲基，相应的碳数应为 5。

MS 选择 m/z 85 为分子离子峰，分子离子峰与相邻碎片峰差为 85−70=15，基准峰 58 比 85 少 27，说明选择 85 为分子离子峰合理。分子离子峰 85 为奇数，则该化合物应含有奇数个氮原子，85−12×5−1×11=14，因此只含 1 个氮，可推出该化合物的分子式为 $C_5H_{11}N$。不饱和度为 1。

(2) ^{1}H NMR：已给出氢数为 11，δ5.83(m，1H)、δ5.14(m，1H)、δ5.10(m，1H)表明化合物含有烯键，根据谱图耦合裂分情况判断为单取代，δ2.91(m，2H)为饱和的亚甲基，δ2.22(s，6H)对应两个甲基，单峰，与其他质子无耦合裂分，化学位移较大说明受到去屏蔽影响。

^{13}C NMR：δ136.0(d)为 =CH，δ117.3(t)为 =CH$_2$，δ63.0(t)为饱和的 CH$_2$，δ45.2(q)为 CH$_3$。

IR：$\nu_{=CH}$ 和 $\nu_{=CH_2}$ 在 3100 cm^{-1} 附近，1646 cm^{-1} 为碳碳双键，919 cm^{-1} 是 =CH$_2$ 的摇摆振动，962 cm^{-1} 是 =CH 的摇摆振动。1843 cm^{-1} 为 919 cm^{-1} 的倍频。

因此，化合物有结构片段：$CH_2=CH$，CH_2，$2CH_3$ 和 N。

综上所述，该化合物的结构为

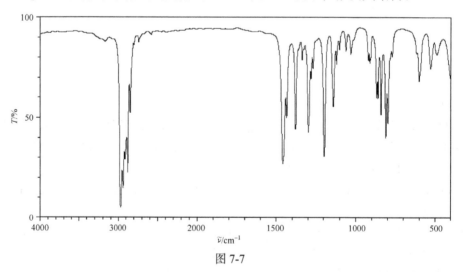

(3) 结构验证。

$^1H\ NMR$、$^{13}C\ NMR$ 谱峰归属如下：

质谱裂解机理如下：

【例 7-3】　某化合物的谱图及数据如图 7-7～图 7-10 所示，推测其结构。

图 7-7

IR 谱图出峰位置和透射率：

$\tilde{\nu}$/cm^{-1}	T/%	$\tilde{\nu}$/cm^{-1}	T/%	$\tilde{\nu}$/cm^{-1}	T/%	$\tilde{\nu}$/cm^{-1}	T/%	$\tilde{\nu}$/cm^{-1}	T/%
3170	84	1461	26	1272	72	1029	81	814	38
2969	4	1437	47	1200	29	922	77	801	44
2938	13	1383	42	1143	53	914	74	774	77
2916	27	1341	77	1123	74	909	77	606	66
2878	21	1333	81	1104	81	871	57	532	72
2844	50	1302	41	1065	79	862	57	492	79
2738	84	1286	66	1034	79	843	49		

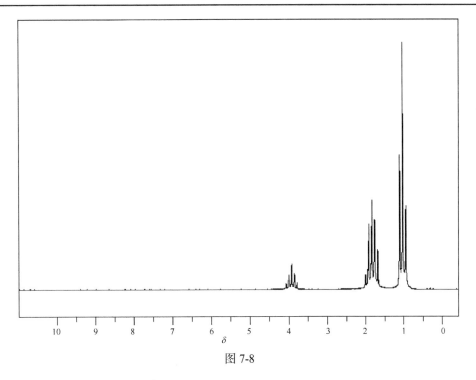

图 7-8

¹H NMR 数据δ: 3.81(五重峰，1H)，2.00～1.68(m，4H)，1.04(t，6H)

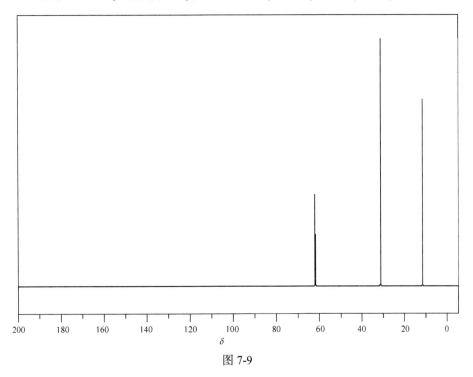

图 7-9

¹³C NMR 数据δ: 62.3(d)，31.8(t)，12.1(q)

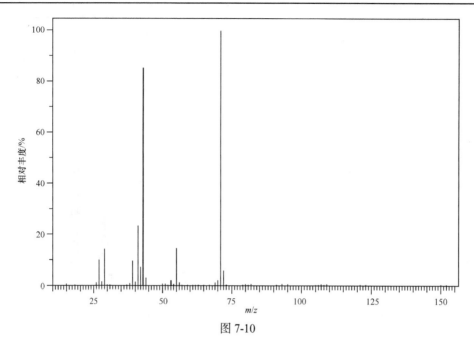

图 7-10

MS 碎片离子质荷比和相对丰度：

m/z	相对丰度/%	m/z	相对丰度/%	m/z	相对丰度/%	m/z	相对丰度/%	m/z	相对丰度/%
27.0	4.5	39.0	4.0	43.0	83.0	71.0	100.0	150.0	0.2
29.0	13.0	41.0	22.0	55.0	13.0	72.0	5.0	152.0	0.2

解 (1) 分子式推导。

MS：分子离子峰为 150，M：(M+2)=1∶1，可推测分子中含有一个溴，分子量为偶数，则含有偶数个氮或不含氮。分子离子峰失去溴得到 150–79=71 碎片；72/71=5%，可推测含碳原子的个数为 4 或 5。

IR：可判断该化合物不含有含氧官能团，^{1}H NMR 可知氢数为 11，若碳的个数为 4，则分子式为 $C_4H_{11}Br$，分子量为 138，如果分子中含 2 个氮，则分子式为 $C_4H_{11}N_2Br$，分子量为 166，与分子离子峰不符；若碳的个数为 5，氢原子数为 11，可能的分子式为 $C_5H_{11}Br$，分子量为 150，与分子离子峰一致，因此该化合物分子式为 $C_5H_{11}Br$，不饱和度为 1+5–(11+1)/2=0，即饱和化合物。

(2) ^{1}H NMR：δ 3.81(五重峰，1H)，化学位移最大，应该与溴连接在同一个碳上，并且邻位有其他质子对其进行耦合裂分，与 ^{13}C NMR 谱中化学位移最大的 δ 62.3(d)对应；δ 2.00～1.68(m，4H)，也受到去屏蔽影响，并且有复杂的耦合裂分；δ 1.04(t，6H)，邻位应该有两个质子对其进行耦合裂分，因此分子中应该有两个相同的乙基。

^{13}C NMR：出了三个峰，δ 62.3(d)为 CH，δ 31.8(t)为 CH_2，δ 12.1(q)为 CH_3，因此分子中肯定有对称因素，与 ^{1}H NMR 谱相联系，化合物中有两个等价的乙基，即 δ 31.8(t)和 δ 12.1(q)为两个相同的乙基。

IR：接近 3000 cm^{-1} 的峰为饱和 C—H 伸缩振动，1461 cm^{-1}、1437 cm^{-1} 的峰为饱和 C—H 变形振动，1383 cm^{-1} 的峰为甲基变形振动。

因此，推测该化合物可能的结构为 $CHBr(C_2H_5)_2$。

(3) 结构验证。

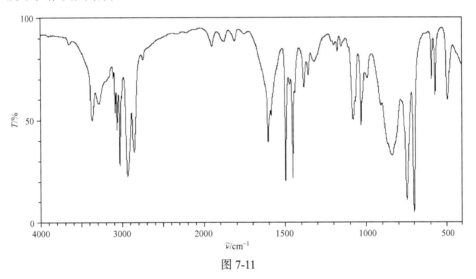

^{1}H NMR 谱峰归属 ^{13}C NMR 谱峰归属

质谱裂解机理如下：

【例 7-4】 某化合物的分子量为 121，IR、^{1}H NMR、^{13}C NMR 及 MS 数据分别如图 7-11～图 7-13 所示，推测其结构。

图 7-11

IR 谱图出峰位置和透射率：

$\tilde{\nu}/cm^{-1}$	$T/\%$	$\tilde{\nu}/cm^{-1}$	$T/\%$	$\tilde{\nu}/cm^{-1}$	$T/\%$	$\tilde{\nu}/cm^{-1}$	$T/\%$	$\tilde{\nu}/cm^{-1}$	$T/\%$
3366	47	2932	21	1497	20	1179	81	839	31
3284	55	2850	33	1472	64	1157	81	746	10
3105	88	2740	77	1453	20	1149	84	700	4
3084	62	1947	81	1441	60	1079	47	694	66
3062	43	1808	84	1382	64	1067	57	571	58
3026	26	1603	37	1355	68	1030	46	495	57
3002	68	1583	60	1318	74	992	68	481	70

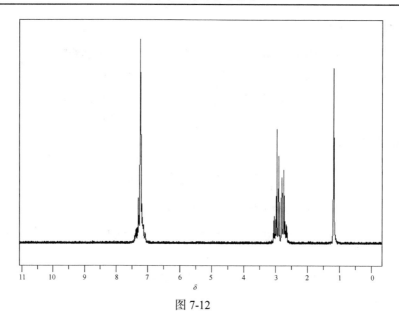

图 7-12

^{1}H NMR 数据δ：7.42～7.04(m，5H)，2.97～2.68(m，4H)，1.16(s，2H)

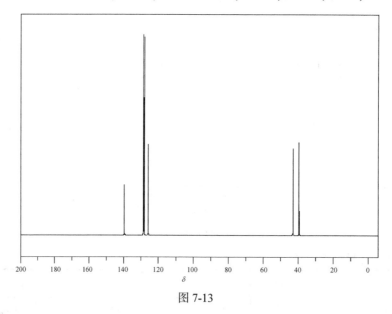

图 7-13

^{13}C NMR 数据δ：139.93(s)，128.80(d)，128.40(d)，126.09(d)，43.60(t)，40.19(t)

MS 碎片离子质荷比和相对丰度：

m/z	相对丰度/%	m/z	相对丰度/%	m/z	相对丰度/%	m/z	相对丰度/%	m/z	相对丰度/%
28.0	2.3	39.0	3.2	63.0	2.1	89.0	1.4	103.0	1.6
30.0	100.0	50.0	1.3	65.0	5.5	91.0	15.1	120.0	1.0
31.0	1.3	51.0	2.7	77.0	2.4	92.0	6.5	121.0	6.0

解 (1) 分子式推导。

MS：121 为分子离子峰，推测该化合物中含有奇数个氮原子。

$^{13}C\ NMR$：分子中无对称因素时，碳数为 6，碳上所连氢数是 7 个。

$^{1}H\ NMR$：11 个 H，$\delta 7.42\sim 7.04$(m，5H)说明苯环单取代。IR 谱图中 700 cm^{-1}、746 cm^{-1} 的吸收证实苯环单取代，此结构中包含两对对称碳，即苯环上有两对分别对称的 CH。因此，碳数为 6+2=8，$^{13}C\ NMR$ 谱中碳上所连氢数为 9，则剩余 2 个氢应该在—NH$_2$中。

IR：3366 cm^{-1}、3284 cm^{-1}证实—NH$_2$存在。

因此，该化合物的分子式应为 C$_8$H$_{11}$N，不饱和度为 4。

(2) MS：m/z 91(草鎓离子)，77(苯基正离子)，65(环戊二烯正离子)，39(环丙烯正离子)，证实分子结构中含有苯环；m/z 30 的碎片离子峰为基峰，对应 CH$_2$=N$^+$H$_2$，证实化合物为伯胺。

$^{13}C\ NMR$：出现了 6 组峰，$\delta 139.93$(s)、$\delta 128.80$(d)、$\delta 128.40$(d)、$\delta 126.09$(d)的峰为苯环碳，根据峰的裂分情况验证该苯环为单取代苯；$\delta 43.60$(t)、$\delta 40.19$(t)对应两个—CH$_2$。

$^{1}H\ NMR$：出现了 3 组峰，说明分子中含有 3 种 H；$\delta 7.42\sim 7.04$(m，5H)为苯环氢；$\delta 2.97\sim 2.68$(m，4H)对应两个—CH$_2$上的 4 个氢原子；$\delta 1.16$(s，2H)对应—NH$_2$上的氢。

IR：3366 cm^{-1}、3284 cm^{-1} 的吸收为活泼氢的伸缩振动，峰有裂分应为伯胺或伯酰胺，1680 cm^{-1} 左右无强峰出现，证实该化合物为伯胺；3062 cm^{-1}、3026 cm^{-1}、3002 cm^{-1}、1603 cm^{-1}、1497 cm^{-1} 的吸收证实分子结构中有苯环，2932 cm^{-1}、2850 cm^{-1} 的吸收为饱和 C—H 伸缩振动。

因此，分子中应含有 1 个苯环(单取代)、2 个亚甲基、1 个氨基。

推测该化合物的结构为

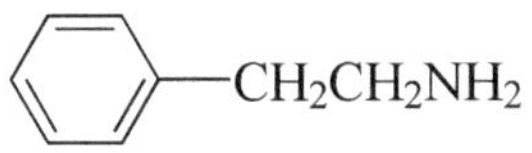

(3) 结构验证。

$^{1}H\ NMR$ 和 $^{13}C\ NMR$ 谱峰归属如下：

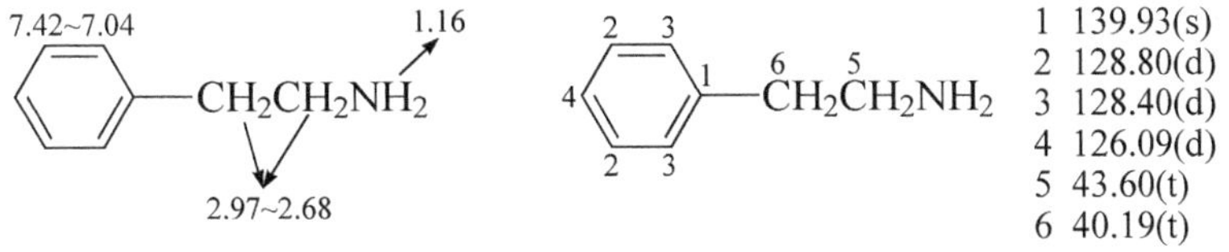

质谱裂解机理如下：

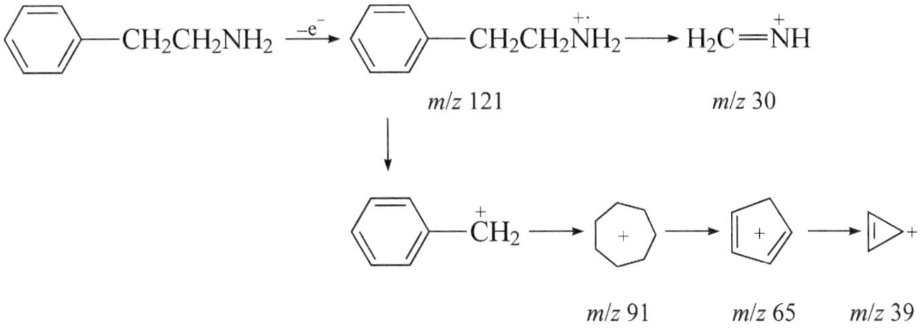

【例7-5】 某未知化合物的IR谱图如图7-14所示，^{1}H NMR、^{13}C NMR、MS数据如下，推测其结构。

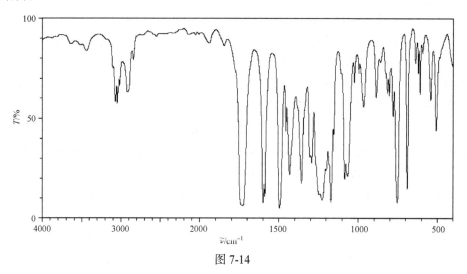

图 7-14

IR 谱图出峰位置和透射率：

$\tilde{\nu}/cm^{-1}$	$T/\%$	$\tilde{\nu}/cm^{-1}$	$T/\%$	$\tilde{\nu}/cm^{-1}$	$T/\%$	$\tilde{\nu}/cm^{-1}$	$T/\%$	$\tilde{\nu}/cm^{-1}$	$T/\%$
3064	66	1699	7	1296	26	1026	66	782	49
3043	55	1589	10	1242	11	997	70	755	7
3033	60	1496	4	1229	8	967	59	692	13
3014	64	1466	42	1172	7	888	68	623	70
2921	60	1433	20	1155	41	861	74	612	60
1735	6	1356	16	1086	18	818	60	544	57
1726	6	1306	29	1067	20	807	68	510	42

MS 碎片离子质荷比和相对丰度：

m/z	相对丰度 /%	m/z	相对丰度 /%	m/z	相对丰度 /%	m/z	相对丰度 /%	m/z	相对丰度 /%
15.0	4	40.0	1	53.5	1	75.0	1	94.0	5
26.0	1	41.0	1	57.0	1	76.5	0	99.0	2
27.0	4	42.0	2	62.0	1	77.0	100	107.0	69
28.0	2	43.0	84	63.0	3	78.0	10	108.0	14
29.0	2	44.0	2	64.0	1	79.0	24	109.0	1
37.0	1	50.0	5	65.0	8	80.0	1	111.0	1
38.0	3	51.0	22	66.0	2	91.0	1	150.0	69
39.0	11	52.0	2	74.0	1	93.0	1	151.0	7

^{13}C NMR 数据δ: 205.4(s)，157.8(s)，129.8(d)，121.6(d)，114.5(d)，72.9(t)，26.4(q)

^{1}H NMR 数据 δ：7.28(m，2H)，6.98(m，1H)，6.87(m，2H)，4.52(s，2H)，2.26(s，3H)

解 (1) 分子式推导。

MS：可知该化合物的分子量为 150。

归一化：

m/z	相对丰度/%
150(M)	100
151(M+1)	$(7/69) \times 100 = 10.14$

则碳原子数为 10.14/1.11=9.13，说明分子中含 9 个或 10 个碳原子。

^{13}C NMR：共 7 个峰，表明分子中至少含有 7 类碳。

^{1}H NMR：5 组峰表明分子含有 5 类质子，个数为 10 个，并且 δ 6.87～7.28 有 5 个质子，表明苯环为单取代苯，则苯环有 2 个对称碳原子，碳谱中苯环只出 4 个峰，因此总碳数应该为 7+2=9。IR 谱图 1726 cm^{-1} 吸收表明分子含有羰基，与 ^{13}C NMR δ 205.4(s)对应，IR 谱图 1242 cm^{-1}、1067 cm^{-1} 吸收结合碳谱 δ 72.9、氢谱 δ 4.52，表明化合物中有醚键存在，故分子式为 C$_9$H$_{10}$O$_2$，不饱和度为 5。

(2) 确定结构。

^{13}C NMR：δ 205.4(s)为 C=O，δ 157.8(s)、δ 129.8(d)、δ 121.6(d)、δ 114.5(d)为苯环上的碳，而且苯环为单取代，由 δ 121.6(d)、δ 114.5(d)与苯相比向高场位移，可见苯环与一给电子基团连接，根据 δ 157.8(s)可得苯环直接与氧原子相连；δ 72.9(t)为 OCH$_2$；δ 26.4(q)为 CH$_3$。

^{1}H NMR：δ 7.28(m，2H)、δ 6.98(m，1H)、δ 6.87(m，2H)表明苯环为单取代，且苯环与一给电子基团连接，δ 4.52(s，2H)为孤立 OCH$_2$；δ 2.26(s，3H)为孤立 CH$_3$，与羰基相连。

IR：表明单取代苯环(3064 cm^{-1}、3043 cm^{-1}、1589 cm^{-1}、1496 cm^{-1}、755 cm^{-1}、692 cm^{-1})、羰基(1735 cm^{-1}、1726 cm^{-1})、醚键(1242 cm^{-1}、1067 cm^{-1})的存在。

MS 碎片：m/z 77、65、43 等同样表明有苯环存在。

故结构片段如下：与氧直接相连的苯环，OCH$_2$，CO，CH$_3$。

综上推测该化合物的结构为

(3) 结构验证。

^{13}C NMR 及 ^{1}H NMR 谱峰归属如下：

主要质谱裂解过程如下：

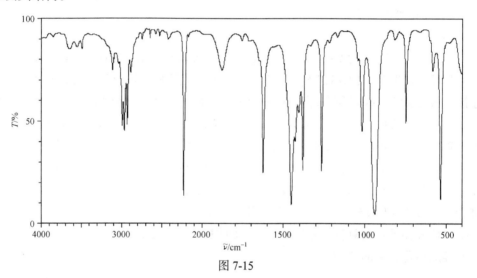

【**例 7-6**】　某化合物相应的 IR、^1H NMR、^{13}C NMR 和 MS 分别如图 7-15～图 7-18 所示，推测其结构。

图 7-15

IR 谱图出峰位置和透射率：

$\tilde{v}/cm^{-1}$	$T/\%$	$\tilde{v}/cm^{-1}$	$T/\%$	$\tilde{v}/cm^{-1}$	$T/\%$	$\tilde{v}/cm^{-1}$	$T/\%$	$\tilde{v}/cm^{-1}$	$T/\%$
3648	81	2966	43	1878	72	1381	25	749	47
3558	81	2931	46	1766	86	1266	24	585	72
3493	81	2890	70	1626	23	1218	84	576	77
3111	72	2744	86	1452	8	1018	43	536	11
3096	77	2420	86	1428	38	939	4		
2993	46	2229	13	1407	62	819	86		

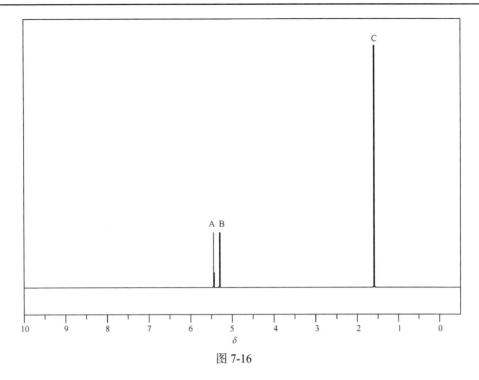

图 7-16

^{1}H NMR 数据δ：A 5.45(1H)，B 5.30(1H)，C 1.61(3H)，$J_{(A, B)}$=0.73 Hz。

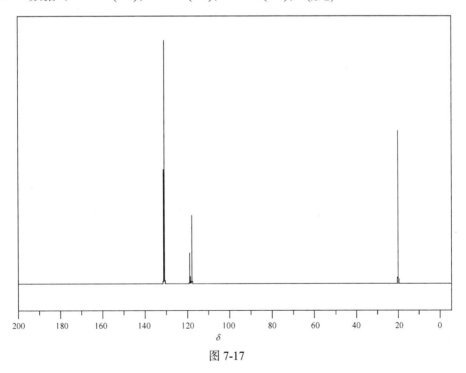

图 7-17

^{13}C NMR 数据δ：131.2，119.2，118.2，20.7

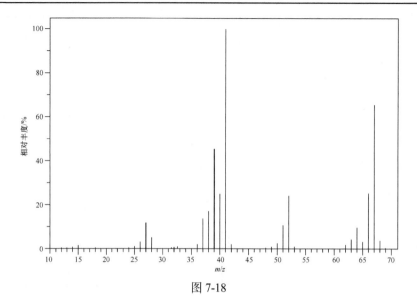

图 7-18

MS 碎片离子质荷比和相对丰度:

m/z	相对丰度/%	m/z	相对丰度/%	m/z	相对丰度/%	m/z	相对丰度/%	m/z	相对丰度/%
15.0	1.3	37.0	13.7	41.0	100.0	52.0	23.9	65.0	3.1
26.0	3.1	38.0	16.8	42.0	2.0	62.0	1.7	66.0	25.0
27.0	11.6	39.0	45.7	50.0	2.3	63.0	4.0	67.0	65.3
28.0	5.0	40.0	24.8	51.0	10.6	64.0	9.4	68.0	3.6
36.0	2.0								

解 (1) 分子式推导。

MS:质荷比高端为 67,其中 66=67-1,52=67-15,41=67-26,碎片丢失合理,初步认定 67 为分子离子峰,则分子中含有奇数个氮。

^{1}H NMR:表明分子中含 5 个氢。

^{13}C NMR:四个峰,表明分子中最少含 4 个碳。

14×1+1×5+12×4=67,与认定分子离子峰对应,因此该化合物分子式为 C_4H_5N,分子中无对称因素,不饱和度为 3。

(2) IR:2229 cm^{-1} 的吸收强峰为三键的伸缩振动;MS:基峰 41=67-26(—CN),都表明存在—CN。^{13}C NMR:δ 119.2 出峰,证实—CN 存在。IR:1626 cm^{-1};^{13}C NMR:δ 131.2、δ 118.2;^{1}H NMR:δ 5.45(1H)、δ 5.30(1H),都表明 C=C 存在。IR:3096 cm^{-1} 为碳碳双键中 C—H 伸缩振动,939 cm^{-1} 为碳碳双键中 C—H 面外变形振动,1878 cm^{-1} 为其倍频,都表明 H_2C=C 存在。

^{1}H NMR:δ 1.61(3H)对应饱和碳原子上的氢。

^{13}C NMR:δ 20.7 对应饱和碳原子。

MS:m/z 52=67-15(CH$_3$),IR:2993 cm^{-1}、2966 cm^{-1}、2931 cm^{-1}、1452 cm^{-1}、1381 cm^{-1} 验证甲基存在,因此该化合物结构片段中还应有—CH$_3$。

综上可见,该化合物的结构为 H_2C=C(CH$_3$)CN。

(3) 结构验证。

^{1}H NMR 和 ^{13}C NMR 谱峰归属如下：

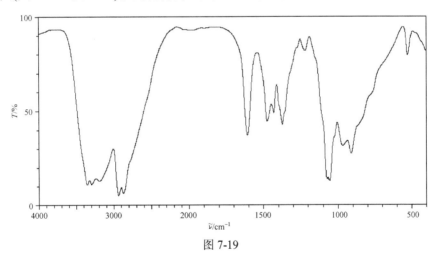

主要质谱裂解过程如下：

7.4　综 合 练 习

1. 根据谱图(图 7-19～图 7-22)推测化合物 C_3H_9NO 的结构，并对谱图进行归属。

图 7-19

IR 谱图出峰位置和透射率：

$\tilde{\nu}/cm^{-1}$	$T/\%$	$\tilde{\nu}/cm^{-1}$	$T/\%$	$\tilde{\nu}/cm^{-1}$	$T/\%$	$\tilde{\nu}/cm^{-1}$	$T/\%$	$\tilde{\nu}/cm^{-1}$	$T/\%$
3363	10	2868	6	1372	41	1069	13	967	30
3290	10	1604	35	1219	79	1066	15	910	26
3184	12	1473	43	1076	13	1064	12	528	77
2933	4	1429	47						

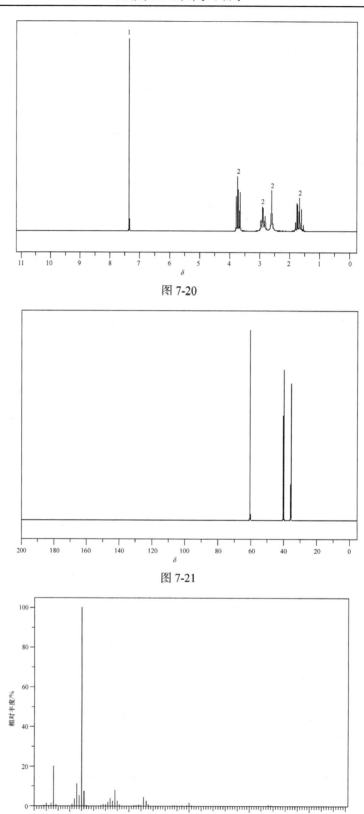

图 7-20

图 7-21

图 7-22

2. 某化合物分子式为 $C_5H_{10}O$，$^1H\,NMR$ 数据为 $\delta\,9.5(s)$、$\delta\,1.1(s)$，两峰积分面积比为 $1:9$，IR 谱图如图 7-23 所示，推测其结构。

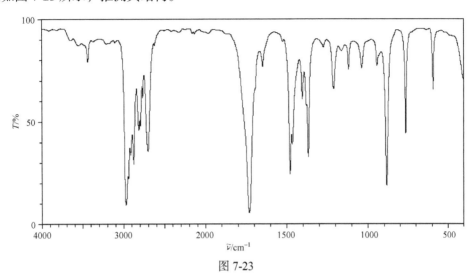

图 7-23

IR 谱图出峰位置和透射率：

$\tilde{\nu}/cm^{-1}$	$T/\%$	$\tilde{\nu}/cm^{-1}$	$T/\%$	$\tilde{\nu}/cm^{-1}$	$T/\%$	$\tilde{\nu}/cm^{-1}$	$T/\%$	$\tilde{\nu}/cm^{-1}$	$T/\%$
3649	84	2938	20	2698	39	1378	55	1037	72
3436	74	2908	32	1728	4	1366	31	944	74
3198	84	2872	27	1645	74	1274	81	932	79
3187	84	2809	45	1479	22	1213	62	884	17
3102	84	2791	46	1466	37	1164	81		
2969	8	2764	58	1403	58	1118	72		

3. 根据谱图(图 7-24～图 7-27)推测化合物 $C_9H_{11}NO$ 的结构，并对谱图进行归属。

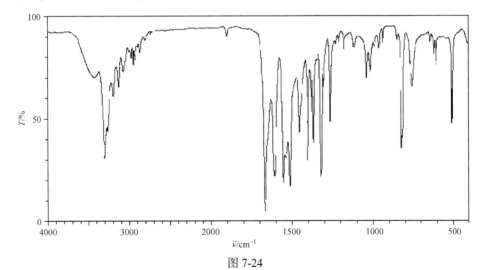

图 7-24

IR 谱图出峰位置和透射率：

$\tilde{\nu}/\mathrm{cm}^{-1}$	$T/\%$	$\tilde{\nu}/\mathrm{cm}^{-1}$	$T/\%$	$\tilde{\nu}/\mathrm{cm}^{-1}$	$T/\%$	$\tilde{\nu}/\mathrm{cm}^{-1}$	$T/\%$	$\tilde{\nu}/\mathrm{cm}^{-1}$	$T/\%$
3432	68	3048	74	1606	20	1380	62	1016	70
3421	68	3000	79	1552	18	1367	36	824	34
3298	29	2967	77	1543	30	1323	20	818	39
3260	42	2944	72	1536	29	1306	62	768	62
3192	58	2921	74	1512	16	1265	46	607	74
3126	62	2869	79	1456	41	1041	68	513	44
3070	70	1664	4	1403	28	1023	70	506	46

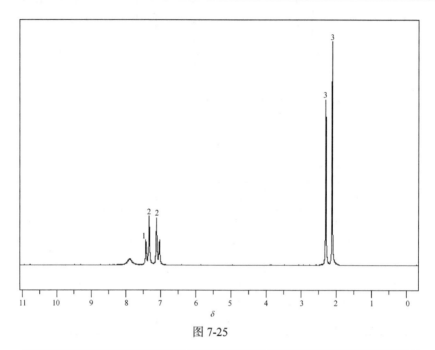

图 7-25

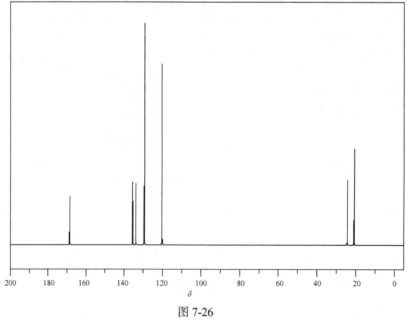

图 7-26

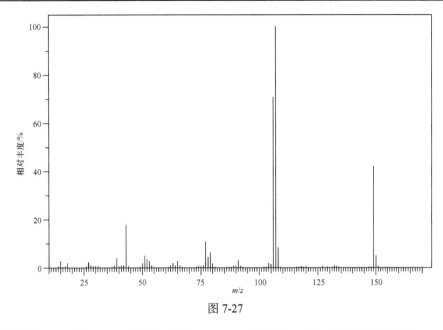

图 7-27

4. 根据谱图(图 7-28～图 7-31)推测化合物 $C_7H_{17}NO$ 的结构，并对谱图进行归属。

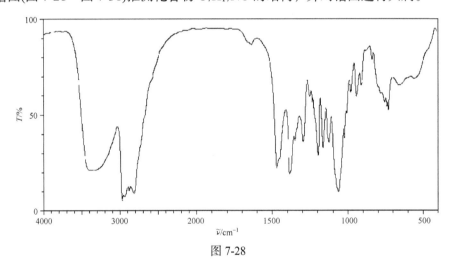

图 7-28

IR 谱图出峰位置和透射率：

$\tilde{v}/cm^{-1}$	$T/\%$	$\tilde{v}/cm^{-1}$	$T/\%$	$\tilde{v}/cm^{-1}$	$T/\%$	$\tilde{v}/cm^{-1}$	$T/\%$	$\tilde{v}/cm^{-1}$	$T/\%$
2970	4	1470	21	1235	59	1007	49	749	66
2936	6	1463	26	1197	27	978	58	741	52
2875	9	1384	18	1166	31	942	67	730	50
2816	8	1348	35	1126	34	911	62	664	62
1645	84	1294	34	1061	9	840	74	567	66
1633	84	1250	57	1022	36	757	59		

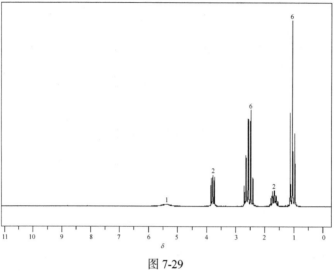

图 7-29

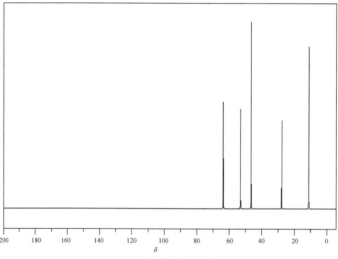

图 7-30

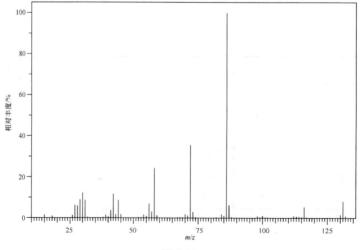

图 7-31

5. 根据谱图(图 7-32 和图 7-33)推测化合物 $C_4H_8O_2$ 的结构，并对谱图进行归属。

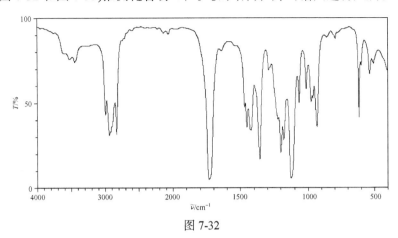

图 7-32

IR 谱图出峰位置和透射率：

$\tilde{\nu}/cm^{-1}$	$T/\%$	$\tilde{\nu}/cm^{-1}$	$T/\%$	$\tilde{\nu}/cm^{-1}$	$T/\%$	$\tilde{\nu}/cm^{-1}$	$T/\%$	$\tilde{\nu}/cm^{-1}$	$T/\%$
3620	72	1730	4	1290	66	1015	55	793	84
3446	70	1638	77	1279	68	977	49	617	39
2991	41	1469	46	1202	20	964	60	600	68
2934	29	1452	34	1180	26	933	34	536	64
2918	31	1422	32	1126	5	857	84	513	70
2828	30	1357	16	1067	47	800	86	507	70

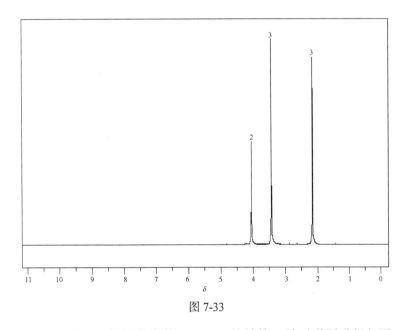

图 7-33

6. 根据谱图(图 7-34 和图 7-35)推测化合物 C_8H_9NO 的结构，并对谱图进行归属。

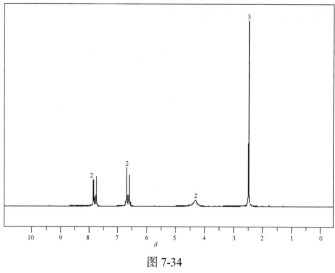

图 7-34

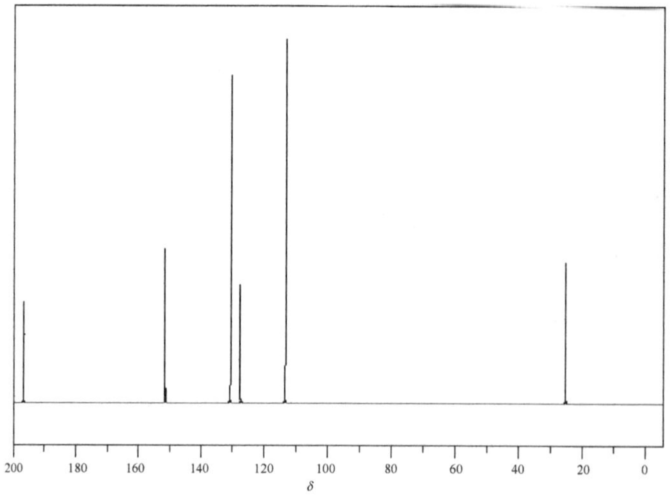

图 7-35

7. 根据谱图(图 7-36～图 7-39)推测化合物 $C_{11}H_{14}O$ 的结构，并对谱图进行归属。

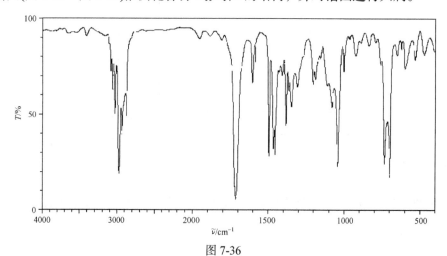

图 7-36

IR 谱图出峰位置和透射率：

$\tilde{\nu}/cm^{-1}$	$T/\%$	$\tilde{\nu}/cm^{-1}$	$T/\%$	$\tilde{\nu}/cm^{-1}$	$T/\%$	$\tilde{\nu}/cm^{-1}$	$T/\%$	$\tilde{\nu}/cm^{-1}$	$T/\%$
3088	70	1604	64	1366	68	1082	62	734	23
3064	60	1585	74	1349	52	1042	21	698	16
3031	47	1495	26	1310	82	1032	50	651	77
2972	17	1467	30	1206	62	1003	70	598	70
2934	37	1454	27	1190	66	997	77	585	74
2875	46	1409	68	1156	77	923	77	531	74
1712	4	1384	42	1112	62	761	72	473	77

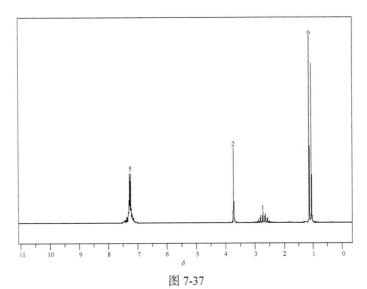

图 7-37

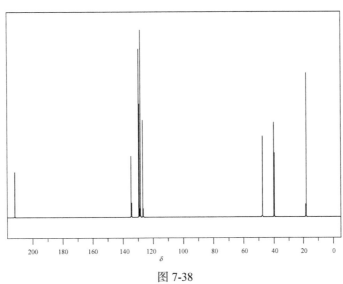

图 7-38

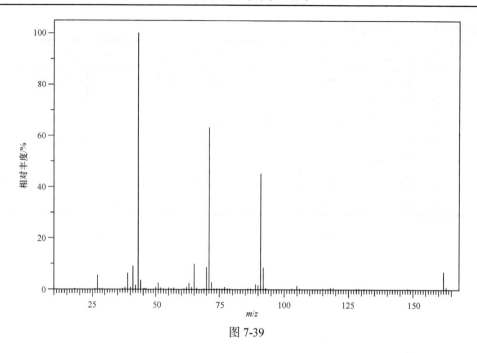

图 7-39

8. 根据谱图(图 7-40～图 7-43)推测化合物 $C_{10}H_{18}O_4$ 的结构，并对谱图进行归属。

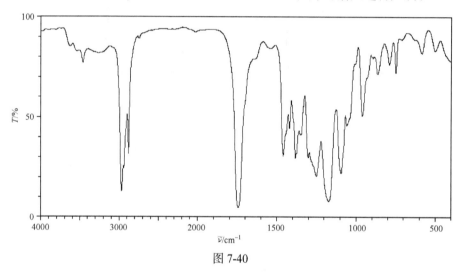

图 7-40

IR 谱图出峰位置和透射率：

$\tilde{v}/cm^{-1}$	$T/\%$	$\tilde{v}/cm^{-1}$	$T/\%$	$\tilde{v}/cm^{-1}$	$T/\%$	$\tilde{v}/cm^{-1}$	$T/\%$	$\tilde{v}/cm^{-1}$	$T/\%$
3630	81	1741	4	1383	28	1172	7	868	68
3463	74	1646	81	1377	30	1095	21	794	74
2967	12	1640	81	1350	39	1061	44	752	70
2939	23	1460	29	1304	28	1056	44	688	79
2878	31	1421	45	1262	20	964	49	606	79

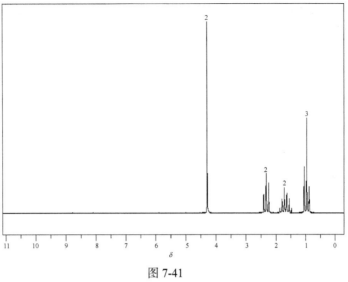

图 7-41

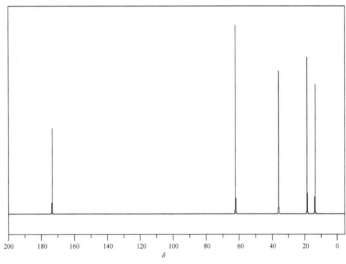

图 7-42

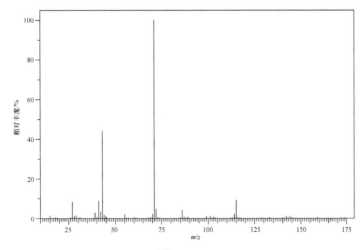

图 7-43

9. 根据谱图(图 7-44~图 7-47)推测化合物 C$_9$H$_{12}$O$_2$ 的结构，并对谱图进行归属。

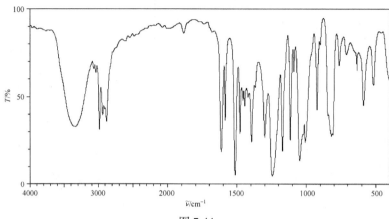

图 7-44

IR 谱图出峰位置和透射率：

$\tilde{\nu}$/cm^{-1}	T/%	$\tilde{\nu}$/cm^{-1}	T/%	$\tilde{\nu}$/cm^{-1}	T/%	$\tilde{\nu}$/cm^{-1}	T/%	$\tilde{\nu}$/cm^{-1}	T/%
3364	32	2903	42	1443	43	1116	24	810	27
3344	32	2874	35	1421	49	1090	62	764	66
3334	32	1613	16	1395	23	1047	19	711	72
3063	64	1586	36	1369	63	1008	23	702	74
3034	62	1513	5	1301	26	923	41	637	62
2980	30	1478	28	1247	4	820	26	589	43
2931	38	1466	46	1174	18	816	27	519	66

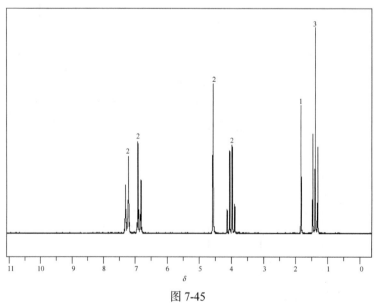

图 7-45

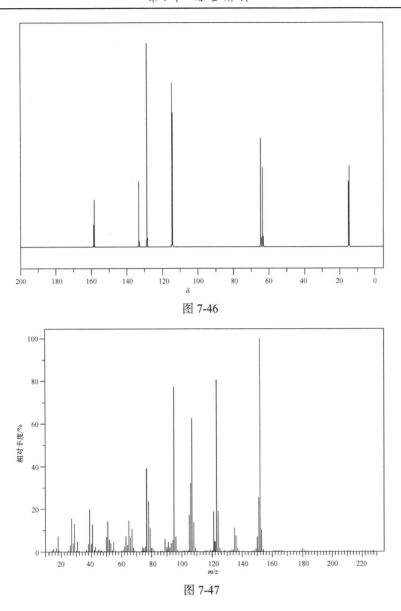

图 7-46

图 7-47

10. 根据谱图(图 7-48～图 7-51)推测化合物 $C_6H_{14}O$ 的结构，并对谱图进行归属。

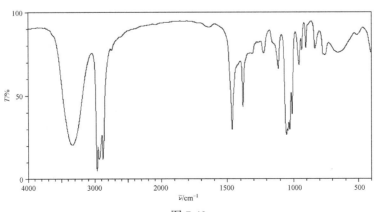

图 7-48

IR 谱图出峰位置和透射率：

$\tilde{\nu}/\text{cm}^{-1}$	$T/\%$	$\tilde{\nu}/\text{cm}^{-1}$	$T/\%$	$\tilde{\nu}/\text{cm}^{-1}$	$T/\%$	$\tilde{\nu}/\text{cm}^{-1}$	$T/\%$	$\tilde{\nu}/\text{cm}^{-1}$	$T/\%$
3334	19	1381	42	1043	27	936	74	774	72
2963	4	1222	72	1029	28	903	77	765	72
2934	11	1113	64	1010	37	835	74	760	72
2877	11	1053	25	958	66	825	77	611	84
1463	28								

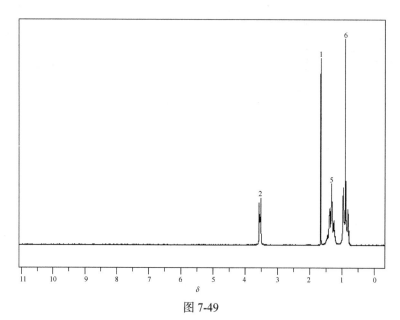

图 7-49

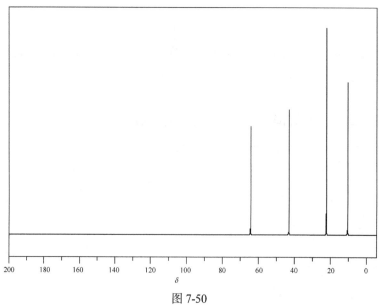

图 7-50

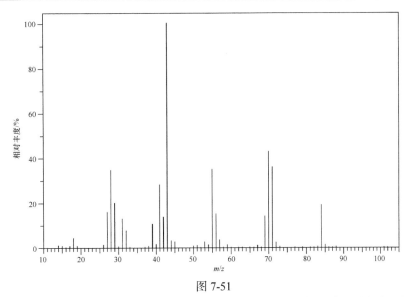

图 7-51

11. 根据谱图(图 7-52～图 7-55)推测化合物 $C_{10}H_{12}O_2$ 的结构，并对谱图进行归属。

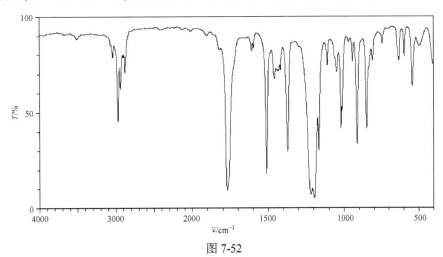

图 7-52

IR 谱图出峰位置和透射率：

$\tilde{\nu}/cm^{-1}$	$T/\%$	$\tilde{\nu}/cm^{-1}$	$T/\%$	$\tilde{\nu}/cm^{-1}$	$T/\%$	$\tilde{\nu}/cm^{-1}$	$T/\%$	$\tilde{\nu}/cm^{-1}$	$T/\%$
3603	84	1606	79	1217	6	1012	49	630	74
3035	77	1592	81	1196	4	967	84	595	77
2967	43	1509	17	1166	28	942	74	542	60
2934	60	1466	64	1109	72	911	32	494	81
2897	77	1444	70	1059	77	848	39		
2874	68	1417	70	1047	88	809	74		
1766	8	1369	28	1019	39	744	84		

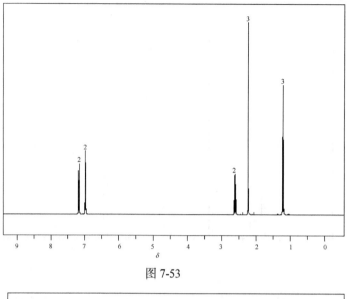

图 7-53

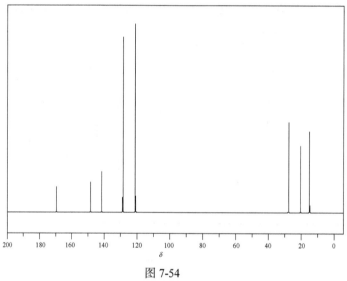

图 7-54

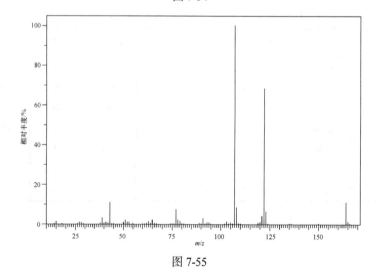

图 7-55

12. 根据谱图(图 7-56～图 7-59)推测化合物($M=88$)的结构，并对谱图进行归属。

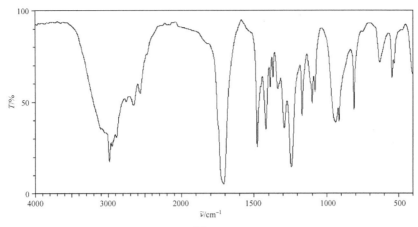

图 7-56

IR 谱图出峰位置和透射率：

$\tilde{\nu}/\mathrm{cm}^{-1}$	$T/\%$	$\tilde{\nu}/\mathrm{cm}^{-1}$	$T/\%$	$\tilde{\nu}/\mathrm{cm}^{-1}$	$T/\%$	$\tilde{\nu}/\mathrm{cm}^{-1}$	$T/\%$	$\tilde{\nu}/\mathrm{cm}^{-1}$	$T/\%$
2979	16	2750	49	1418	34	1241	13	913	38
2968	21	2652	46	1387	57	1169	41	811	44
2951	25	2559	53	1368	60	1100	47	630	68
2940	24	1707	4	1336	66	1080	53	544	60
2880	29	1478	24	1290	34	937	37	529	68

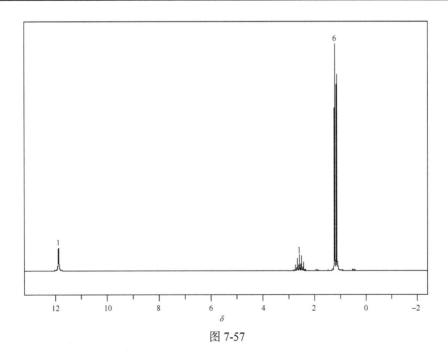

图 7-57

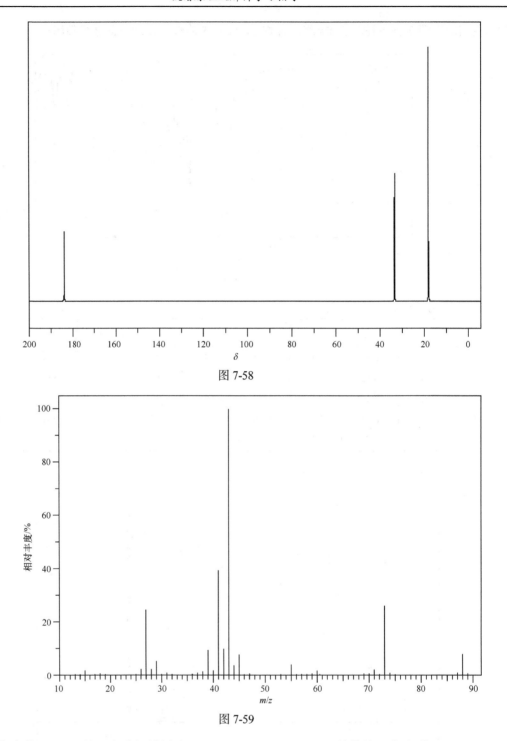

图 7-58

图 7-59

13. 某化合物(*M*=154)的元素分析结果为 C：70.13%，H：7.14%，其紫外吸收光谱λ_{max}=258 nm，试根据谱图(图 7-60～图 7-63)推测其结构，并对谱图进行归属。

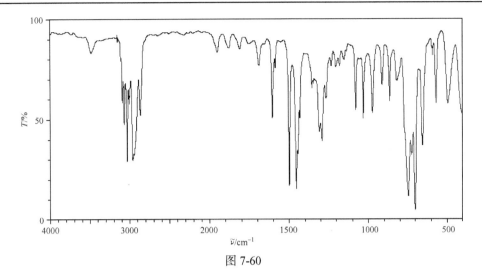

图 7-60

IR 谱图出峰位置和透射率：

$\tilde{\nu}/cm^{-1}$	$T/\%$	$\tilde{\nu}/cm^{-1}$	$T/\%$	$\tilde{\nu}/cm^{-1}$	$T/\%$	$\tilde{\nu}/cm^{-1}$	$T/\%$	$\tilde{\nu}/cm^{-1}$	$T/\%$
3108	77	2861	60	1432	49	1204	74	818	68
3086	57	1688	74	1355	64	1180	74	745	11
3064	46	1604	49	1347	66	1080	55	723	31
3028	28	1584	74	1308	42	1030	49	700	4
3002	55	1497	16	1290	37	971	52	654	36
2958	28	1454	15	1264	58	911	64	568	57
2938	31	1443	32	1230	74	864	67	496	67

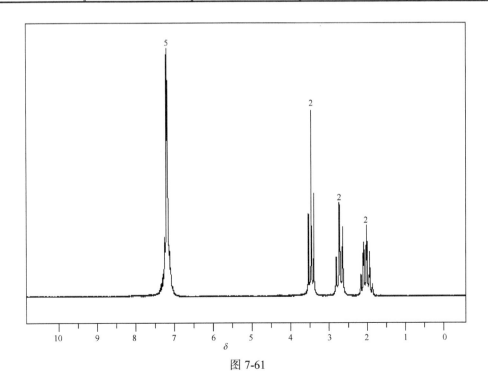

图 7-61

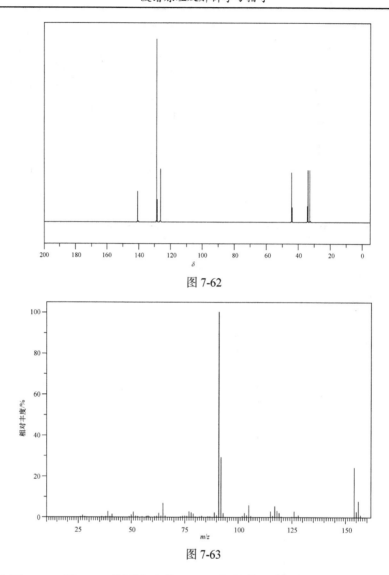

图 7-62

图 7-63

14. 根据谱图(图 7-64～图 7-67)推测化合物(M=72)的结构，并对谱图进行归属。

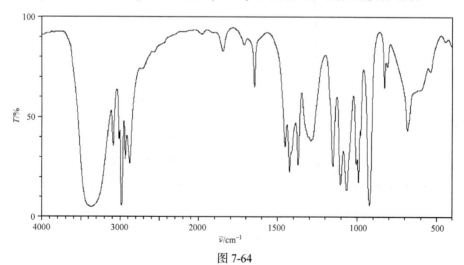

图 7-64

IR 谱图出峰位置和透射率：

$\tilde{\nu}/\mathrm{cm}^{-1}$	$T/\%$	$\tilde{\nu}/\mathrm{cm}^{-1}$	$T/\%$	$\tilde{\nu}/\mathrm{cm}^{-1}$	$T/\%$	$\tilde{\nu}/\mathrm{cm}^{-1}$	$T/\%$	$\tilde{\nu}/\mathrm{cm}^{-1}$	$T/\%$
3083	33	1846	79	1371	23	1005	24	810	72
3012	36	1711	81	1292	35	991	15	686	41
2979	4	1646	62	1152	29	978	38	539	70
2932	26	1452	33	1103	14	922	5	443	84
2876	24	1424	20	1066	12	829	80		

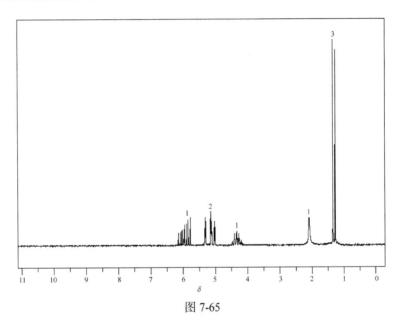

图 7-65

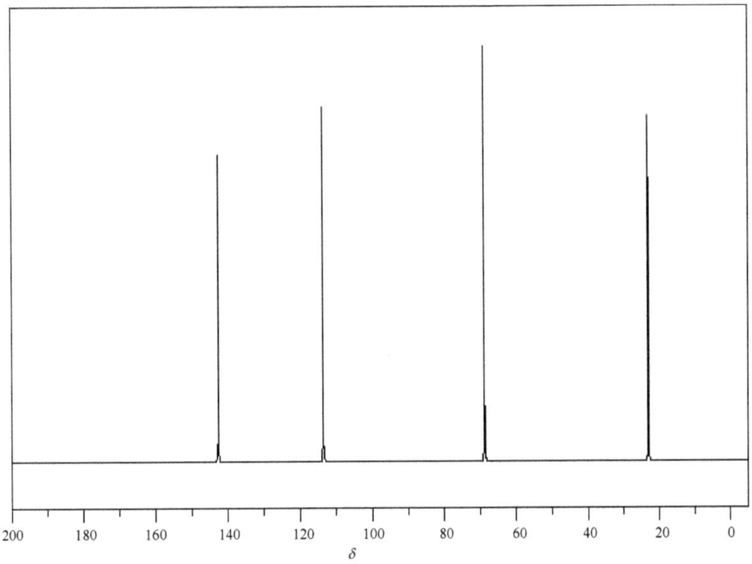

图 7-66

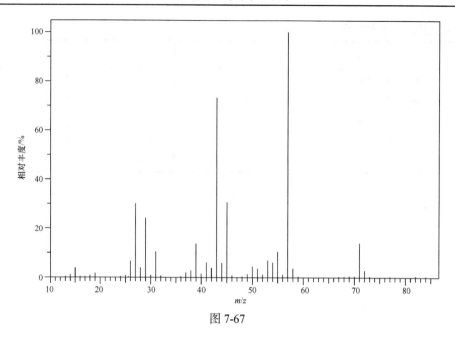

图 7-67

15. 根据谱图(图 7-68～图 7-71)推测化合物(M=136)的结构，并对谱图进行归属。

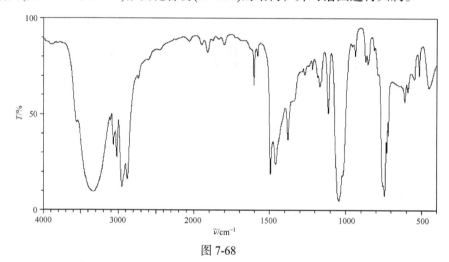

图 7-68

IR 谱图出峰位置和透射率：

$\tilde{\nu}$/cm^{-1}	T/%	$\tilde{\nu}$/cm^{-1}	T/%	$\tilde{\nu}$/cm^{-1}	T/%	$\tilde{\nu}$/cm^{-1}	T/%	$\tilde{\nu}$/cm^{-1}	T/%
3337	9	2876	16	1380	36	967	81	730	29
3326	9	2735	66	1271	68	938	77	720	37
3105	44	1910	79	1219	70	869	74	613	55
3064	33	1606	62	1169	62	864	72	592	60
3046	38	1580	77	1161	64	814	81	549	66
3018	26	1493	18	1113	46	755	12	518	68
2960	11	1469	23	1044	4	744	7	466	62

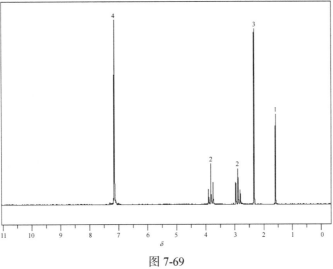

图 7-69

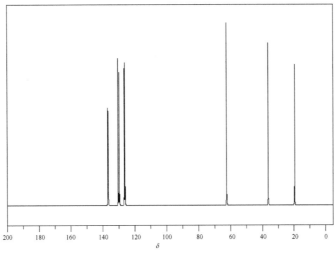

图 7-70

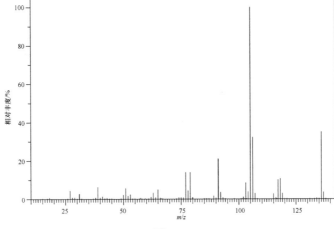

图 7-71

16. 根据谱图(图 7-72～图 7-75)推测化合物(M=86)的结构，并对谱图进行归属。

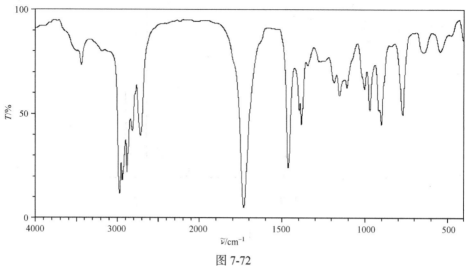

图 7-72

IR 谱图出峰位置和透射率：

$\tilde{\nu}$/cm^{-1}	T/%	$\tilde{\nu}$/cm^{-1}	T/%	$\tilde{\nu}$/cm^{-1}	T/%	$\tilde{\nu}$/cm^{-1}	T/%	$\tilde{\nu}$/cm^{-1}	T/%
3437	70	2711	37	1383	42	1109	60	901	43
2968	10	1728	4	1346	70	1003	68	772	47
2937	17	1462	23	1186	62	970	49	645	77
2880	20	1396	49	1153	57	916	49	546	77
2811	37								

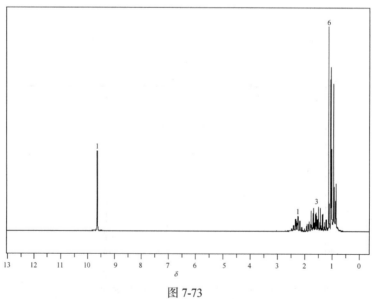

图 7-73

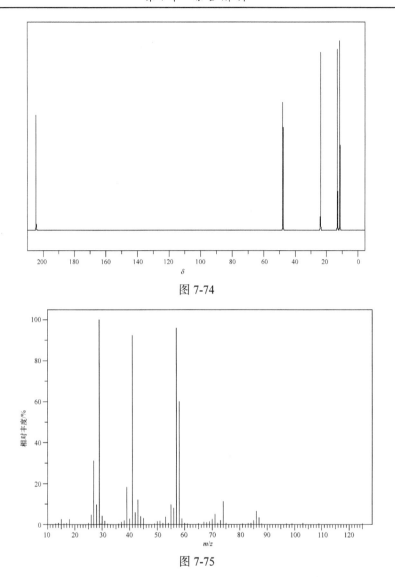

图 7-74

图 7-75

17. 根据谱图(图 7-76～图 7-79)推测化合物(M=150)的结构，并对谱图进行归属。

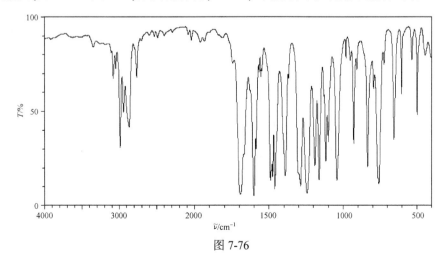

图 7-76

IR 谱图出峰位置和透射率：

$\tilde{\nu}$/cm^{-1}	T/%	$\tilde{\nu}$/cm^{-1}	T/%	$\tilde{\nu}$/cm^{-1}	T/%	$\tilde{\nu}$/cm^{-1}	T/%	$\tilde{\nu}$/cm^{-1}	T/%
3077	64	1600	4	1474	14	1190	20	833	19
3042	70	1584	28	1460	7	1162	12	793	60
2983	29	1564	68	1390	14	1117	22	759	10
2938	47	1552	68	1368	64	1099	32	723	72
2861	39	1546	68	1299	16	1042	12	654	33
2760	66	1488	12	1285	9	925	31	601	57
1690	6	1482	17	1243	6	906	70	497	46

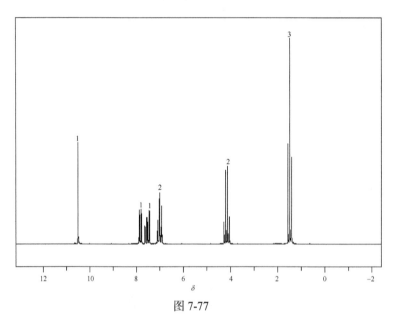

图 7-77

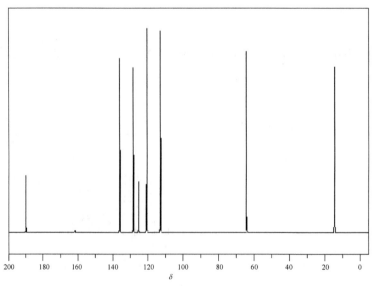

图 7-78

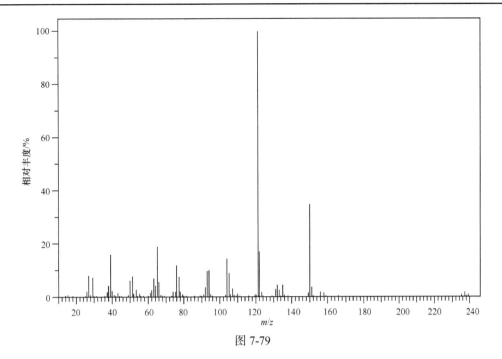

图 7-79

18. 根据谱图(图 7-80～图 7-83)推测化合物(M=136)的结构，并对谱图进行归属。

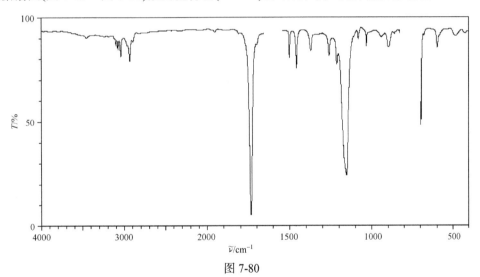

图 7-80

IR 谱图出峰位置和透射率：

$\tilde{\nu}/\text{cm}^{-1}$	$T/\%$	$\tilde{\nu}/\text{cm}^{-1}$	$T/\%$	$\tilde{\nu}/\text{cm}^{-1}$	$T/\%$	$\tilde{\nu}/\text{cm}^{-1}$	$T/\%$	$\tilde{\nu}/\text{cm}^{-1}$	$T/\%$
3094	84	2929	77	1368	81	1061	86	598	81
3070	81	1732	4	1259	79	1030	84	592	84
3037	79	1499	77	1214	74	894	81		
2964	84	1466	72	1155	23	696	46		

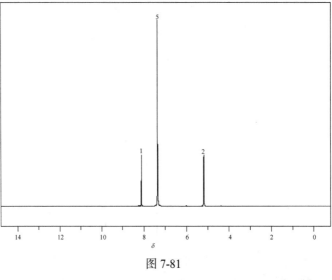

图 7-81

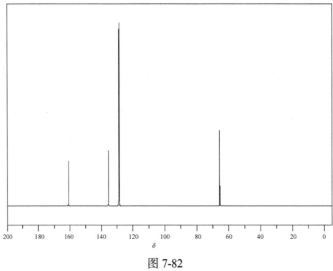

图 7-82

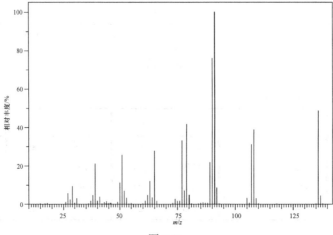

图 7-83

19. 根据谱图(图 7-84~图 7-87)推测化合物(M=90)的结构，并对谱图进行归属。

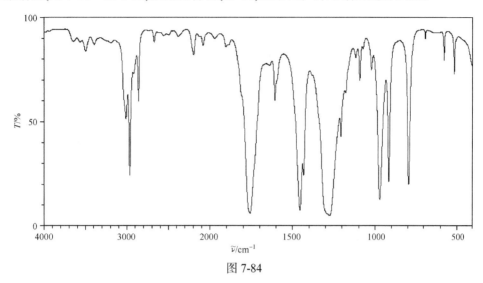

图 7-84

IR 谱图出峰位置和透射率:

$\tilde{\nu}$/cm^{-1}	T/%	$\tilde{\nu}$/cm^{-1}	T/%	$\tilde{\nu}$/cm^{-1}	T/%	$\tilde{\nu}$/cm^{-1}	T/%	$\tilde{\nu}$/cm^{-1}	T/%
3646	86	2667	84	1758	5	1208	41	796	19
3496	81	2188	79	1606	68	1120	79	579	77
3393	84	2077	84	1466	7	1096	68	518	70
3009	49	1901	84	1433	23	1023	72		
2963	23	1894	84	1282	4	971	12		
2857	57	1885	84	1277	4	916	20		

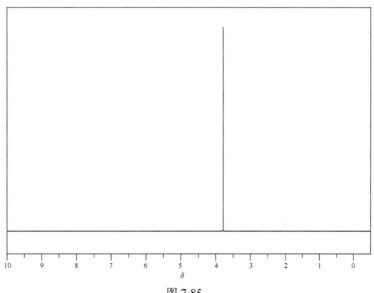

图 7-85

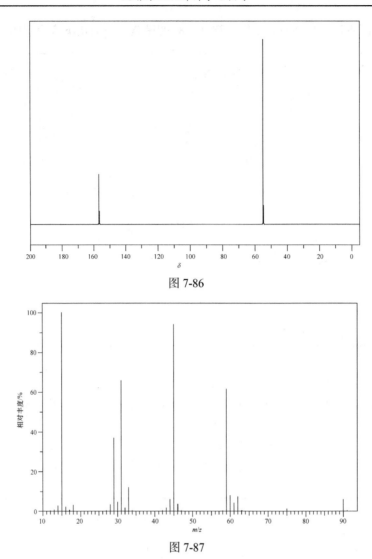

图 7-86

图 7-87

20. 根据谱图(图 7-88～图 7-91)推测化合物(M=88)的结构，并对谱图进行归属。

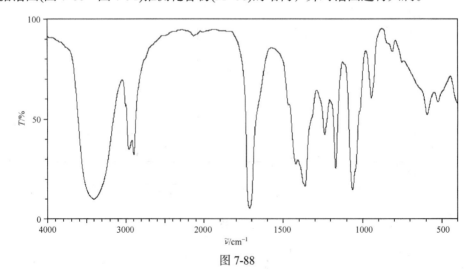

图 7-88

IR 谱图出峰位置和透射率：

$\tilde{\nu}/cm^{-1}$	$T/\%$	$\tilde{\nu}/cm^{-1}$	$T/\%$	$\tilde{\nu}/cm^{-1}$	$T/\%$	$\tilde{\nu}/cm^{-1}$	$T/\%$	$\tilde{\nu}/cm^{-1}$	$T/\%$
3408	9	2893	30	1361	16	1062	15	595	50
3398	9	1709	4	1239	39	946	68	526	66
2956	33	1419	26	1169	23	812	79		

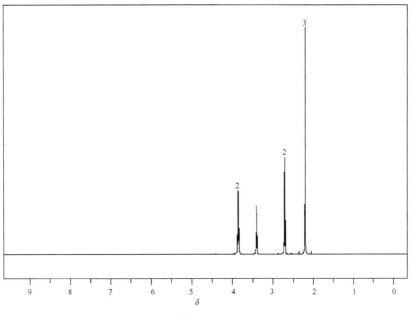

图 7-89

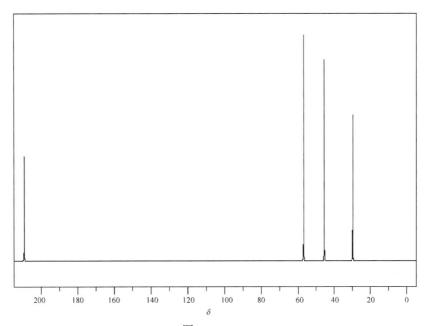

图 7-90

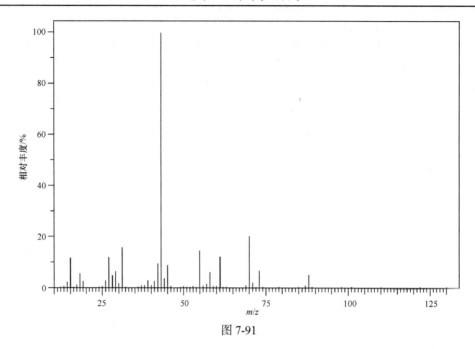

图 7-91

21. 根据谱图(图 7-92～图 7-95)推测化合物(M=104)的结构，并对谱图进行归属。

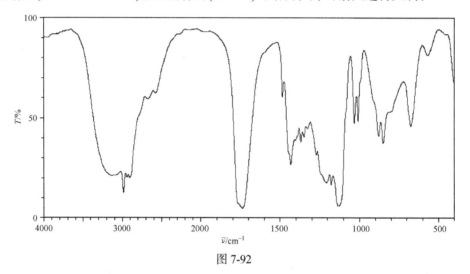

图 7-92

IR 谱图出峰位置和透射率：

$\tilde{v}$/cm^{-1}	T/%	$\tilde{v}$/cm^{-1}	T/%	$\tilde{v}$/cm^{-1}	T/%	$\tilde{v}$/cm^{-1}	T/%	$\tilde{v}$/cm^{-1}	T/%
2982	12	1734	4	1350	36	1178	16	879	39
2937	19	1484	68	1327	43	1131	6	850	36
2905	19	1431	26	1272	30	1033	46	676	44
2670	67	1369	36	1208	17	1010	46	669	79
2570	60								

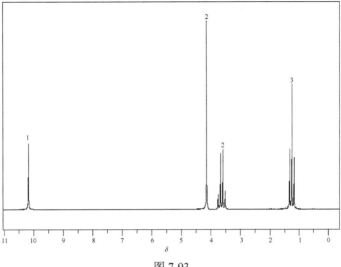

图 7-93

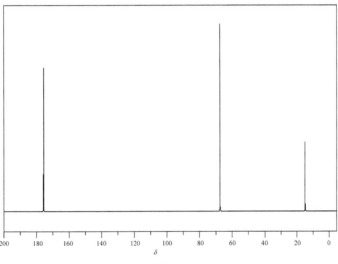

图 7-94

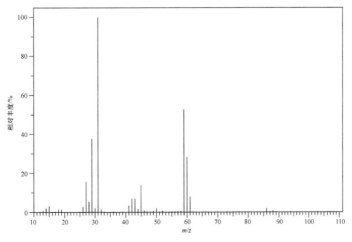

图 7-95

22. 根据谱图(图 7-96～图 7-99)推测化合物(M=118)的结构，并对谱图进行归属。

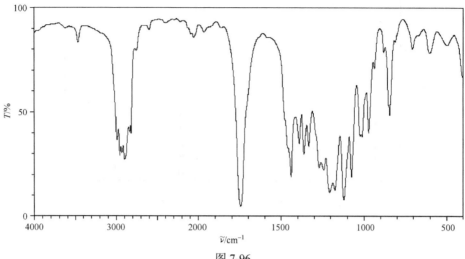

图 7-96

IR 谱图出峰位置和透射率：

$\tilde{\nu}$/cm^{-1}	T/%	$\tilde{\nu}$/cm^{-1}	T/%	$\tilde{\nu}$/cm^{-1}	T/%	$\tilde{\nu}$/cm^{-1}	T/%	$\tilde{\nu}$/cm^{-1}	T/%
3622	79	2177	84	1438	16	1015	14	808	12
3008	58	1917	84	1325	35	977	13	779	16
2957	30	1770	4	1283	6	917	33	660	10
2899	74	1614	81	1199	8	904	24	531	62
2850	60	1452	21	1163	7	851	86		

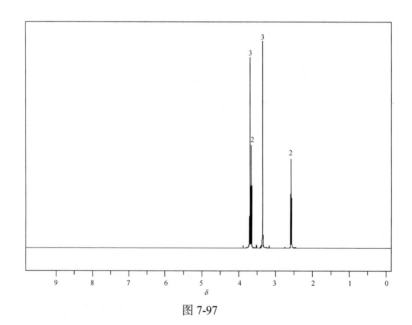

图 7-97

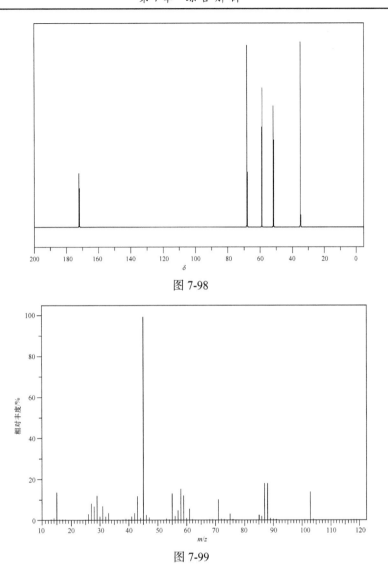

图 7-98

图 7-99

23. 根据谱图(图 7-100~图 7-103)推测化合物(M=88)的结构，并对谱图进行归属。

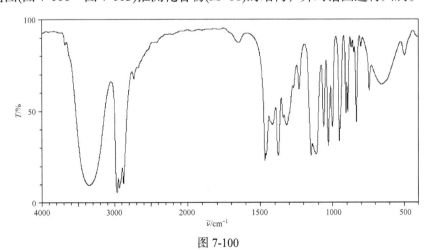

图 7-100

IR 谱图出峰位置和透射率：

$\tilde{\nu}/cm^{-1}$	$T/\%$	$\tilde{\nu}/cm^{-1}$	$T/\%$	$\tilde{\nu}/cm^{-1}$	$T/\%$	$\tilde{\nu}/cm^{-1}$	$T/\%$	$\tilde{\nu}/cm^{-1}$	$T/\%$
3683	81	1644	84	1231	60	949	32	743	68
3359	8	1468	21	1149	24	904	47	655	62
3349	8	1459	24	1124	26	892	47	497	77
2963	4	1416	41	1113	24	868	81		
2933	7	1374	24	1061	39	852	79		
2875	9	1339	44	1027	29	832	42		
2732	64	1314	39	998	39	802	81		

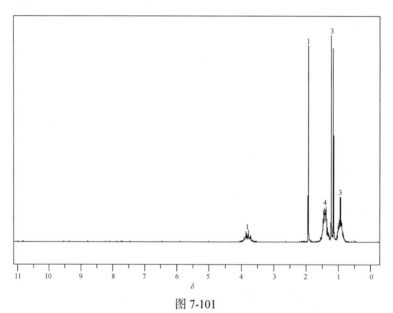

图 7-101

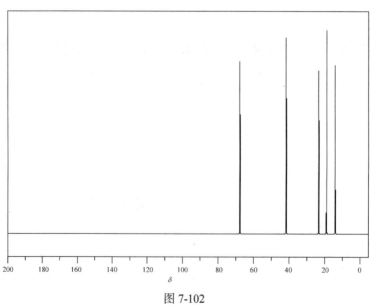

图 7-102

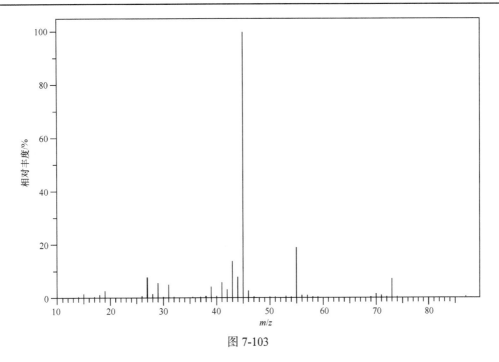

图 7-103

24. 根据谱图(图 7-104～图 7-107)推测化合物(M=104)的结构，并对谱图进行归属。

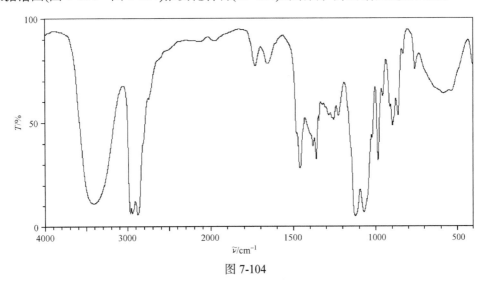

图 7-104

IR 谱图出峰位置和透射率：

$\tilde{\nu}$/cm^{-1}	T/%	$\tilde{\nu}$/cm^{-1}	T/%	$\tilde{\nu}$/cm^{-1}	T/%	$\tilde{\nu}$/cm^{-1}	T/%	$\tilde{\nu}$/cm^{-1}	T/%
3409	10	1726	74	1360	31	1124	4	896	46
2962	6	1669	77	1344	49	1071	6	862	62
2937	6	1663	74	1263	50	1021	41	833	79
2877	6	1460	26	1262	49	985	30	760	72
1974	86	1381	37	1226	60	956	80	684	62

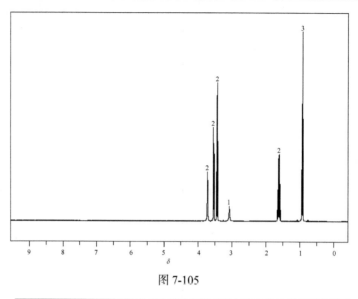

图 7-105

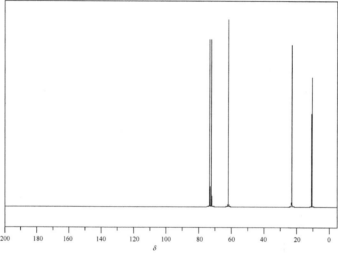

图 7-106

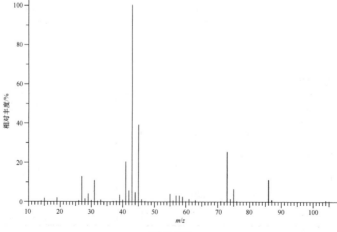

图 7-107

25. 根据谱图(图 7-108～图 7-111)推测化合物(M=146)的结构, 并对谱图进行归属。

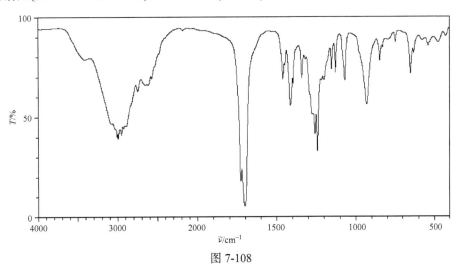

图 7-108

IR 谱图出峰位置和透射率:

$\tilde{\nu}/cm^{-1}$	$T/\%$	$\tilde{\nu}/cm^{-1}$	$T/\%$	$\tilde{\nu}/cm^{-1}$	$T/\%$	$\tilde{\nu}/cm^{-1}$	$T/\%$	$\tilde{\nu}/cm^{-1}$	$T/\%$
3003	38	2568	66	1339	66	1069	66	629	79
2991	37	1726	17	1268	39	930	53	575	84
2948	39	1700	4	1242	31	847	74	540	81
2922	42	1460	66	1201	66	828	81	474	84
2745	60	1413	63	1155	70	746	84		
2645	64	1394	64	1129	70	650	68		

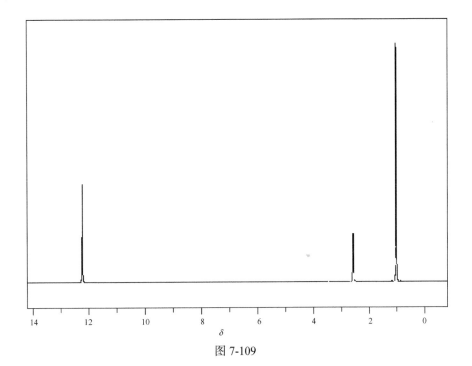

图 7-109

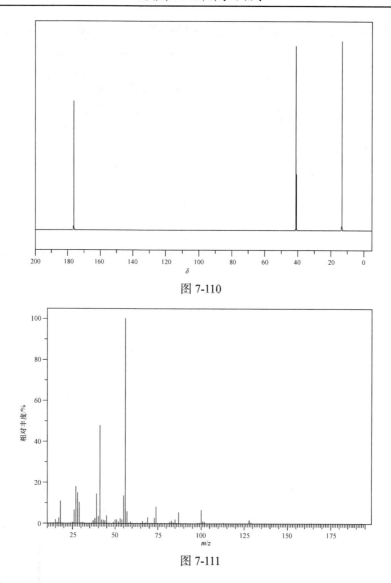

图 7-110

图 7-111

26. 根据谱图(图 7-112～图 7-115)推测化合物(M=150)的结构，并对谱图进行归属。

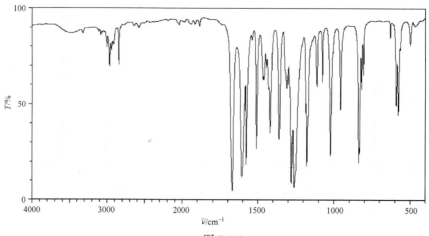

图 7-112

IR 谱图出峰位置和透射率:

$\tilde{\nu}/cm^{-1}$	$T/\%$	$\tilde{\nu}/cm^{-1}$	$T/\%$	$\tilde{\nu}/cm^{-1}$	$T/\%$	$\tilde{\nu}/cm^{-1}$	$T/\%$	$\tilde{\nu}/cm^{-1}$	$T/\%$
3000	77	1577	17	1418	33	1179	17	832	23
2965	66	1538	79	1359	30	1172	38	819	55
2941	74	1509	26	1310	55	1112	57	807	62
2916	77	1466	60	1302	68	1076	68	631	81
2844	68	1460	60	1279	7	1022	22	592	47
1668	4	1445	65	1261	6	957	44	579	42
1606	11	1430	66	1187	43	837	18	499	77

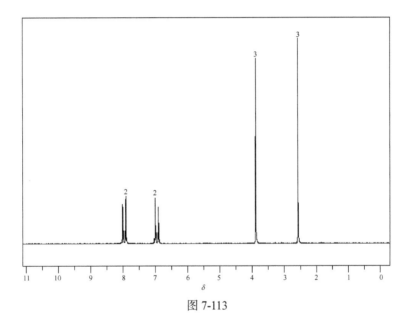

图 7-113

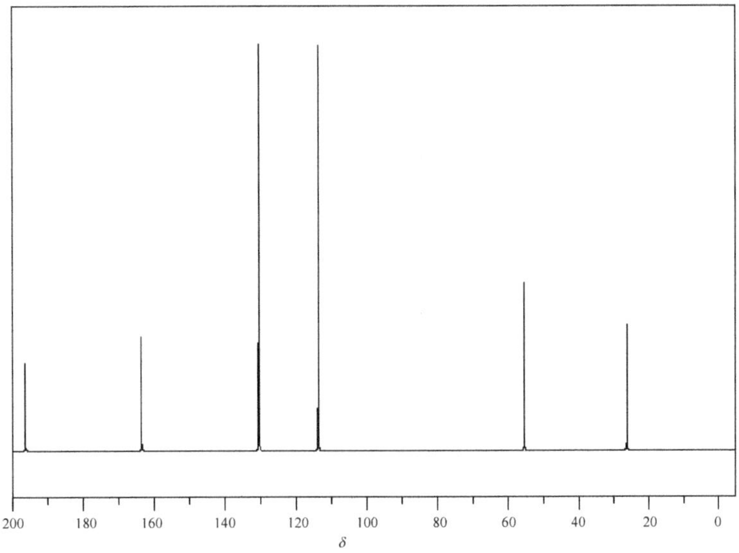

图 7-114

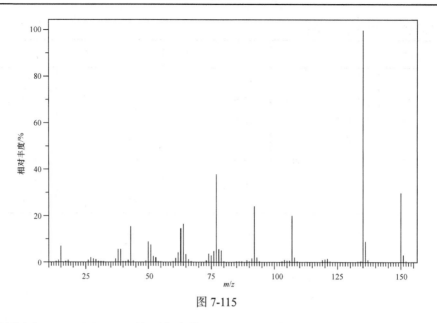

图 7-115

27. 根据谱图(图 7-116～图 7-119)推测化合物(M=150)的结构，并对谱图进行归属。

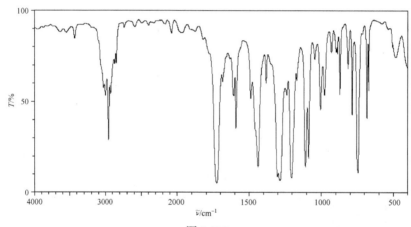

图 7-116

IR 谱图出峰位置和透射率:

$\tilde{v}$/cm^{-1}	T/%	$\tilde{v}$/cm^{-1}	T/%	$\tilde{v}$/cm^{-1}	T/%	$\tilde{v}$/cm^{-1}	T/%	$\tilde{v}$/cm^{-1}	T/%
3429	81	1873	84	1381	68	1086	17	871	62
3026	55	1722	4	1302	8	1043	70	815	66
2998	50	1682	56	1284	6	1004	49	786	41
2962	27	1607	60	1239	62	976	62	746	10
2924	52	1592	34	1205	7	929	74	684	39
2867	68	1489	49	1168	58	897	74	672	53
2844	68	1438	13	1108	13	888	74	484	72

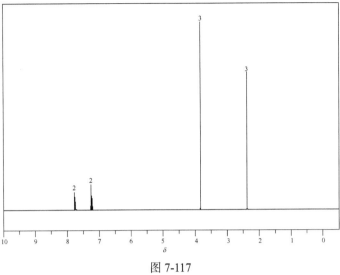

图 7-117

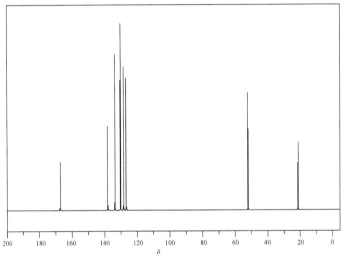

图 7-118

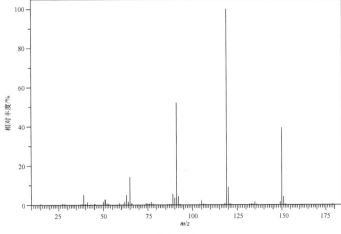

图 7-119

28. 根据谱图(图 7-120～图 7-123)推测化合物(*M*=146)的结构，并对谱图进行归属。

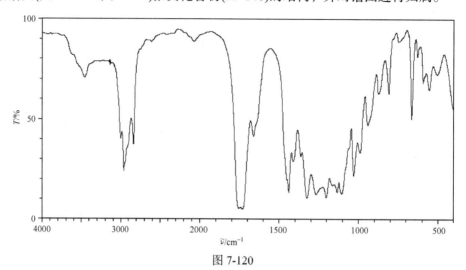

图 7-120

IR 谱图出峰位置和透射率：

$\tilde{\nu}/cm^{-1}$	$T/\%$	$\tilde{\nu}/cm^{-1}$	$T/\%$	$\tilde{\nu}/cm^{-1}$	$T/\%$	$\tilde{\nu}/cm^{-1}$	$T/\%$	$\tilde{\nu}/cm^{-1}$	$T/\%$
3461	66	2831	34	1364	28	989	30	631	77
3136	72	2067	84	1325	8	941	43	595	64
3085	72	1740	4	1266	10	925	47	588	68
2996	36	1661	38	1203	9	874	68	566	60
2955	21	1450	17	1134	11	810	58	505	68
2944	25	1438	11	1104	10	747	84		
2929	28	1412	26	1029	19	666	46		

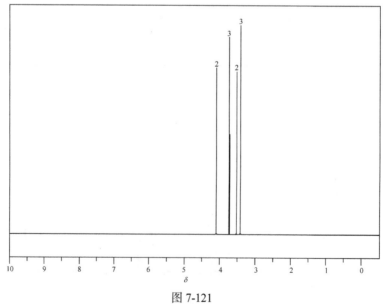

图 7-121

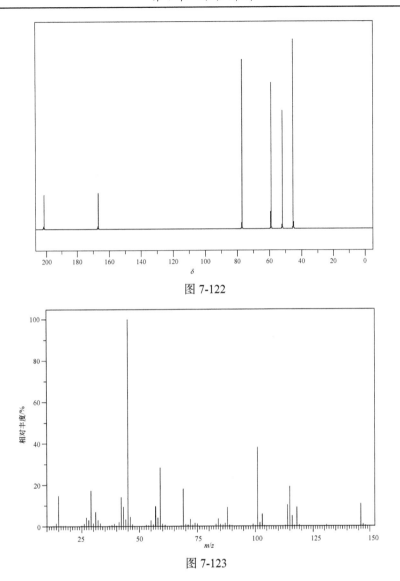

图 7-122

图 7-123

29. 根据谱图(图 7-124～图 7-127)推测化合物(*M*=70)的结构，并对谱图进行归属。

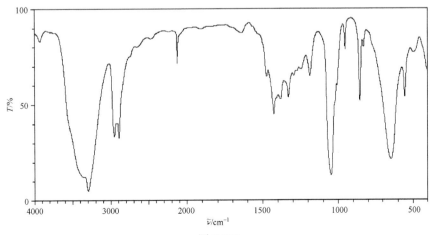

图 7-124

IR 谱图出峰位置和透射率：

$\tilde{v}$/cm^{-1}	T/%	$\tilde{v}$/cm^{-1}	T/%	$\tilde{v}$/cm^{-1}	T/%	$\tilde{v}$/cm^{-1}	T/%	$\tilde{v}$/cm^{-1}	T/%
3929	79	2120	70	1381	60	952	77	499	74
3296	4	1646	84	1329	52	853	50	494	74
2950	32	1639	84	1293	62	830	77		
2920	38	1472	62	1188	62	647	20		
2890	32	1428	45	1047	12	555	52		

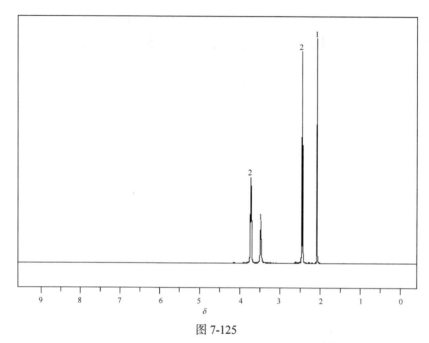

图 7-125

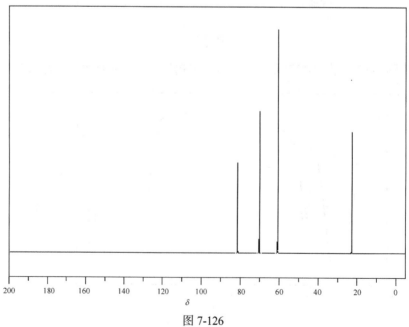

图 7-126

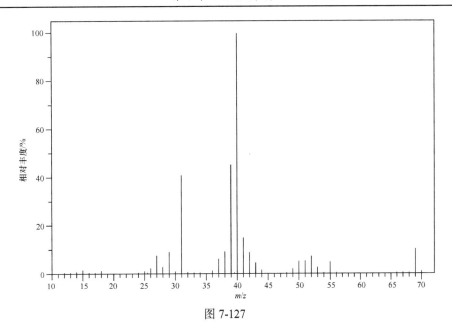

图 7-127

30. 根据谱图(图 7-128～图 7-131)推测化合物(M=70)的结构，并对谱图进行归属。

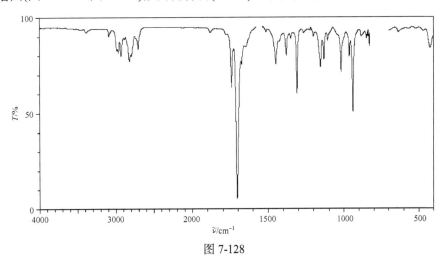

图 7-128

IR 谱图出峰位置和透射率：

$\tilde{\nu}/cm^{-1}$	$T/\%$	$\tilde{\nu}/cm^{-1}$	$T/\%$	$\tilde{\nu}/cm^{-1}$	$T/\%$	$\tilde{\nu}/cm^{-1}$	$T/\%$	$\tilde{\nu}/cm^{-1}$	$T/\%$
3087	86	1738	60	1348	84	1017	68	833	86
2981	79	1702	4	1308	57	1006	84	828	81
2962	79	1671	72	1201	86	962	77	425	81
2929	77	1663	96	1160	77	938	47		
2816	74	1548	95	1154	70	883	86		
2792	77	1448	72	1132	74	847	84		
2702	79	1378	77	1108	84	840	86		

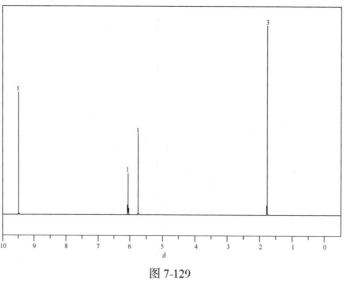

图 7-129

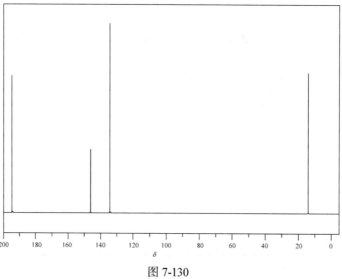

图 7-130

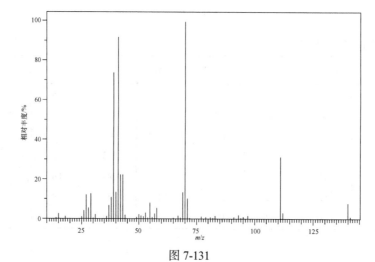

图 7-131

31. 某个由 C、H、N 元素组成的化合物的谱图如图 7-132~图 7-135 所示,推测其结构,并对谱图进行归属。

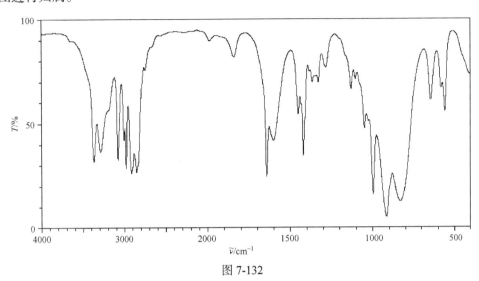

图 7-132

IR 谱图出峰位置和透射率:

$\tilde{\nu}/cm^{-1}$	$T/\%$	$\tilde{\nu}/cm^{-1}$	$T/\%$	$\tilde{\nu}/cm^{-1}$	$T/\%$	$\tilde{\nu}/cm^{-1}$	$T/\%$	$\tilde{\nu}/cm^{-1}$	$T/\%$
3370	30	2862	26	1601	39	1283	74	916	4
3290	35	2746	72	1451	52	1132	64	832	12
3079	31	1985	86	1422	33	1106	68	644	58
3006	41	1838	79	1367	68	1049	46	583	64
2979	27	1642	23	1329	68	997	14	560	53
2916	24								

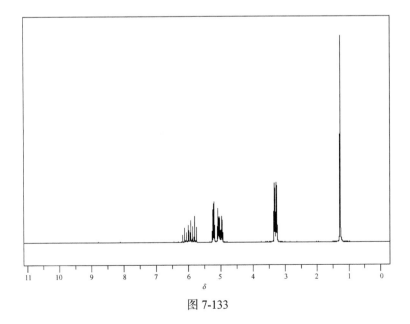

图 7-133

^{1}H NMR 数据 δ: 5.95(m, 1H), 5.16(m, 1H), 5.05(m, 1H), 3.31(m, 2H), 1.29(s, 2H)

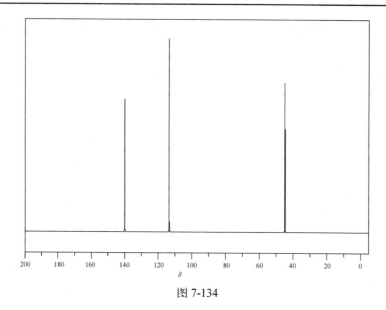

图 7-134

^{13}C NMR 数据 δ: 140.01(d)，113.48(t)，44.82(t)

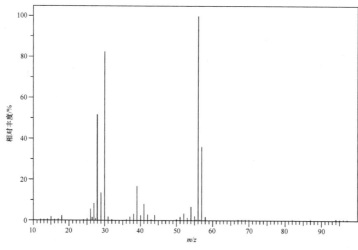

图 7-135

MS 碎片离子质荷比和相对丰度：

m/z	相对丰度/%	m/z	相对丰度/%	m/z	相对丰度/%	m/z	相对丰度/%	m/z	相对丰度/%
15.0	1.5	28.0	51.6	38.0	3.0	44.0	2.5	55.0	1.9
18.0	2.2	29.0	13.4	39.0	16.5	51.0	1.6	56.0	100.0
26.0	5.4	30.0	82.4	40.0	2.1	52.0	3.3	57.0	35.9
26.5	1.3	31.0	1.5	41.0	8.0	53.0	1.0	58.0	1.5
27.0	8.1	37.0	1.6	42.0	2.7	54.0	6.4		

32. 根据谱图(图 7-136～图 7-139)推测未知化合物的结构。

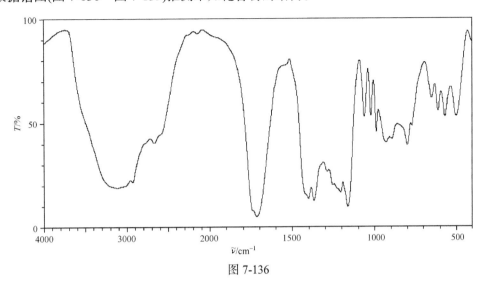

图 7-136

IR 谱图出峰位置和透射率:

$\tilde{\nu}/\text{cm}^{-1}$	$T/\%$	$\tilde{\nu}/\text{cm}^{-1}$	$T/\%$	$\tilde{\nu}/\text{cm}^{-1}$	$T/\%$	$\tilde{\nu}/\text{cm}^{-1}$	$T/\%$	$\tilde{\nu}/\text{cm}^{-1}$	$T/\%$
2666	38	1369	12	1022	52	771	46	505	52
1715	4	1208	16	988	45	661	60	500	62
1409	13	1166	9	930	39	612	60		
1402	13	1064	60	800	37	571	50		

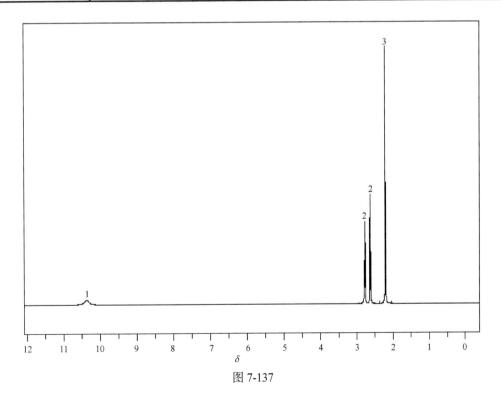

图 7-137

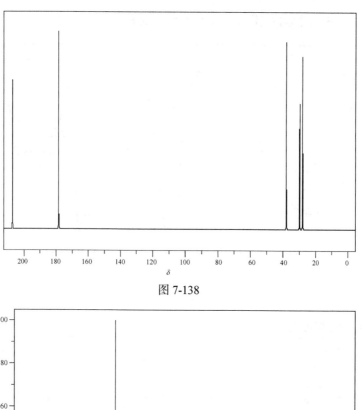

图 7-138

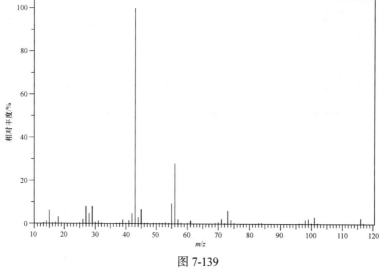

图 7-139

33. 根据谱图(图 7-140～图 7-143)推测未知化合物的结构。

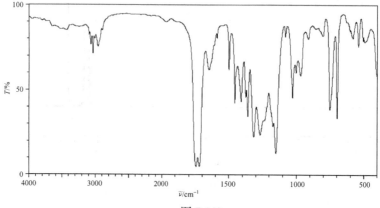

图 7-140

IR 谱图出峰位置和透射率：

$\tilde{\nu}/\mathrm{cm}^{-1}$	$T/\%$	$\tilde{\nu}/\mathrm{cm}^{-1}$	$T/\%$	$\tilde{\nu}/\mathrm{cm}^{-1}$	$T/\%$	$\tilde{\nu}/\mathrm{cm}^{-1}$	$T/\%$	$\tilde{\nu}/\mathrm{cm}^{-1}$	$T/\%$
3092	79	1648	60	1316	21	969	67	606	81
3067	74	1587	77	1268	22	922	79	583	77
3036	86	1499	56	1172	27	912	77	542	72
3008	77	1466	41	1160	12	817	81	536	79
2961	72	1410	42	1082	79	804	79	505	77
1744	4	1377	44	1029	43	752	37	493	74
1719	4	1361	33	1003	68	699	32		

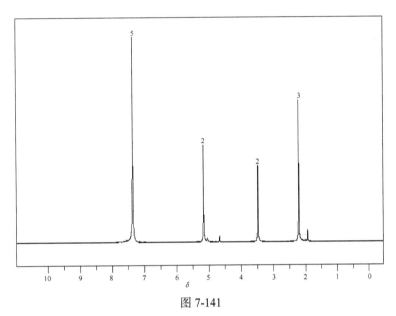

图 7-141

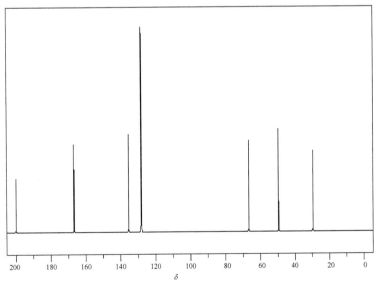

图 7-142

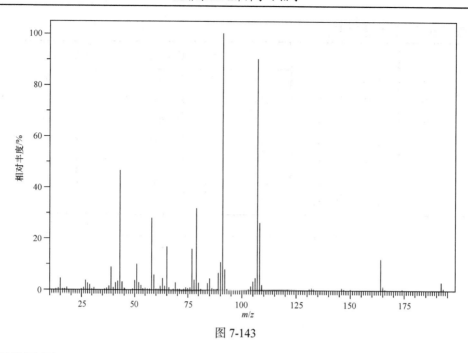

图 7-143

34. 根据谱图(图 7-144~图 7-147)推测未知化合物的结构。

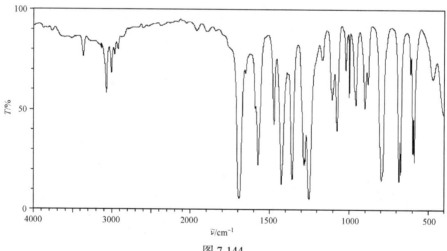

图 7-144

IR 谱图出峰位置和透射率:

$\tilde{\nu}/cm^{-1}$	$T/\%$	$\tilde{\nu}/cm^{-1}$	$T/\%$	$\tilde{\nu}/cm^{-1}$	$T/\%$	$\tilde{\nu}/cm^{-1}$	$T/\%$	$\tilde{\nu}/cm^{-1}$	$T/\%$
3766	86	3007	66	1471	41	1106	63	796	14
3361	74	2969	74	1425	12	1075	38	684	13
3138	79	2924	77	1357	14	1021	68	674	17
3128	77	1968	86	1286	21	999	63	612	66
3099	72	1689	86	1278	21	958	50	597	26
3084	68	1652	65	1251	4	901	49	588	23
3069	67	1572	21	1168	72	881	60	472	62

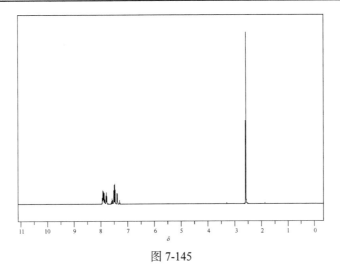

图 7-145

^{1}H NMR 数据δ: 7.91(1H), 7.82(1H), 7.50(1H), 7.39(1H), 2.59(3H)

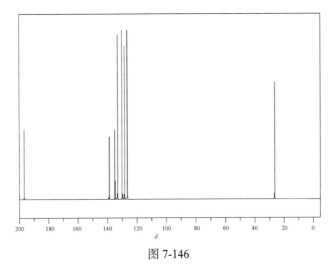

图 7-146

^{13}C NMR 数据δ: 196.4, 138.7, 134.9, 132.9, 130.0, 128.3, 126.4, 26.5

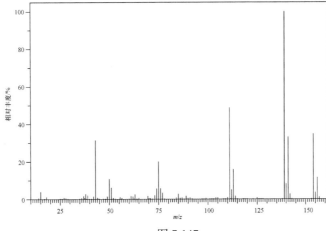

图 7-147

7.5　参　考　答　案

1. $NH_2CH_2CH_2CH_2OH$

2. $(CH_3)_3CCH$ (with C=O above the central C)
$$\overset{\displaystyle O}{\underset{}{(CH_3)_3C\overset{\|}{C}H}}$$

3. $H_3C-\!\!\left\langle\!\!\bigcirc\!\!\right\rangle\!\!-NH\overset{\displaystyle O}{\overset{\|}{C}}CH_3$

4. $(CH_3CH_2)_2NCH_2CH_2CH_2OH$

5. $CH_3\overset{\displaystyle O}{\overset{\|}{C}}CH_2OCH_3$

6. $H_2N-\!\!\left\langle\!\!\bigcirc\!\!\right\rangle\!\!-\overset{\displaystyle O}{\overset{\|}{C}}CH_3$

7. $\left\langle\!\!\bigcirc\!\!\right\rangle\!-CH_2\overset{\displaystyle O}{\overset{\|}{C}}CH(CH_3)_2$

8. $CH_3CH_2CH_2\overset{\displaystyle O}{\overset{\|}{C}}OCH_2CH_2O\overset{\displaystyle O}{\overset{\|}{C}}CH_2CH_2CH_3$

9. $HOH_2C-\!\!\left\langle\!\!\bigcirc\!\!\right\rangle\!\!-OCH_2CH_3$

10. $(CH_3CH_2)_2CHCH_2OH$

11. $H_3CH_2C-\!\!\left\langle\!\!\bigcirc\!\!\right\rangle\!\!-O\overset{\displaystyle O}{\overset{\|}{C}}CH_3$

12. $(CH_3)_2CHCOOH$

13. $\left\langle\!\!\bigcirc\!\!\right\rangle\!-CH_2CH_2CH_2Cl$

14. $CH_2\!\!=\!\!CHCH(OH)CH_3$

15. $\left\langle\!\!\overset{CH_3}{\bigcirc}\!\!\right\rangle\!-CH_2CH_2OH$

16. $CH_3CH_2CH(CH_3)\overset{\displaystyle O}{\overset{\|}{C}}H$

17.

$$
\begin{array}{c}
\text{CHO} \\
\text{—OCH}_2\text{CH}_3
\end{array}
$$

18.

$$
\text{—CH}_2\text{O}\overset{\displaystyle O}{\overset{\|}{C}}\text{H}
$$

19. $\text{CH}_3\text{O}\overset{\displaystyle O}{\overset{\|}{C}}\text{OCH}_3$

20. $\text{HOCH}_2\text{CH}_2\overset{\displaystyle O}{\overset{\|}{C}}\text{CH}_3$

21. $\text{CH}_3\text{CH}_2\text{OCH}_2\text{COOH}$

22. $\text{CH}_3\text{OCH}_2\text{CH}_2\overset{\displaystyle O}{\overset{\|}{C}}\text{CH}_3$

23. $\text{CH}_3\text{CH(OH)CH}_2\text{CH}_2\text{CH}_3$

24. $\text{CH}_3\text{CH}_2\text{CH}_2\text{OCH}_2\text{CH}_2\text{OH}$

25. $\text{HO}\overset{\displaystyle O}{\overset{\|}{C}}\text{CH(CH}_3)\text{CH(CH}_3)\overset{\displaystyle O}{\overset{\|}{C}}\text{OH}$

26. H_3CO—$\text{—}\overset{\displaystyle O}{\overset{\|}{C}}\text{CH}_3$

27.

$$
\begin{array}{c}
\text{H}_3\text{C} \\
\text{—}\overset{\displaystyle O}{\overset{\|}{C}}\text{OCH}_3
\end{array}
$$

28. $\text{CH}_3\text{OCH}_2\overset{\displaystyle O}{\overset{\|}{C}}\text{CH}_2\overset{\displaystyle O}{\overset{\|}{C}}\text{OCH}_3$

29. $\text{HC}\equiv\text{CCH}_2\text{CH}_2\text{OH}$

30. $\text{CH}_2\!=\!\text{C(CH}_3)\overset{\displaystyle O}{\overset{\|}{C}}\text{H}$

31. $\text{CH}_2\!=\!\text{CHCH}_2\text{NH}_2$

32. $\text{CH}_3\overset{\displaystyle O}{\overset{\|}{C}}\text{CH}_2\text{CH}_2\overset{\displaystyle O}{\overset{\|}{C}}\text{OH}$

33.

$$
\text{—CH}_2\text{O}\overset{\displaystyle O}{\overset{\|}{C}}\text{CH}_2\overset{\displaystyle O}{\overset{\|}{C}}\text{CH}_3
$$

34.

$$
\begin{array}{c}
\text{Cl} \\
\text{—}\overset{\displaystyle O}{\overset{\|}{C}}\text{CH}_3
\end{array}
$$

主要参考文献

白银娟, 张世平, 王云侠, 等. 2021. 波谱原理及解析. 4 版. 北京: 科学出版社.

黄量, 于德泉. 1988. 紫外光谱在有机化学中的应用(上册). 北京: 科学出版社.

孟令芝, 龚淑玲, 何永炳, 等. 2016. 有机波谱分析. 4 版. 武汉: 武汉大学出版社.

宁永成. 2001. 有机化合物结构鉴定与有机波谱学. 2 版. 北京: 科学出版社.

宁永成. 2010. 有机波谱学谱图解析. 北京: 科学出版社.

沈淑娟. 1992. 波谱分析法. 上海: 华东理工大学出版社.

唐恢同. 1992. 有机化合物的光谱鉴定. 北京: 北京大学出版社.

汪瑗, 阿里木江·艾拜都拉. 2008. 波谱综合解析指导. 北京: 化学工业出版社.

谢晶曦, 常俊标, 王绪明. 2001. 红外光谱在有机化学和药物化学中的应用(修订版). 北京: 科学出版社.

姚新生, 陈英杰. 1981. 有机化合物波谱分析. 北京: 人民卫生出版社.

姚新生. 1997. 有机化合物波谱解析. 北京: 中国医药科技出版社.

张华. 2005. 现代有机波谱分析. 北京: 化学工业出版社.

张华. 2005. 《现代有机波谱分析》学习指导与综合练习. 北京: 化学工业出版社.

Shriner R L, Hermann C K F, Morrill T C, et al. 2007. 有机化合物系统鉴定手册(原著第八版). 张书圣, 温永红, 丁彩凤, 等译. 北京: 化学工业出版社.

Silverstein R M, Webster F X, Kiemle D J, et al. 2017. 有机化合物的波谱解析(原著第八版). 药明康德新药开发有限公司, 译. 上海: 华东理工大学出版社.